Chemische
Technologie der Gespinstfasern
II. Teil

Chemische Technologie der Gespinstfasern

Praktisches Hilfs- und Lehrbuch für Bleicher, Färber, Drucker und Ausrüster sowie zum Unterricht an Fach- und Hochschulen

von

Dr. Eugen Ristenpart

Professor an der Gewerbeakademie und Färbereischule zu Chemnitz

Zugleich dritte Auflage von

Dr. Herzfeld „Das Färben und Bleichen"

Berlin W.
Verlag von M. Krayn
1928

Die Gespinstfasern

Geschichte, Vorkommen, Gewinnung und wirtschaftliche Bedeutung, physikalisches und chemisches Verhalten und mechanische Verarbeitung in Spinnerei, Weberei und Wirkerei

Dritte, gänzlich neubearbeitete Auflage

von

Prof. Dr. E. Ristenpart

Zugleich dritte Auflage von
Dr. Herzfeld „Das Färben und Bleichen“
Teil 2

Mit 140 Abbildungen und einer Musterbeilage

M·KRAYN
BERLIN·W·
1 9 2 8

Paul Dünnhaupt, Großdruckerei, Köthen in Anh.

Vorwort.

Im 2. Bande der chemischen Technologie der Gespinstfasern werden die Gespinstfasern selbst besprochen. Ihrer Veredlung durch die Färberei (Band III), Bleicherei (Band IV) und Ausrüstung (Band V) muß eine eingehende Bekanntschaft mit ihrem physikalischen und chemischen Verhalten vorhergehen.

Der vorliegende Band bildet mithin eine Neuauflage von Seite 1—109 des Buches von Dr. F. Schneider „Die Bleicherei, Wäscherei und Karbonisation“, das den 2. Teil des Werkes „Das Färben und Bleichen“ von Dr. J. Herzfeld bildet.

Der Inhalt ist bedeutend erweitert und vertieft worden.

Außer den sogenannten „klassischen“ Gespinstfasern, die den Menschen in der geschichtlichen Entwicklung seiner Kultur begleitet haben, ist auch der Ersatzfaserstoffe gedacht worden, die in Zeiten wirtschaftlicher Not eine Rolle spielen. Die jüngste unter den Gespinstfasern, die Kunstseide, hat eine Besprechung gefunden, die ihrer jetzigen Bedeutung gerecht wird.

Die Anzahl der Abbildungen ist vervierfacht worden.

Der wissenschaftliche Charakter des Buches verlangte, daß auch das Vorkommen, die Gewinnung, die wirtschaftliche Bedeutung sowie die mechanische Verarbeitung in Spinnerei, Weberei und Wirkerei soweit Berücksichtigung fanden, wie ihre Kenntnis in der praktischen Faserveredlung erforderlich ist.

Der ganze Inhalt ist sinngemäß eingeteilt und so geordnet, daß es leicht ist, sich zurechtzufinden.

Chemnitz, Pfingsten 1927.

E. Ristenpart.

Inhaltsverzeichnis.

Verzeichnis der Abkürzungen.

A.	Aktiengesellschaft für Anilinfabrikation
A.	Liebigs Annalen
Abb.	Abbildung
B.	Berichte der deutschen chemischen Gesellschaft
BASF.	Badische Anilin- und Sodafabrik Ludwigshafen
° Bé	Grade Baumé
Biochem. Ztschr.	Biochemische Zeitschrift
C.	Celsius
Ch. Ztg.	Chemiker-Zeitung
Chem. Ztg. Übers.	Chemiker-Zeitung Übersicht
D. F. Ztg.	Deutsche Färberzeitung
Deutsche Faserst. (und Spinnpfl.).	Deutsche Faserstoffe und Spinnpflanzen
D. R. P.	Deutsches Reichspatent
Els. T.	Elsässisches Textilblatt
E. P.	Englisches Patent
Färb. Ztg.	Lehnes Färberzeitung
F. P.	Französisches Patent
g	Gramm
I. G.	Interessengemeinschaft der deutschen Farbenfabriken
J. Ch. I.	Journal of the Society of chemical industry, U. S. A.
Journal Soc. Dyers and Col.	Journal of the Society of dyers and colourists
L. M. f. T.	Leipziger Monatsschrift für Textilindustrie
μ	$^1/_{1000}$ Milligramm
mg	Milligramm
M. L. B.	Meister Lucius & Brüning, Höchst am Main
Ö. P.	Österreichisches Patent
Ö. Wollen- und Leinenind.	Österreichische Wollen- und Leinenindustrie
Papierztg.	Papierzeitung
Pharmac. Monatsh.	Pharmaceutische Monatshefte
Spec. Gew.	Specifisches Gewicht
T.	Textilberichte
Text. Forsch(ung)	Textile Forschung, Dresden
Wochenbl. f. Papierf.	Wochenblatt für Papierfabrikation
Z. Farben	Zeitschrift für Farben- und Textilchemie
Z. f. angew. Ch.	Zeitschrift für angewandte Chemie
Z. f. ges. T(extilind.).	Zeitschrift für die gesamte Textilindustrie
Z. f. Phys.	Zeitschrift für Physik
Z. physiol. Ch.	Zeitschrift für physiologische Chemie
Ztrbl. Bakt.	Zentralblatt für Bakteriologie

Unter Gespinstfasern versteht man Gebilde, die spinnbar sind.

Spinnen nennt man die Herstellung eines Fadens durch Umeinanderdrehen einzelner Fasern. Die Fasern müssen daher im wesentlichen 3 Eigenschaften haben (vgl. S. 34):

1. eine gestreckte, mehr oder weniger zylindrische Form,
2. Biegsamkeit und
3. Zugfestigkeit.

Diese 3 Anforderungen werden von einer ziemlich großen Anzahl natürlicher und künstlicher Fasern mehr oder weniger erfüllt. Im großen verwendet werden aber nur diejenigen, die am brauchbarsten und billigsten sind.

Nach den Herkunftsarten kann man die Gespinstfasern in 4 große Gruppen einteilen. Das Pflanzenreich liefert uns die wichtigste Gespinstfaser: die Baumwolle, außerdem Flachs, Hanf, Jute, Ramie u. a., das Tierreich die Wolle und Seide, das Mineralreich den ziemlich belanglosen Asbest, die künstliche Erzeugung die Kunstseiden.

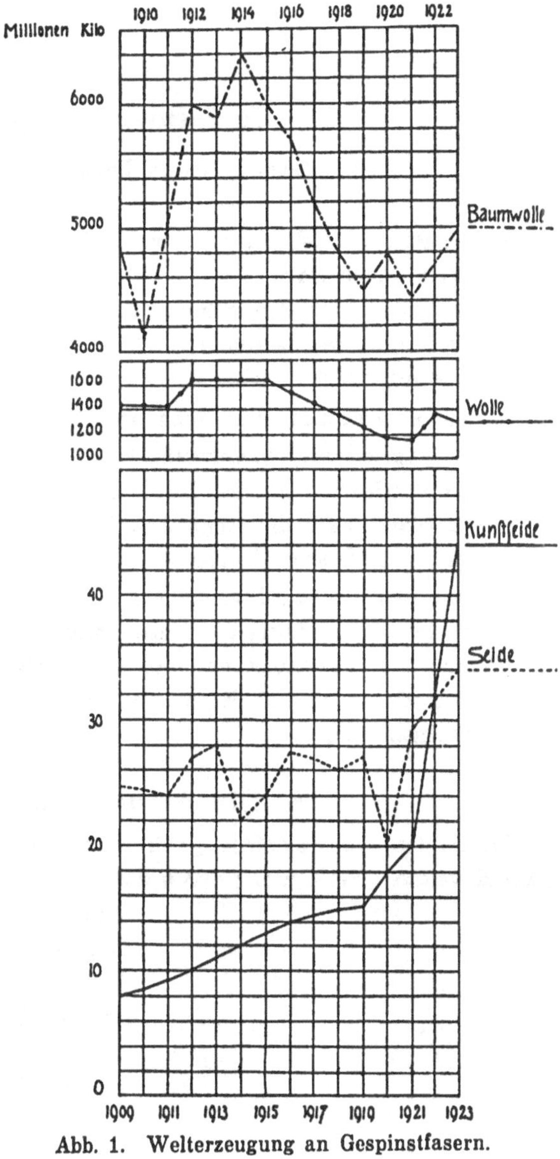

Abb. 1. Welterzeugung an Gespinstfasern.

S. Diagramm der Welterzeugung an einzelnen Gespinstfasern Abb. 1.

A. Die Pflanzenfasern.

Die pflanzlichen Gespinstfasern haben 3 gemeinsame Merkmale:

1. den Bau der Zelle, der ihnen als früherer Bestandteil der Pflanze eigentümlich war
2. den chemischen Grundstoff Cellulose und
3. die leichte, fast geruchlose Verbrennbarkeit unter Zurücklassung von ganz wenig weißer Asche.

In botanischer Beziehung unterscheidet man 4 Gruppen:

a. Die Samenhaare: Baumwolle, Kapok u. a.,
b. Die Bastfasern: Flachs, Hanf, Jute, Ramie,
c. Die Blattfasern: die tropischen Hanfarten,
d. Die Fruchtfasern: Kokos.

Die erste Gruppe wird von der Natur in nahezu gebrauchsfertigem Zustande geboten; die übrigen dagegen bedürfen erst einer ziemlich umständlichen, teils mechanischen, teils chemischen Zubereitung. Hieraus erklärt sich die Überlegenheit der Baumwolle über alle anderen pflanzlichen Gespinstfasern.

a) Die Samenhaare.

Die Samenhaare bekleiden gewisse Samen und dienen ihrer rascheren und weiteren Verbreitung durch den Wind (Abb. 2). Sie bestehen aus einer einzigen langgestreckten Epidermiszelle. Ein Ende ist kegelförmig zugespitzt, das andere ist an dem Samen festgewachsen und muß beim Entsamen („Egrenieren“) losgerissen werden.

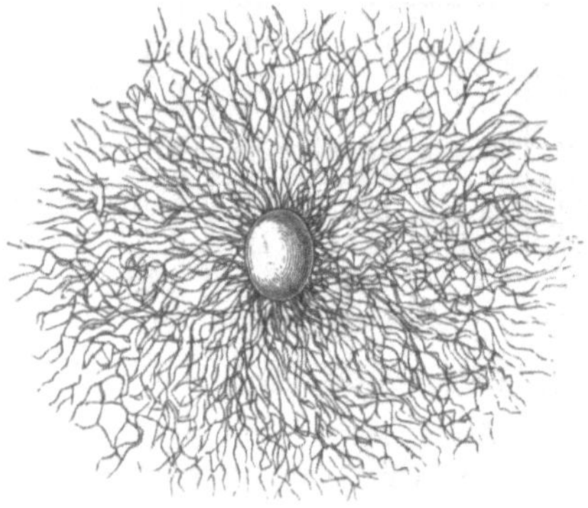

Abb. 2. Baumwollsamen.

I. Baumwolle.

Die Baumwolle ist leicht verspinnbar infolge der Feinheit und Weichheit ihrer Faser; die zum Faden zusammengedrehten Fasern haften infolge ihrer eigentümlichen korkzieherartigen Windungen und ihrer wenn auch nur schwachen Kräuselung fest aneinander.

1. Die Baumwollpflanze.

Die Baumwollpflanze (Abb. 3) gehört zur Gattung Gossypium der Familie der Malvengewächse. Sie gedeiht bis zu 40° nördlicher und südlicher Breite. Sie unterliegt sehr dem Einfluß von Klima und Boden; danach kommt die Pflanze als 70 cm hohes Kraut, als 2 m hoher Strauch und als 6 m hoher Baum vor.

Abb. 3. Baumwollpflanze.
a) Zweig. b) Aufgesprungene Kapsel mit Kelch. c) Kapsel ohne Kelch. d) Staubgefäße.

In der walnußgroßen Frucht, einer 3—5fächerigen Kapsel, liegen 3—8 Samenkörner von den Haaren umgeben.

Baumwollarten: Es gibt eine große Anzahl von Baumwollsorten. Über ihre Unterscheidung gibt das mit vorzüglichen Mikrophotographien ausgestattete Büchlein von R. Haller: Mikroskopische Diagnostik der Baumwollarten 1919, Wittenberg, A. Ziemsen Verlag, Auskunft. Die 4 wichtigsten sind die folgenden:

1. die baumartige Gossypium arboreum, 6 m hoch. Die Blüte ist rot, zuweilen gelblich. Die Samenwolle ist gelblich. Die Heimat ist Ostindien und China; die Pflanze wird auch in Ägypten, Italien und Spanien angebaut.

2. die strauchartige Gossypium barbadense, 2—3½ m hoch. Die Blüte ist gelb mit roten Punkten. Die Samenwolle ist weiß, weich, lang und stark. Bei der ägyptischen Art (Mako, nach Mako Bey, dem Hauptförderer des ägyptischen Baumwollanbaus, benannt) ist die Farbe gelblich. Die Heimat ist Nordamerika und Westindien, besonders die dem Küstengebiet von Georgia und Südkarolina vorgelagerten Inseln (Barbados); von dort stammt die schönste Baumwollsorte, die Sea Island.

3. die struppige Gossypium hirsutum, 2 m hoch. Die in den Blattwinkeln einzeln stehende Blüte ist weiß. Die Heimat ist Louisiana

und Texas in den Vereinigten Staaten. Von dort stammt die Hauptmenge der amerikanischen Baumwolle.

4. die krautartige Gossypium herbaceum, 1—2 m hoch. Die Blüte ist gelb, mit roten Punkten am Grunde. Die Samenwolle ist meist gelblich und kurz (13—23 mm). Die Heimat ist Ostindien und Kleinasien.

Die in Peru und Brasilien heimische Gossypium Peruvianum kommt der Barbadense ziemlich nahe.

Die Karavonikabaumwolle hat ihren Namen von der Versuchspflanzung „Caravonika parc" bei Cairns-Australien. Sie ist das Ergebnis jahrelanger Kreuzungsversuche zwischen einer langstapeligen mexikanischen und einer kurzstapeligen peruanischen Baumwolle. Im Gegensatz zur gewöhnlichen Baumwollpflanze „perenniert" sie, d. h. sie lebt nicht nur 1 Jahr, sondern bis zu 10 Jahren. Sie braucht also nicht jedes Jahr wieder neu angepflanzt zu werden. Die Baumwoll-A.-G. Berlin suchte mit deutschem Kapital die Karavonika in geeignete Klimata einzuführen.

Die Karavonika hat besondere Vorzüge für die Verwendung in Form von Verbandwatte:

1. Große Stapellänge: 40—45 mm; demnach geringe Verfilzung in der Wunde.
2. Bedeutende Elastizität und demnach polsternde Eigenschaft.
3. Vorzügliche Porosität und demnach großes Aufsaugungsvermögen.

Die Firma S. Immenkamp in Chemnitz hat 1911 diese zwar teurere, aber an Güte weit überlegene Baumwolle zuerst auf Verbandwatte verarbeitet.

2. Anbau der Baumwollpflanze[1]):

Im Frühjahr werden die Überreste der vorjährigen Pflanze abgebrochen oder in Stücke geschnitten. In den Furchen wird Kunstdünger verteilt. Dann werden die früheren Hügel umgepflügt, so daß Furchen und Hügel ihre Plätze wechseln.

Man düngt z. B. mit 225 kg Phosphat, 55 kg Kainit und 225 kg Baumwollsamenmehl auf den Hektar. Das Baumwollsamenmehl bildet den Rückstand von der Ölgewinnung. Auch Stalldünger wird zugemischt.

Die Sämaschine zieht 5—7 cm tiefe Furchen, legt in Abständen von 2½ cm Samen und deckt 5 cm hoch zu. Ein Hektar erfordert 322 000 Samen, etwa 90 l. Den Samen muß der Pflanzer von Zeit zu Zeit von Züchtereien beziehen. Der eigene Samen wandert am besten in die Ölmühle.

Etwa 5 Tage nach der Aussaat erscheinen die Keime über der Erde.

Nach 4 Wochen sind 4 echte Blätter vorhanden. Nun muß ausgedünnt werden; dies geschieht durch Ausziehen (chapping) der überzähligen schwachen Pflänzchen mit einer langstieligen Haue. Die übrigbleibenden stärker entwickelten Pflanzen haben nunmehr einen Abstand von ½—1 m.

---

[1]) Geza Erdélyi: Die Gewinnung der Baumwolle in den Vereinigten Staaten Nordamerikas, T. 1922, 11.

Jede dritte Woche wird gejätet; die unbepflanzten Reihen werden mit einem breiten doppelten Pflug 2 cm tief umgefahren und von Unkraut gesäubert.

2 Monate nach der Aussaat erscheinen die Knospen. Die Blüten sind am ersten Tage gelb, am zweiten rosa, am dritten rot und fallen am vierten ab. Zurück bleibt ein kleiner Fruchtknoten. Die nun etwa 1,2 m hohe Pflanze befindet sich jetzt im dritten Monat.

In den folgenden beiden Monaten reift die Fruchtkapsel heran. Sie springt schließlich auf, wobei die Baumwolle herausquillt.

Gegen den Hauptfeind der Baumwollpflanze, den Kapselwurm (bollweavel) kann sich der Pflanzer schützen, indem er die Entwicklung zwischen Aussaat und Ernte möglichst abkürzt. Dies geschieht durch Aussaat von Samen aus kälteren Gegenden (Oklahama). Dieser entwickelt sich in dem warmen Luisiana schneller.

3. Gewinnung der Baumwolle.

Die Ernte beginnt etwa 100 Tage nach der Aussaat, wenn ein Arbeiter mindestens 20 kg am Tag pflücken kann. Da nicht alle Pflanzen gleichzeitig ausreifen, wird 2—5 mal gepflückt; von August—September bis November—Dezember, bei Arbeitermangel sogar bis in den Januar.

Die Farmarbeiter genügen zur Ernte nicht, fremde, meistens Neger müssen hinzugezogen werden. Ein Kind von 10—14 Jahren kann 45 bis 90 kg Flocken (Baumwolle mit Samen), eine Frau 70—115 kg und ein guter Pflücker (cotton picker) 135—180 kg an einem Tage ernten. Für 100 kg werden in Georgia 2,07, in Oklahama 4,15 Mark bezahlt. Das Ernten ist mithin eine kostspielige Arbeit.

Zu einem Ballen von 227 kg gehören 680 kg Baumwollflocken; die Ernte eines Ballens kostet allein 31—62 Mark.

Der Pflücker geht durch die Reihe entlang und zieht die Baumwolle mit den anhängenden Samen aus den Kapseln (in Indien wird auch die ganze Kapsel mit abgeschnitten, muß dann aber getrocknet und entfernt werden). Die Flocken werden in nachgezogenen, um die Schulter befestigten Säcken gesammelt, der Inhalt in Körbe und schließlich in größere Säcke zur Feststellung des Gewichtes entleert.

Oft ist es nicht möglich, genügend Erntearbeiter zu erhalten. Dann wird der richtige Reifezustand verpaßt. Viel Baumwolle fällt zu Boden und wird fleckig (stained). Dieser Schaden könnte nur durch Einführung von Pflückmaschinen vermieden werden. Seit ungefähr 20 Jahren werden Versuche damit gemacht. Die Lowrysche Maschine arbeitet noch verhältnismäßig am besten, ohne daß sich vermeiden läßt, daß auch viel trockene Blätter und Kapseln mit gesammelt werden.

Auf einem Wagen mit Benzinmotor befinden sich Sitze für 4 Erntearbeiter. Jeder Arbeiter handhabt zwei Arme, in welchen sich je ein endloses Kratzenband bewegt. Wo dieses mit der Baumwolle in Berührung kommt, ergreift es diese und befördert sie mit Hilfe von Saugern in Säcke. Die Maschine leistet etwa das dreifache wie die vier sie bedienenden Arbeiter von Hand pflücken würden. Aber ihr Erzeugnis wird geringer bewertet als das von Hand gepflückte.

Deshalb gehen die neueren Bestrebungen dahin, eine „sturmsichere" Baumwollpflanze zu züchten, d. h. eine solche, deren aufgesprungene Kapseln

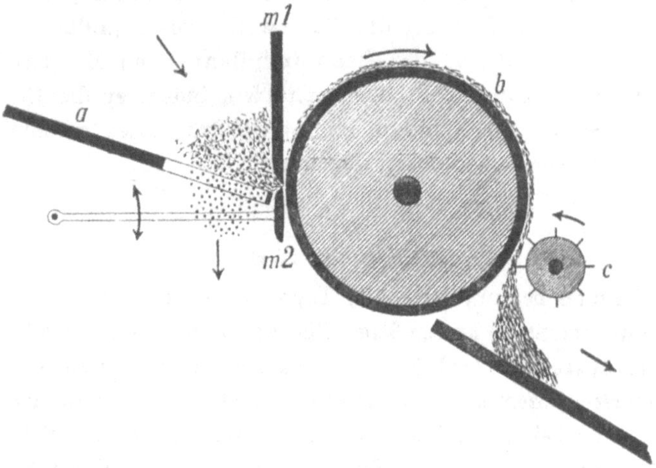

Abb. 4. Egreniermaschine.

genügend fest gegen Wind und Wetter sind, so daß mit dem Pflücken gewartet werden kann, bis alle Kapseln reif sind. Dadurch würde die Pflückarbeit wesentlich glatter von statten gehen.

Noch zweckentsprechender wäre natürlich die Züchtung einer Pflanze, deren Früchte gleichzeitig auf einmal reif würden.

Unter „überreifer" Baumwolle versteht man solche, die nach der Reife noch längere Zeit in der Kapsel geblieben ist und durch Einwirkung von Licht und Luft gelitten hat.

Schädlicher noch sind unreife Fasern, deren Bildung auf der Samenhaut zu spät begonnen hat, oder deren Kapseln unreif gepflückt wurden. Die meisten unreifen Fasern bleiben beim Entkernen auf dem Samen haften; diejenigen aber, die unter die gewöhnliche Baumwolle geraten, bezeichnet man als „tote" Baumwolle. Sie ist nicht so fest und läßt sich schlecht oder gar nicht anfärben.

Die Entsamung, Entkernung, Egrenierung bezweckt die Entfernung der 70% des Gewichtes ausmachenden Samenkerne. Die Erfindung der Egreniermaschine (cotton gin) durch Eli Whitney 1776 hat erst den Anbau der Baumwolle in den Vereinigten Staaten lohnend gemacht und dadurch den größten Umschwung in der Textilindustrie der ganzen Welt herbeigeführt.

Die Plattenmaschine (Macarthy gin) (Abb. 4) hat eine belederte Walze b mit 150 Umdrehungen in der Minute und wird daher auch „Walzenmaschine", roller gin genannt. An die Walze legt sich ein verstellbares Messer m_1 an. In der Ebene dieses Messers schwingt ein ihm gegenüberstehendes Messer m_2 700—1000 Mal in der Minute an der Walze vorbei. Eine Stoßvorrichtung a schiebt die Baumwolle zwischen beide Messer; die Haare werden von der rauhen Oberfläche der Walze erfaßt, mitgerissen und von der Walze abgenommen; die Samenkörner bleiben an der Kante des feststehenden Messers hängen und werden von dem schwingenden Messer m_2 abgerissen.

Der Samen wird auf Sägemaschinen von dem noch anhaftenden Flaum (linters) befreit und liefert durch Pressung und Extraktion das Baumwollsamen- oder Cottonöl. Dieses wird zur Herstellung von Seifen und als Speiseöl verwandt. Der Rückstand dient als Viehfutter oder als Dünger.

Die Baumwolle selbst wird stark gepreßt, in viereckige Ballen von 22 Kubikfuß und von 500 Pfund Gewicht (engl.) verpackt, in Jutesackleinwand eingehüllt und mit eisernen Reifen bezogen.

Außer den erwähnten viereckigen amerikanischen Ballen zu 500 Pfund engl. (453 g) gibt es noch runde zu 250 Pfund; die indischen Ballen haben 375, die ägyptischen 600 und die brasilianischen 160 Pfund.

1 Hektar Boden liefert in den Vereinigten Staaten 300 kg Baumwolle und 1 t Samen.

4. Wirtschaftliches.

Die Welterzeugung an Baumwolle beträgt rund 4 Milliarden Kilogramm. Davon entfallen $\frac{2}{3}$ auf die Vereinigten Staaten, $^1/_7$ auf Ostindien, $^1/_{13}$ auf Ägypten und der Rest auf Rußland, China, Brasilien, Mexiko, Peru, Türkei und Persien.

Deutschland erzeugte 1913 in Deutschostafrika 6 und in Togo 1 Million kg. Dem stand gegenüber eine Einfuhr von 477 920 900 kg.

Laut Angaben des statistischen Jahrbuches für das Deutsche Reich 1911 wurden 1910 in Deutschland die folgenden Mengen Baumwolle eingeführt (die eingeklammerten Zahlen gelten für 1909):

Land der Herkunft	Menge in Tonnen		Wert in 1000 Mark	
Vereinigte Staaten	279 850	(350 316)	397 387	(406 367)
Britisch-Indien	82 825	(57 187)	84 482	(46 894)
Ägypten	33 685	(43 160)	70 738	(73 372)
Niederl.-Indien	1 532	(1 857)	1 685	(1 783)
China	1 399	(738)	1 678	(701)
Asiatische Türkei	800	(858)	1 040	(858)
Insgesamt	402 428	(455 923)	560 903	(532 221)

Erdelyi (T. 1922, 408) berechnet, daß die Selbstkosten der Erzeugung von 1 kg Rohbaumwolle zwischen 0,37 und 1 Mk. schwanken, je nach Ertragsfähigkeit des Bodens und Ernteauslagen (s. a. Dr. G. Harting, Eine funktional-statistische Analyse des Baumwollpreises 1892—1913, L. M. f. T. 1924, III. Sondernummer, 45).

Unerfreulich ist die Abhängigkeit der Baumwollpreise von der Börsenspekulation, vom Terminhandel. An den amerikanischen Börsen kaufen die „Bulls", die Haussiers, im Hinblick auf die zu erwartende Preissteigerung, während die „Bears" oder Baissiers verkaufen, weil sie hoffen, daß bis zum eigentlichen Termin, an dem der Handel getätigt wird, der Preis der Baumwolle wieder gefallen ist. Von den auf diese Weise bewirkten Preisschwankungen gibt die folgende Tabelle ein anschauliches Bild, die die höchsten und niedrigsten Preise (in Pfg. je kg) der Jahre 1901—1910 wiedergibt:

	1901	1902	1903	1904	1905	1906	1907	1908	1909	1910
Höchster Preis	129	103	135	171	115	125	139	139	132	178
Niederster Preis	81	80	82	107	70	101	100	97	90	168

Solchen unerhörten Schwankungen ist natürlich die Baumwollernte selbst nicht unterworfen. Innerhalb des obigen Zeitraumes war der niedrigste Betrag 10,1 Millionen Ballen zu 500 Pfund engl. in 1904 und der höchste 13,6 Millionen in 1909.

Unter diesen Umständen sind die Bestrebungen zur Entwicklung deutschkolonialer Baumwollkulturen zu begrüßen. Bis 1914 bestanden Baumwollpflanzungen in Togo, Kamerun, Südwestafrika und Ostafrika. Besondere Erfolge waren in Togo zu nennen, dessen Erzeugnis der ägyptischen Baumwolle nicht nachstand. Der Menge nach stieg die gesamte Erzeugung von 82 Ballen zu 250 kg in 1902 auf 4120 Ballen in 1909 und 14 000 Ballen in 1913/14. Das kolonialwirtschaftliche Komitee in Berlin lieferte an die eingeborenen und weißen Pflanzer Saatsamen und Pflüge, errichtete Entkörnungsanstalten, verbürgte sich für den Preis usw., aber diese wohlgemeinten Versuche scheiterten vielfach an dem Fehlen der vom Reichstag nicht bewilligten Eisenbahnen.

Im Jahre 1910 bezahlten wir über 500 Millionen Mark für Baumwolle, das Kilo durchschnittlich zu 170 Pfennig. Der Durchschnittspreis der vergangenen 9 Jahre betrug aber nur 111 Pfennig das Kilo, mithin etwa 40% weniger. Es sind also 40% von 500 Millionen, mithin 200 Millionen Mark, dem deutschen Nationalvermögen verloren gegangen und in die Taschen amerikanischer Börsianer gewandert. Diese Summe war das Siebenfache unserer gesamten jährlichen Kolonialausgabe, sie ist das 118fache der winzigen Summe von 1,7 Millionen Mark, die der Reichstag im Jahre 1909 für Baumwollkulturversuche bewilligt hat.

5. Physikalisches Verhalten.

Die physikalischen Eigenschaften der Baumwolle, wie Farbe, Stapel, Feinheit, sind maßgebend für die Bewertung („arbitration").

Die Farbe ist gewöhnlich weiß, die ägyptische „Mako" ist gelblich, die ostindische Baumwolle bräunlich.

Die gelbe Färbung der wertvollen Mako läßt sich auf gewöhnlicher weißer Baumwolle mehr oder weniger echt nachahmen (Makoimitation)

1. Durch Färben mit substantiven oder Schwefel-farbstoffen oder mit Eisensalzen, leicht nachweisbar (Els. T. **1912**, Nr. 12).

2. Durch Dämpfen, nach A. Herzog (Kunstst. **1913**, 181) mikroskopisch nachweisbar; nur bei echter Mako lassen sich die gefärbten Eiweißteilchen des Faserinnern sichtbar machen durch Einbetten in eine Mischung aus gleichen Volumina starker Kalilauge und starken Ammoniaks (Molischs Flüssigkeit). Das Dämpfen geschieht bei 1—1½ Atm. 1—10 Minuten lang. Die Baumwolle befindet sich in der Form von Kopsen; diese müssen aber vor dem Dämpfen entlüftet werden (L. M. f. T. **1914**, 25).

3. Durch Verspinnen gelblicher angeschmutzter (stained) Baumwollen; mikroskopisch leicht nachweisbar.

Die Bezeichnung „Mako" ist nur zulässig, wenn ein Garn oder Gewebe tatsächlich aus Makobaumwolle hergestellt ist. Andernfalls muß „makofarbig" gesagt werden (T. **1927**, 227).

Der Stapel, d. h. die Länge des einzelnen Haares schwankt von 15—50 mm. Unter 25 mm spricht man von kurzem, über 25 mm von langem Stapel. Je langstapeliger die Baumwolle, um so feiner läßt sie sich ausspinnen, um so glatter wird der Faden, weil um so weniger Faserenden herausstehen. Aus diesem Grund zieht man die langstapelige Baumwolle beim Mercerisieren vor.

Die Reißbelastung eines Haares beträgt 4—8,9 g; die Reißlänge, d. h. die Länge der unter der Belastung ihres eigenen Gewichtes reißenden Faser etwa 25 km.

Die Bruchdehnung ist 6—7%, d. h. die Faser längt sich vor dem Zerreißen um 6—7%.

Das spezifische Gewicht beträgt 1,5. Reine Baumwolle muß also in Wasser untersinken. Wenn sie dies nicht tut, so enthält sie noch fettige Verunreinigungen, die die Luftbläschen zwischen den einzelnen Fasern nicht entweichen lassen, sie ist nicht netzbar.

Über Verfahren zur Bestimmung der Netzbarkeit von Baumwolle s. Krais, L. M. f. Textilind. **1926**, 237; Ristenpart und Petzold, Z. f. d. gesamte Textilind. **1926**, 176 und **1927**, 333, und Ruperti, T. **1926**, 936.

Nach Ristenpart steht die Zeit vom Eintauchen eines mit einer Klemmbacke beschwerten Fadens bis zum Aufstoßen des oberen Endes des umgesunkenen Fadens auf den Boden des Glasgefäßes im umgekehrten Verhältnis zur Netzbarkeit.

Ölige Verunreinigungen sind auch der Grund, warum Baumwolle sich manchmal auf dem Schiff, aber auch auf dem Fabriklager selbst entzündet. Das fein verteilte Öl oxydiert sich, die entwickelte Wärme kann nicht entweichen, sie steigert sich schließlich bis zur Entzündung der Baumwolle.

Die Feinheit wird durch den Durchmesser des Haares ausgedrückt. (Abb. 5 und 6.)

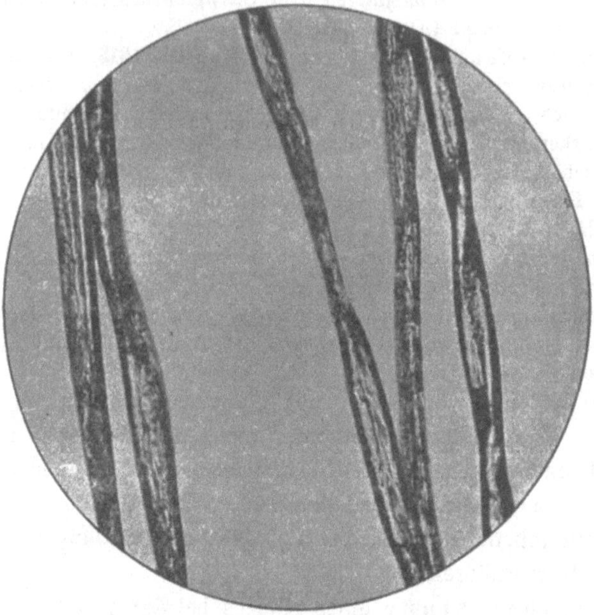

Abb. 5. Nordamerikanische Baumwolle. (300fach vergrößert.)

Da das Haar ein Band darstellt, so hat es eine breite Seite, 42—82 μ — 1 $\mu = {}^1/_{1000}$ mm — und eine schmale Seite, 12—42 μ breit. Zum Vergleich sei erwähnt, daß der Schußfaden der Hausspinne $\frac{1}{4}$, der Kettfaden $\frac{1}{2}$ μ dick ist.

Unter dem Mikroskop zeigt sich schon bei 100facher Vergrößerung das für die gesunde, ausgereifte Faser charakteristische korkzieherartig gewundene Band. Dieses Band — am deutlichsten bei herbaceum zu sehen — ist so entstanden zu denken, daß der flüssige Zellinhalt, der die Faser erfüllte, solange sie noch auf dem Samen festgewachsen saß, eingetrocknet und das frühere Röhrchen nunmehr zu dem Band zusammengeschrumpft ist. (Tote Baumwolle ist mikroskopisch leicht am Fehlen der Windungen zu erkennen.) Bei 300facher Vergrößerung sieht man das „Lumen", den inneren Hohlraum, der früher mit dem Saft erfüllt war. Auch kennzeichnet sich dann die äußere Zellwand, die

„Cuticula“, durch Körnchen und Strichelungen, die die Faser bedecken. Sowohl die Cuticula, wie die innere, das Lumen umschließende

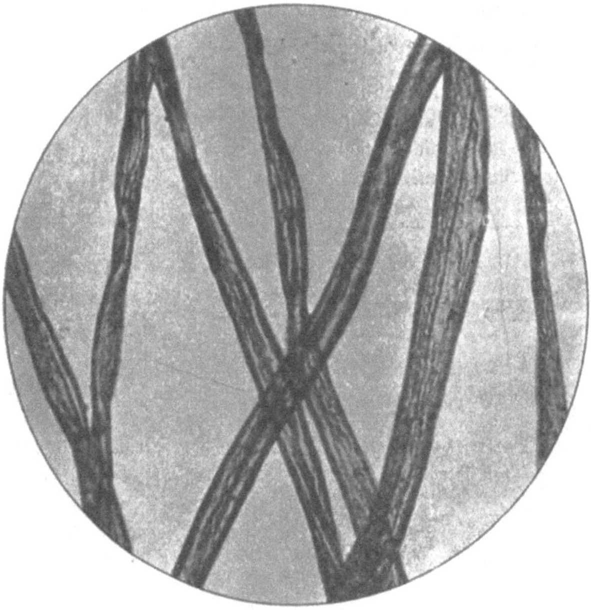

Abb. 6. Ostindische Baumwolle. (300fach vergrößert.)

Zellwand treten scharf hervor beim Behandeln der Faser mit Kupferoxydammoniak (Abb. 7). Beide bestehen im Gegensatz zur eigentlichen Faser

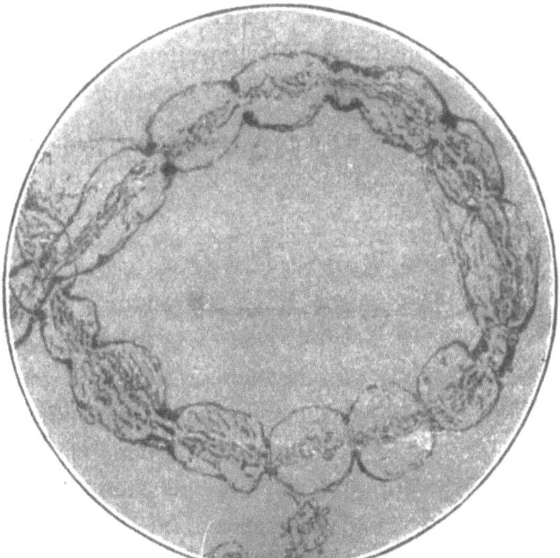

Abb. 7. Baumwolle in Kupferoxydammoniak.

nicht aus Cellulose und lösen sich nicht. Die Cuticula schnürt daher die vor der Lösung zunächst aufquellende Faser ein, so daß Bäuche mit verengernden Ringen in gewissen Abständen entstehen. Die innere Schicht dagegen schwimmt als gerollter Schlauch in der Celluloselösung umher.

R. Haller (Textile Forschung **1921**, 21) faßt die Cuticula als eine Adsorptionsverbindung der äußersten Celluloseschicht mit Cutin auf; ähnlich betrachtet H. Wislicenus (Kolloid-Zeitschr. **27**, 213) das Holz als eine Adsorptionsverbindung von Cellulose mit Lignin (S. 36).

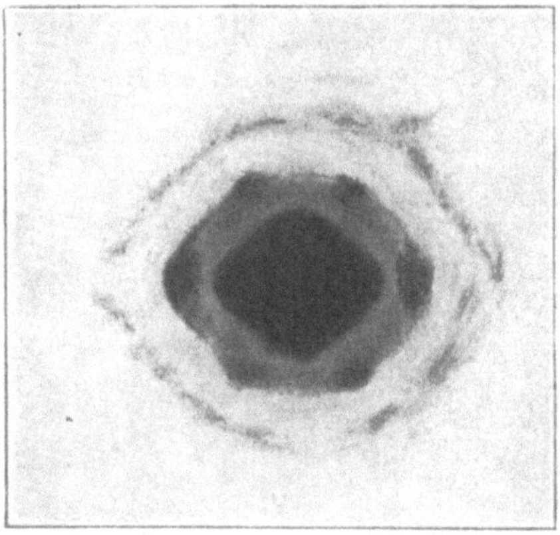

Abb. 8. Diagramm der unveränderten Zellulosefaser.

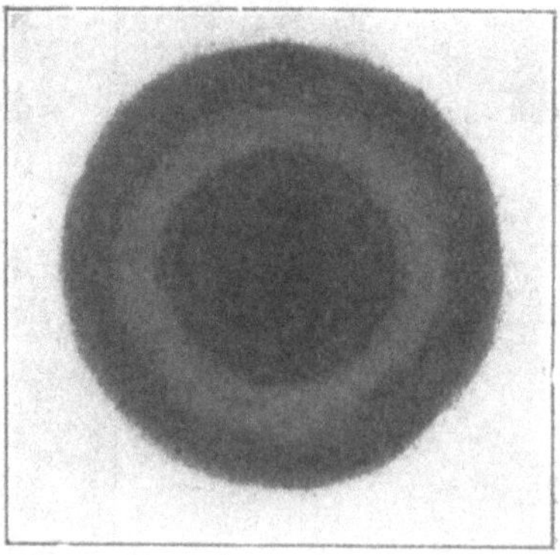

Abb. 9. Diagramm der Zellulosefaser in 16%iger Natronlauge.

Im polarisierten Lichte bei gekreuzten Nikols erscheint die doppeltbrechende Faser helleuchtend. Der unreifen Faser kommt diese Eigenschaft nicht zu.

Die Struktur der Faser ist von großer Bedeutung für ihr Verhalten beim Bleichen, Mercerisieren und Färben (R. Haller, Z. Farben- **1907**, 125).

R. O. Herzog und W. Jancke (Z. f. Phys. **1920**, 196) und andererseits P. Scherrer haben durch Anwendung der Röntgenspektrographie den Nachweis der Kristallstruktur natürlicher Cellulose erbracht. Sie benutzten die Interferenz der Röntgenstrahlen an Kristallen zur Unterscheidung zwischen kristallisierten und amorphen Stoffen. Erstere geben beim Durchgang von Röntgenstrahlen ein System scharfer Interferenzen (Abb. 8), letztere dagegen, in denen die kleinsten Bauteilchen unregelmäßig durcheinandergeworfen sind, geben nur einen einzigen breiten Beugungsring (Abb. 9). Nach dem Vorschlag des Botanikers C. v. Nägeli nennt man solche weit unter der mikroskopischen Sichtbarkeit liegende Kristalle „Micellen". v. Nägeli hat bereits angenommen, daß die natürlichen Kohlehydrate und Eiweiß und dergleichen derartigen micellaren Bau besitzen.

Das Röntgendiagramm (Abb. 10, s. E. Schmid, T. **1925**, 433) erlaubt durch die Lage der Interferenzen die Ausrichtung der Mizellen in der Faser kennen zu lernen; sie sind in Stäbchenform parallel der Faserachse ausgerichtet.

R. O. Herzog hat gezeigt, daß das Röntgendiagramm aller gelösten und wieder abgeschiedenen Cellulosen sich etwas anders verhält. Die Mizellen oder Kristallite sind etwas verworfen. Ferner tritt bei allen aus natürlicher Cellulose umgefällten Kunstseiden ein neuer Streifen auf, der auf eine chemische Veränderung hinweist.

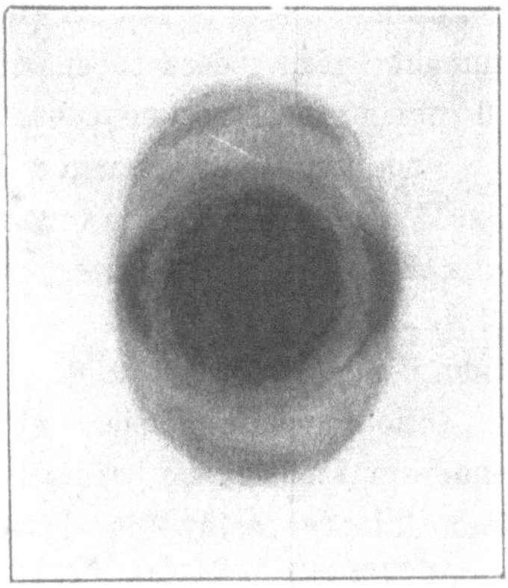

Abb. 10. Dieselbe Zellulose wie in 8 nach dem Auswaschen der Natronlauge.

Wahrscheinlich ist die Kristallit-Anordnung in der Faser als Wachstumsstruktur unter dem Einfluß der Spannung entstanden. Die Faser ist ein zweiphasiges System aus Kristallit- und amorpher Interkristallit-Substanz (R. O. Herzog, Zur Erkenntnis der Cellulose-Faser, B. **1925**, 1254 und das Röntgen-Diagramm der Hydratcellulose B. **1927**, 600.)

J. R. Katz hat gezeigt, daß Fasern mit gut ausgerichteten Kristalliten wenig Aufnahmefähigkeit für Wasser und Farbstoffe besitzen, z. B. färbt sich unter Spannung getrocknete Kunstseide weniger an als ungespannt getrocknete. Die Verwerfung des Kristallitgefuges vergrößert offenbar die Beruhrungsoberfläche und damit das Adsorptionsvermogen.

Fein gemahlene Baumwollcellulose nimmt mehr Feuchtigkeit und Farbstoff auf. Bei ganz feiner („Tot-„) Mahlung quillt die Cellulose zu einem Schleim (Pergamyn). Dieser Schleim löst sich in Wasser kolloid auf. Er unterscheidet sich aber von den übrigen gequollenen Cellulosen durch das Ausbleiben des Jod-Testes (S. 16). Solche Quellungen finden in anderen Lösungsmitteln wie Alkohol oder Benzin nicht statt.

Auch durch gefrierendes Wasser kann die Cellulose hohe Saugfähigkeit erlangen, indem die Faserbündel gesprengt, fibrillisiert und dadurch neue Kapillaren geschaffen werden (schwedisches Filterpapier).

6. Chemisches Verhalten.

Das chemische Verhalten der Baumwolle ist bedingt durch den Gehalt an Cellulose. Rohbaumwolle besteht aus

91% Cellulose,
7% Wasser,
0,5% Wachs und Fett,

0,5% Protoplasmareste (stickstoffhaltig),

0,12% Asche,

0,75% Kutikularsubstanz (Cutocellulose S. 36).

Wie alle Gespinnstfasern, so vermag auch die Baumwolle große Mengen Feuchtigkeit — bis zu 20% — aufzunehmen, ohne sich deshalb naß anzufühlen. Gewöhnlich enthält sie 5—7%. Obwohl es noch nicht üblich ist, beim Einkauf den Feuchtigkeitsgehalt amtlich feststellen zu lassen, hat man doch bereits einen gewissen Feuchtigkeitszuschlag festgesetzt, der in Streitfällen, z. B. wenn das Gewicht von Garnen durch Dämpfen in betrügerischer Absicht vergrößert wurde, vor Gericht geltend gemacht wird. Diese sogenannte „Reprise" beträgt 8½%, d. h. dem bei 110° ermittelten Trockengewichte werden 8½% zugeschlagen. (S. a. S. 188.)

Von den in so geringer Menge vorkommenden Begleitstoffen spielt das Wachs und Fett dadurch eine Rolle, daß die Baumwolle sich auf Grund dieses Gehaltes nur in geheizten Räumen verspinnen läßt. (S. a. F. Hönig, Text.-Forschung, Dresden **1918** und E. Knecht, Chem. Ztg., Übers. **1920**, 84.)

Die stickstoffhaltigen Protoplasmakörper sind deshalb von besonderer Wichtigkeit, weil sie die Baumwolle bräunen. Auch bilden sie beim Chloren beständige Chloreiweißverbindungen. Aus dem Stickstoffgehalt läßt sich auf den Eiweißgehalt der Baumwolle schließen. Man erhitzt nach Kjeldahl 5 g Baumwolle mit 20 ccm konz. und 30 ccm rauchender Schwefelsäure und einem Tropfen Quecksilber.

So fand A. Schindler (Chem. Ztg. **1908**, 314) in ägyptischer Baumwolle 0,253% Stickstoff, entsprechend 1,56% Eiweiß. A. Herzog (Chem. Ztg. **1914**, 1097) fand in den verschiedenen Baumwollsorten 0,2—0,56% Stickstoff. Beim Bleichen werden die Eiweißstoffe mehr oder weniger vollständig entfernt (S. H. Higgins, Journ. Soc. Dyers & Col. **1919**, 165).

Über die Abnahme des Stickstoffgehaltes durch das Bleichen s. Bd. IV. S. 217.

Von der Kutikularsubstanz nehmen einzelne Forscher an, daß sie durch das Bleichen entfernt werde.

Die Cellulose.

Die Cellulose selber ist ein Kohlehydrat mit etwa 44,5% Kohlenstoff, 6,2% Wasserstoff und 49,3% Sauerstoff; die empirische Formel $C_6H_{10}O_5$ ist die gleiche wie die der Stärke. Während die Stärke aber beim Wachstum immer wieder verarbeitet wird, wird die Cellulose in der lebenden Pflanze kaum verändert. (C. G. Schwalbe, Die Chemie der Cellulose, Berlin **1911**, Gebr. Bornträger.)

Die Cellulosemolekel ist wahrscheinlich sehr groß und baut sich aus mehreren Glukosemolekeln auf; denn bei der sauren Hydrolyse entsteht schließlich nur Traubenzucker (Willstätter und Zechmeister, B. **1913**, 2401; Ost, B. **1913**, 2995).

Beim Abbau mit Schwefelsäure entstehen zunächst Celluloseschwefelsäureester, bei der Einwirkung von Schwefelsäure und Essigsäureanhydrid, der sog. „Acetolyse", entsteht die Zellobiose, und zwar zu 40% (Ost, A. **398**, 324 [1913]; K. Hess, B. **1921**, 2867). Die Formel der Cellobiose ist nach Haworth 5-Glukosido-glukose:

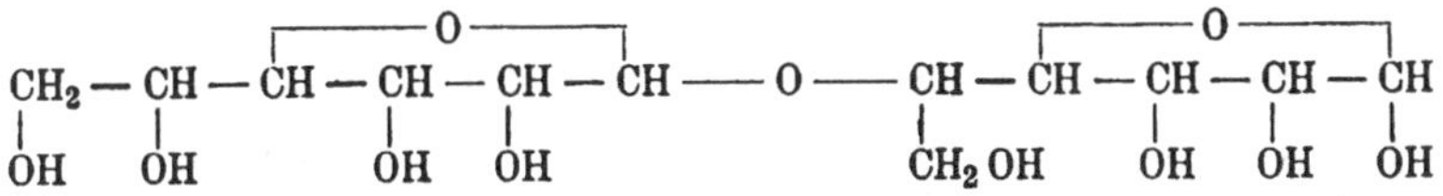

Cellulose läßt sich mit Essigsäure zu Triacetyl-cellulose verestern. Wird diese mit Phosphorpentabromid abgebaut, so entsteht 2, 3, 5-Triacetyl-1, 6-dibrom-glukose:

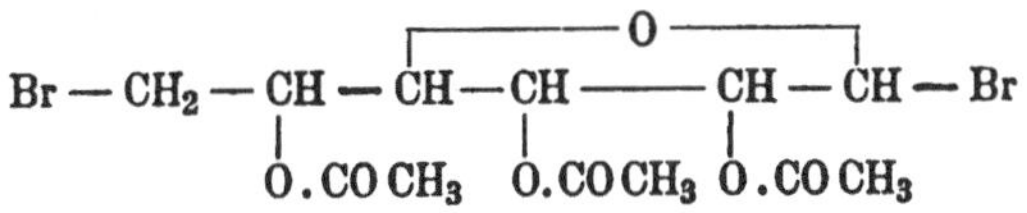

P. Karrer (T. **1925**, 751) folgert mit Recht, daß diese nur aus einem Polysaccharid hervorgegangen sein kann, in welchem ein Glukoserest in die 6-Stellung des andern eingreift.

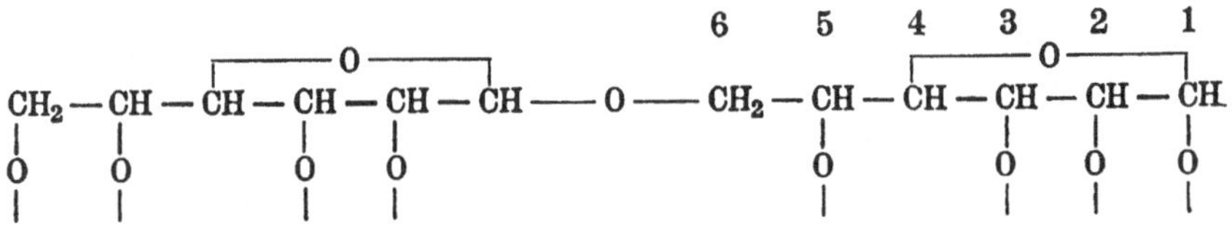

Die Cellulose-molekel muß also sowohl 5-Glukosido-glukose als auch 6-Glukosido-glukosereste enthalten. Diese Molekel ist als der kleinste Baustein der Cellulosefaser aufzufassen. Viele solcher Molekeln treten zum Kristallit zusammen, und die stäbchenförmig aneinandergelagerten Kristallite bilden die Faser. (P. Karrer, Z. f. ang. Ch. **1924**, 90.)

Verhalten gegenüber Hitze.

Reine Cellulose verträgt Temperaturen bis zu 150°. Bei höherer Temperatur tritt Vergilbung, Bräunung und schließlich Verkohlung ein. Die letzten Spuren Wasser verliert die Cellulose erst bei 125°. Kurze Einwirkung dieser Temperatur ist unschädlich, längere dagegen nicht; nach E. Knecht (Journ. Soc. Dyers and Col. **1920**, 195, 279; **1925**, 325; Ch. Ztg. Chem. Techn. Übersicht, **1925**, 162) entstehen huminartige Körper; bei monatelanger Einwirkung tritt Verkohlung ein. Bereits längere Zeit bei 100° getrocknete Baumwolle hat an Quellungsvermögen und demzufolge an Anfärbbarkeit eingebüßt.

Die trockene Destillation der Cellulose liefert ähnliche Zersetzungsstoffe wie diejenige des Holzes, also neben den Gasen Methan, Äthen, Kohlenoxyd und -dioxyd, die Flüssigkeiten Essigsäure und Aceton, dagegen kein Methanol!

Verhalten gegen Licht.

Trockener Cellulose vermögen Licht und Luft wenig anzuhaben (Sommer, Z. f. ges. Textilind. **1927**, 465). Feuchte Cellulose wird dagegen zu Oxycellulose oxydiert. Eisensalze beschleunigen die Oxydation katalytisch (König, Färb.-Ztg. **1913**, 366; s. a. Gebhard, Färb.-Ztg. **1914**, 405).

Ultraveile Strahlen zersetzen die Cellulose unter Bildung reduzierender Substanzen (Harrison, J. Soc. Dyers and Col. **1912**, 225; P. Wäntig, Textile Forschung **1921**, 15; P. Heermann und H. Sommer, L. M. f. Textilind. **1925**, 161; H. Sommer, L. M. f. Textilind. **1927**, 207.

Verhalten gegenüber Bakterien.

Feuchte Cellulose wird durch Bakterien zu Hydrocellulose und Cellobiose und schließlich zu Wasserstoff, Methan und Kohlendioxyd vergoren (Kellermann und Mc Beth, Ztrbl. Bakt. **1912**, 485; Pringsheim, Z. physiol. Ch. **1912**, 266). J. Groenewege (Ch. Ztg. **1922** [Chem. Techn. Übersicht] S. 130) hat drei Gruppen von Bakterien festgestellt, die „aërob“ (bei Luftgegenwart) die Cellulose zersetzen.

1. den Baccillus cellaresolvens α, β, γ, der die Cellulose selbst spaltet,
2. den Baccillus cellobiosae, der die entstandene Zellobiose spaltet,
3. bei 50° den emulsinhaltigen Baccillus thermophilus Cellobiosae.

N. von Gescher (Faserforschung **1922**, 28) hat festgestellt, daß die cellulosezersetzenden Bakterien sich nur bei Gegenwart von Kalk entwickeln. Die Zersetzung geht dann durch eine Symbiose von Stäbchen und Kokken vor sich. v. Gescher beobachtete an einer Fließpapierkulturanlage, daß die Stäbchen zunächst die Kittsubstanz zwischen den Fibrillen lösen, worauf die Kokken den weiteren Abbau übernehmen. Die Bakterien gedeihen auch auf Hydro- und Oxycellulose.

Von Bakterien angegriffene Baumwolle wird löslich in Alkali. Die Löslichkeit kann von 0,6% im ursprünglichen Zustand bis auf 17,5% steigen (D. Färb.-Ztg. **1925**, 326).

Ebenfalls auf bakterielle Tätigkeit zurückzuführen sind die Rosaflecken, die auf neutraler oder saurer stärkehaltiger Ware auftreten. Der hierfür in Betracht kommende Baccillus fuscarius ist so anpassungsfähig, daß er auch auf alkalischer Ware wächst, ja selbst in starker Sodalösung noch zu leben vermag.

Auffallend ist, daß das Celluloseacetat gegen bakterielle Angriffe weit widerstandsfähiger ist als Cellulose selbst.

Thymol- oder Formalindämpfe töten die Bakterien.

Nach der British Cotton Industry Research Association (Wollen- und Leinen-Industrie **1925**, 559) kommen als Pilze gewöhnlich Aspergillus, Penicillium und Rhizopus in Frage.

S. a. S. 195 und Bd. IV. S. 204, ferner A. Herrmann D. F. Ztg. **1927**, 981.

Verhalten gegen Wasser.

Wasser bewirkt bei gewöhnlicher Temperatur bloß Quellung (S. 14). Kochendes Wasser macht die Faser etwas formbar, allerdings lange nicht so stark wie Wolle; auch wird die Anfärbbarkeit etwas gesteigert. Wasser bei Temperaturen über 100° vermag etwas Hydrocellulose zu erzeugen (Schwalbe und Robinoff, Z. angew. Ch. **1911**, 256). Bei 340° tritt Verkohlung ein (Bergius, J. Ch. I. **1913**, 462).

Wasserdampf wirkt noch stärker wie kochendes Wasser. Längeres Dämpfen schwächt die Faser, jedenfalls unter Bildung von Oxycellulose, da die gleichzeitige Gegenwart von Luft kaum ganz auszuschließen ist.

Die Einwirkung des Dämpfens auf rohe und gebleichte Baumwolle hat Albert Scheurer 1893 untersucht.

1. Rohes Baumwollgewebe wurde ½ Stunde lang in Wasser ausgekocht, dann ½ Stunde lang in eine verdünnte, 80° C warme Schwefelsäure (4 g

im 1) gelegt, gewaschen, durch ganz schwaches Ammoniakwasser genommen und wieder gewaschen.

2. Ein Baumwollgewebe wurde direkt aus dem Sodakessel der Bleiche genommen und gut gewaschen.

Beide Stoffe wurden dann in einen für das Probedämpfen bestimmten und den ganzen Tag auf einer Temperatur von 100° C gehaltenen. Kasten eingehängt. Nach bestimmten Zeitabschnitten wurden Reste von beiden Stoffen abgerissen und auf die Festigkeit von Schuß und Kette untersucht. Es zeigte sich hierbei, daß rohes und gebleichtes Baumwollgewebe der Einwirkung des Dampfes gleiche Widerstandskraft entgegensetzen.

Die Abnahme der Festigkeit infolge der Gesamtwirkung von Dampf, Luft und Hitze zeigt die nachstehende Tabelle:

100° C	Rohe Probe		Gebleichte Probe	
	Kette	Schuss	Kette	Schuss
Gewebe, nicht gedämpft	100	100	100	100
60 Stunden gedämpft	82	76	83	90
120 „ „	72	49	70	69
180 „ „	60	40	59	58
240 „ „	51	37	53	50
300 „ „	39	32	47	34
360 „ „	31	30	41	34
420 „ „	26	19	31	25
480 „ „	21	19	20	19
540 „ „	21	13	14	17

Über das Dämpfen gelaugter Ware s. Bd. IV S. 190.

Verhalten gegenüber Alkalien.

Verdünnte Alkalien verändern die Cellulose weder in der Kälte, noch in der Wärme (bei Luftabschluß). Beim Kochen wird das Pflanzenwachs entfernt, so daß dieser Vorgang ein wesentlicher Bestandteil des Bleichens ist. Über 135° wird Cellulose beträchtlich gelöst; am gefährlichsten ist eine 4%ige Lauge. Wird bei Luftzutritt gekocht, so bildet sich Oxycellulose.

Starke Alkalien, z. B. Natronlauge von über 15° Bé bringen die Faser zur Quellung unter Bildung von Natroncellulose $(C_6H_{10}O_5)_2NaOH$; über 40° Bé entsteht $(C_6H_{10}O_5)_2 \cdot 2\,NaOH$ (W. Vieweg, Z. angew. Ch. **1924**, 1008).

Der elastisch gewordene Schlauch zieht sich zusammen (Abb. 11). Wird er daran verhindert, indem er an den beiden Enden festgehalten wird, so erhält er einen oberflächlichen Glanz, der auch erhalten bleibt, nachdem die Lauge ausgewaschen ist (Abb. 11a).

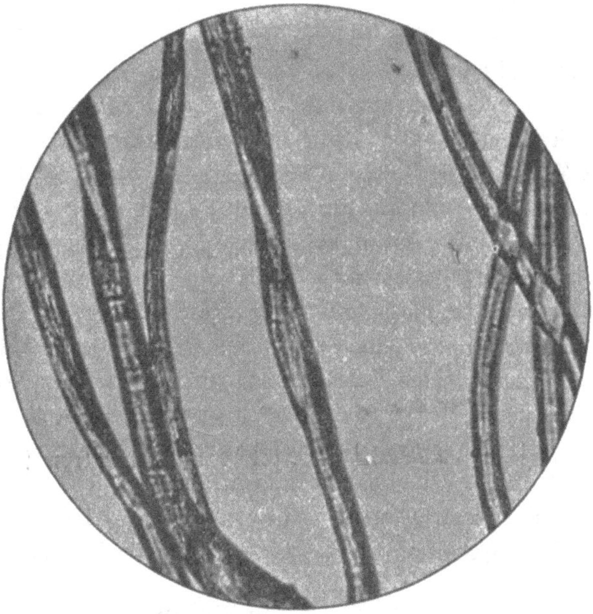

Abb. 11. Baumwolle mit starker Natronlauge getränkt.
(300fach vergrößert.)

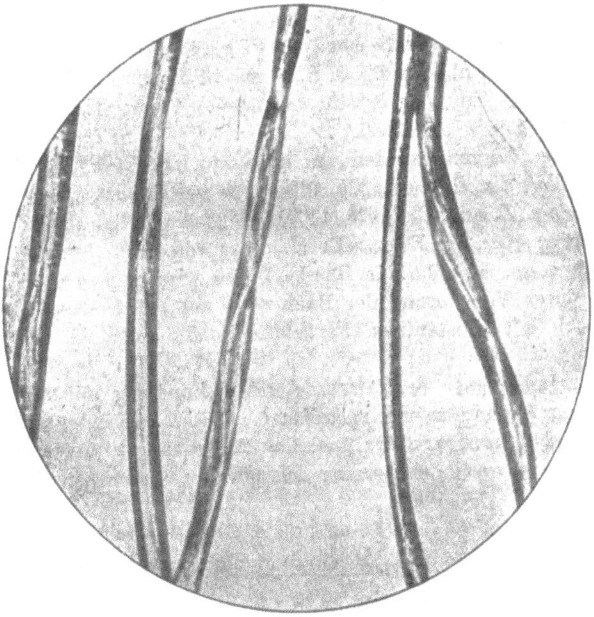

Abb. 11a. Baumwolle, mercerisiert, gestreckt.
(300fach vergrößert.)

(W. Vieweg, Einwirkung von wässrigen und alkoholischen Natronlaugen auf Cellulose B. **1924**, 1917; E. Heuser: Über Alkalicellulose, Z. angew. Ch. **1924**, 1010.)

Bei längerer Berührung mit starker Lauge zerfällt die Faser; die Bruchstücke haben stärkeres Reduktionsvermögen. Ost nennt diese alkalisierte Cellulose „Alcellulose" (Z. angew. Ch. **1911**, 1895). Sie heißt auch α-Cellulose zum Unterschied von der β-Cellulose, die sich aus der alkalischen Lösung mit Säuren ausfällen läßt, während die γ-Cellulose auch bei Säurezusatz gelöst bleibt.

Erhitzt man Cellulose mit starker Natronlauge, so löst sie sich zum Teil und zwar um so mehr, je unreiner sie ist. Die aus der Lösung durch Säure ausgeschiedene Substanz nennen Bumcke und Wolffenstein Acidcellulose.

Schmilzt man schließlich Cellulose mit Ätznatron über 180°, so zersetzt sie sich in der Hauptsache zu Oxalsäure.

Ähnlich wie Ätznatron wirkt Ätzkali (Knecht und Harrison, Journ. Soc. Dyers and Colourists **1912**, 224; E. Ristenpart T. **1921**, 130.)

Erdalkali dagegen verursacht keine Quellung, sondern wird beim Erhitzen unter Druck in geringer Menge, aber dauernd aufgenommen.

Die durch Behandlung mit starker Lauge erhaltene gequollene Cellulose gibt den Jod-test (S. 13).

Konz. Ammoniak wirkt nach L. Vignon, L. Färb.-Ztg. **1891/92**, 366 D. R. P. 57 846, „animalisierend", d. h. es macht die Baumwolle der Wolle ähnlicher, so daß sie saure Farbstoffe aufnimmt. Vignon fand in animalisierter Baumwolle 1,05—2,86% Stickstoff.

Die Angaben Vignons wurden von E. Knecht, Färb.-Ztg. **1896**, 355, und von G. Bernhardy, Z. f. ang. Ch. **1925**, 1195, bestritten.

P. Karrer (Z. ang. Ch. **1926**, 1509) gelang die Aminierung der Baumwolle auf dem Umweg über die Ester. Er ging aus von dem „Immungarn" der Chem. Fabrik vorm. Sandoz in Basel. Dieses wird nach dem D. R. P. 396 926 von Horn durch Veresterung der Baumwolle mit p-Toluolsulfochlorid erhalten und färbt sich mit substantiven Farbstoffen nicht mehr an (Tagliani, T. **1925**, 425).

Aus dem Immungarn erhält man durch Behandlung mit Ammoniak unter Abspaltung von Ammonium-p-toluolsulfonat „Amingarn" mit 0,8—1% Stickstoff. Während Immungarn für basische Farbstoffe Anfärbevermögen besitzt, läßt sich Amingarn wieder mit sauren und substantiven Farbstoffen anfärben.

Verhalten gegen Säuren.

Mineralsäuren wirken grundsätzlich anders auf Cellulose ein als die flüchtigen organischen Säuren.

Mineralsäuren werden aus wässriger Lösung in geringen Mengen adsorbiert und lassen sich nur schwer wieder auswaschen (E.

Knecht und F. P. Thompson, Journ. Soc. Dyers and Col. **1921**, 270). Sie hydrolysieren die Cellulose in zunehmendem Maße mit zunehmender Konzentration. Daher sind sie besonders gefährlich, wenn sie auf der Faser eintrocknen. Es entsteht Hydrocellulose von hohem Reduktionsvermögen und geringer Festigkeit. Wärme unterstützt ebenfalls die hydrolysierende Wirkung (H. Ost, Z. a. Ch. **1921**, 422).

Einwirkung von Schwefelsäurelösungen nach Albert Scheurer (B. de la Soc. ind. de Mulhouse, Juni **1888**).

	Zerreißfestigkeit mit Schwefelsäure	Zerreißfestigkeit nachher mit Soda gekocht
Gebleichter Kattun vor der Behandlung	24,4	
Einwirkung von 2 g Schwefelsäure 66° Bé in 1 l Wasser bei 80° C		
¼ Stunde	24	23,5
½ „	24	22,6
1 „	22	17,9
von 4 g ½ „	22,6	21,5
von 2 g bei 90° C ½ „	20,1	20,1

Der gebleichte und nicht behandelte Kattun zeigte nach dem Auskochen mit Soda die Zerreißfestigkeit 24,1. Die Versuche ergaben, daß Schwefelsäurelösungen bei 80° C und bis zu 30 Minuten Einwirkung keine bedeutende Schwächung zur Folge haben, wohl aber bei einer Temperatur von 90° C, nämlich um 20%. Wird der Kattun nach der Schwefelsäurebehandlung mit einer Sodalösung von 2 g Soda in 1 l Wasser gekocht, so wird die Faser weiter geschwächt, und zwar um so mehr, je länger die Schwefelsäureeinwirkung dauerte. Bei der Versuchstemperatur von 90° C tritt eine weitere Schwächung nicht ein.

Die Beobachtungsziffern sind der Durchschnitt aus 10 Versuchen.

Nach H. Zänker und W. Schneider, T. **1924**, 554, soll ein Gehalt von etwa 0,2% Schwefelsäure die Cellulose 10% fester machen. Voraussetzung ist, daß die Cellulose nicht zu scharf getrocknet wird.

Starke Säuren bewirken neben der Hydrolyse eine Quellung, die aber verschieden ist von derjenigen mit starker Natronlauge. Davon wird technisch Gebrauch gemacht. Nach dem D. R. P. 129 883 von Thomas & Prevost zur Erzeugung von haltbarem Appret läuft das Gewebe 10 Minuten durch Schwefelsäure 50° Bé, darauf durch Wasser, dann in Natronlauge 30° Bé; schließlich wird auf die ursprüngliche Breite gestreckt und gewaschen, abgesäuert und gespült.

Ferner erhält man nach dem D. R. P. 290 444 von Heberlein durch Behandeln von mercerisierter Baumwolle mit Schwefelsäure unter 51° Bé, z. B. 50° Bé, kreppartige Gewebe (Bd. V).

69%ige Schwefelsäure liefert „A m y l o i d“.

62,5%ige die kolloidlösliche „Guignet“-Cellulose (S c h w a l b e und S c h u l z e, Z. angew. Ch. **1913**, 409).

Das v e g e t a b i l i s c h e P e r g a m e n t p a p i e r erhält man, wenn man ungeleimtes Papier durch Schwefelsäure von 78% und vom spez. Gewicht 1,7 hindurchzieht und sofort wäscht. Durch Jod-Kaliumjodid wird es gebläut.

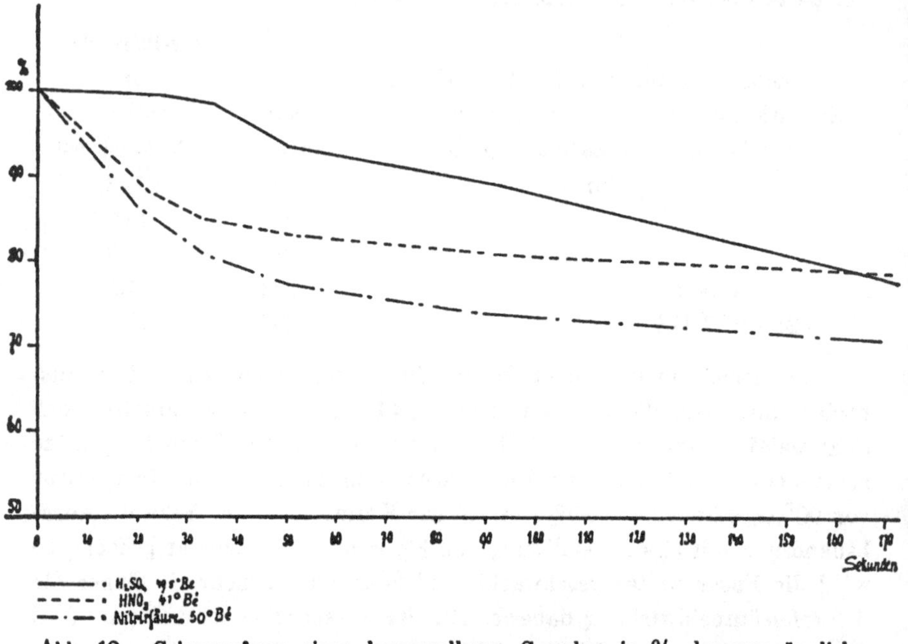

Abb. 12. Schrumpfung eines baumwollenen Gewebes in % der ursprünglichen Länge bei verschieden langer Behandlung mit Schwefelsäure 49,5° Bé (—), Salpetersäure 41° Bé (— — —) und Nitrirsäure 50° Bé (—·—·—).

Noch höher konzentrierte Schwefelsäure bildet E s t e r (O s t und M ü h l m e i s t e r, A. **398**, 321 [1913]).

Ganz starke Schwefelsäure l ö s t die Cellulose vollständig auf unter Abbau zu Glukose.

S a l p e t e r s ä u r e verhält sich Cellulose gegenüber ganz verschieden. Mehr als 65%ige Säure wirkt zwar in der Kälte ebenfalls quellend und hydrolysierend, aber es bilden sich dabei nebenher bereits Salpetersäureester. Diese sind zunächst nur „l a b i l“, d. h. durch Wasser leicht wieder zerlegbar (K n e c h t und L i p s c h i t z, J. Ch. Ind. **1914**, 116; Lehnes Färb.-Ztg. **1895/96**, 401). Erst bei stärkerer und längerer Einwirkung werden sie s t a b i l, d. h. gegen die Zerlegung beständig.

Sehr verstärkt wird die Wirkung der Salpetersäure durch die gleichzeitige Anwesenheit von wasserentziehender Schwefelsäure. Mit derartiger Mischsäure behandelte Baumwolle erhält einen ganz anderen Charakter als wie die mit Schwefelsäure behandelte (nach Heberlein). Sie wird weicher und wollig. Das Verfahren ist von der A. G. Seeriet in Arbon 1923 zum Patent angemeldet worden, danach hergestellter „Glasbatist“ und „Opal“ (s. Mercerisation, Bd. V) sind aber zu teuer. S. a.

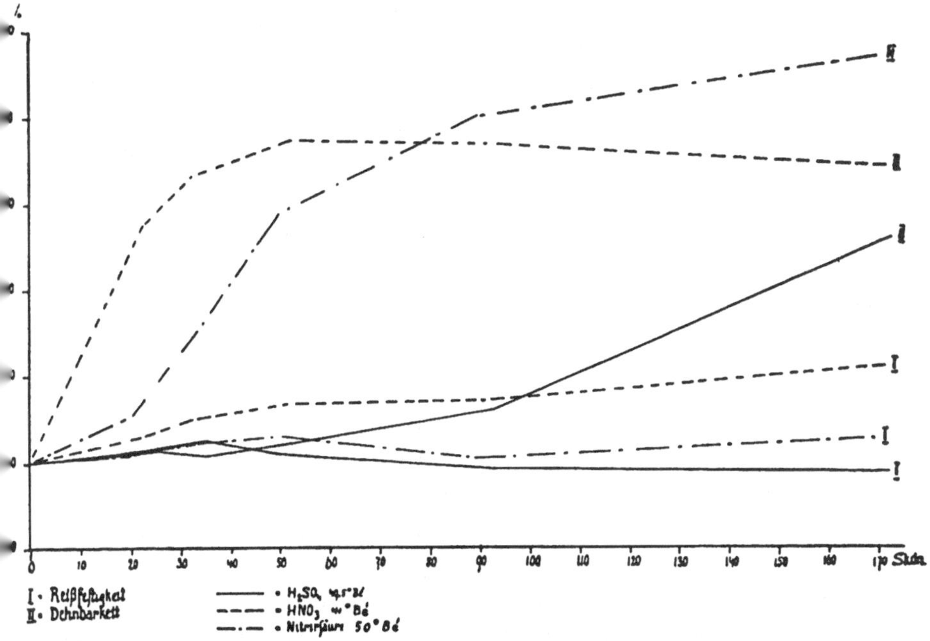

Abb. 12a. Reißfestigkeit (I) und Dehnbarkeit (II) eines baumwollenen Gewebes in % der ursprünglichen Reißfestigkeit und Dehnbarkeit bei verschieden langer Behandlung mit Schwefelsäure 49,5° Bé (—), Salpetersäure 41° Bé (— — —) und Nitrirsäure 50° Bé (— · — · —).

D. R. P. 389 547, 392 122, 392 655 von Ch. Schwartz in Eilenburg. Derartige Veredelung von Baumwolle mit Salpetersäure heißt auch „Philanieren“; sie wird von Meister, Lucius & Brüning in Höchst im großen betrieben. Die Baumwolle wird mit starker Salpetersäure behandelt; sie schrumpft, kräuselt sich, rauht sich auf, wird wollähnlicher, fester und farbstoffverwandter. (Z. angew. Ch. **1924**, 406; Z. f. d. ges. Text. **1925**, 316; T. **1925**, 662.)

Die folgende Übersicht zeigt den Betrag an Schrumpfung, Festigkeit und Dehnbarkeit ausgedrückt in % der ursprünglichen Werte, den ein Gewebe bei verschieden langer Behandlung mit Schwefelsäure 49,5° Bé bei

0°, Salpetersäure 41° Bé bei —2° und Mischsäure von 50° Bé (aus gleichen Teilen Schwefelsäure 58,5° Bé und Salpetersäure 41° Bé) bei —4° erfährt.

			Schrumpfung	Reißfestigkeit	Dehnbarkeit
25	Sekunden	Schwefelsäure	0,5	109,3	108,4
35	„	„	1,5	112,9	104,2
50	„	„	6,5	105,4	110,2
92	„	„	11,1	98,0	129,8
172	„	„	22,2	92,0	228,7
22	„	Salpetersäure	11,8	114,9	237,3
32	„	„	14,6	124,8	267,0
52	„	„	16,7	132,9	287,9
91	„	„	18,9	134,0	284,0
171	„	„	21,0	156,4	271,3
20	„	Mischsäure	13,4	104,6	127,1
33	„	„	19,4	111,9	178,0
50	„	„	22,4	116,1	244,0
89	„	„	26,2	102,1	300,9
169	„	„	28,7	111,9	334,9

Schwefelsäure wirkt am langsamsten schrumpfend, Salpetersäure schneller und Mischsäure am schnellsten. Mischsäure wirkt außerdem am kräftigsten. Dementsprechend zeigen die Proben mit Schwefelsäure oberflächlich kaum eine Veränderung, die mit Salpetersäure werden schleimig und die mit Mischsäure stark gequollen.

Schwefelsäure vermag nur im Anfang die Reißfestigkeit etwas zu erhöhen, Salpetersäure steigert sie zunehmend beträchtlich, Mischsäure nimmt eine Mittelstellung ein.

Die Zunahme der Dehnbarkeit gibt den sichersten Maßstab für die technologisch wertvolle Veränderung der Faser ab. Auch hier wirkt Schwefelsäure ganz langsam, Salpetersäure wirkt gleich von Anfang an sehr heftig, die Mischsäure bietet auch hier wieder einen glücklichen Ausgleich zwischen der zu trägen Schwefelsäure und der zu heftigen Salpetersäure. Die Dehnbarkeit steigt mit der Einwirkungsdauer ruhig und stetig.

Die Ausfärbung der Proben mit Methylenblau ergibt die Abwesenheit von Oxy- und Hydrocellulose.

Die Ausfärbung mit Chikagoblau zeigt kräftigere Anfärbung der durch die Mischsäure stärker hydratisierten (gequollenen) Proben.

Vergleicht man den Woll- oder Opal-Effekt der Mischsäure mit demjenigen von Natronlauge 30° Bé bei 15° C auf Grund der eingetretenen Schrumpfung, so kommt man zu den Werten der folgenden Übersicht:

	nicht gelaugte	vorher gelaugte
	Ware	
1. 50 Sekunden Natronlauge	26	8
2. 3 Minuten Mischsäure (100 ccm H_2SO_4 50° Bé, 100 ccm HNO_3 40° Bé bei 0°)	4	19
3. wie 1., danach wie 2	33	16
4. wie 2., danach wie 1	24	22

Die Mischsäure ist also der Natronlauge unterlegen bei nicht gelaugter, dagegen weit überlegen (19 gegen 8) bei gelaugter Ware.

Noch konzentriertere Salpetersäure (nach C. Häussermann, Z. angew. Ch. **1910**, 1161 $> 78\%$) oder noch besser sogenannte Nitriersäure, das Gemisch von Salpetersäure mit Schwefelsäure, bilden stabile Ester, Cellulosenitrate, fälschlich „Nitrocellulose" genannt. Diese zerknallen durch Schlag, angezündet verpuffen sie blitzartig. Man nennt sie daher auch Schießbaumwolle oder „Pyroxylin".

Man rührt 3 g Baumwolle in einer Mischung von 24 g Salpetersäure, chemisch rein, 72 g Schwefelsäure, chemisch rein, und 4 g Wasser (meist in Ton- und Eisentöpfen) 1 Stunde bei 25° mit Aluminiumgabeln, schleudert aus und wäscht gut. Es können so bis zu 3 NO_3-Gruppen, entsprechend 13,5 % Stickstoff, eintreten.

Bei schwächerer Einwirkung erhält man die sogenannte Kollodiumwolle.

Man rührt 4 g Baumwolle in einem Gemisch von 50 g Salpetersäure, chemisch rein, und 120 g Schwefelsäure, chemisch rein, und 30 g Wasser 2 Stunden bei 15° oder

4 g Baumwolle in einem Gemisch von 31½ g Salpetersäure, 53,8 g Schwefelsäure und 14,7 g Wasser 10 Minuten bei 50° um.

Im großen arbeitet man wohl auch in der Nitrierzentrifuge.

Kollodiumwolle löst sich in einem Gemisch von Alkohol und Äther auf, Schießbaumwolle nur in Aceton oder Essigester. Beim Verdunsten der Kollodiumlösung bleibt Cellulosenitrat als durchsichtiges Häutchen zurück. Davon macht man Anwendung in der Photographie zur Herstellung der Trockenplatten, ferner in der Heilkunde zum luftdichten Abschluß von Wunden und schließlich in der Appretur zur Befestigung der äußerlichen Gestaltung eines Gewebes, die sich sonst durch mechanische Einflüsse verschieben könnte.

Gibt man dem aus dem Kollodium durch Verdunsten der Lösungsmittel sich ausscheidenden Cellulosenitrat die Gestalt eines Fadens, indem man die Lösung aus einer feinen Spinndüse austreten läßt, so erhält man die als „Nitratseide" bekannte Kunstseide, die zuerst von dem Grafen Chardonnet im Jahre 1884 im großen hergestellt wurde.

65—71% Cellulosenitrat, mit 23—33% Kampfer und 1,2—3,5% Farbstoff gemischt, ergeben das formbare Celluloid zur Nachahmung von Horn, Elfenbein u. dgl. Der Kampfer wird entweder geschmolzen oder in Alkohol gelöst (12%ig) angewandt. Nachdem in ein Gefäß von gewünschter Form gepreßt wurde, wird mit Dampf auf 130° erhitzt.

Leinen- oder Baumwoll-Gewebe sowie Papier, oberflächlich mit Celluloid überzogen, kalandert und gepreßt ergeben das Kunstleder oder Pegamoid.

1 kg Celluloidspäne (Abfall) werden in 5 l 94%igem Spiritus gequollen, mit 60—120 g, mit Ricinusöl angerührter Mineralfarbe vermengt, aufgetragen und abgestrichen. Die Ware tritt dann durch einen Schlitz in eine Heizkammer; die Alkoholdämpfe werden abgesaugt und zu 80% wieder gewonnen (T. **1923**, 81).

Neuerdings verwendet man zu gleichem Zweck auch die Lösung von Cellulose in Kupferoxydammoniak oder Viskoselösung.

Kochende (60%ige) Salpetersäure erzeugt Oxycellulose (S. 28), schließlich Oxalsäure und Kohlensäure (Cross und Bevan, Journ. Chem. Soc. **1883**, I, 18).

Auch gasförmige Mineralsäuren hydrolysieren die Cellulose. Darauf beruht die Karbonisation der halbwollenen Lumpen mit Salzsäure.

Nach dem D. R. P. 306 818 der Zellstoffabrik Waldhof wird Cellulose in Salzsäure-Schwefelsäure gelöst. Nach R. Willstätter (Färb.-Ztg. **1913**, 520) löst sich Cellulose ziemlich unzersetzt in konzentrierter Salzsäure, wenn man rasch und in der Kälte arbeitet.

Schwächer wie die Mineralsäuren wirken die nichtflüchtigen organischen Säuren (L. M. f. T. **1927**, 389; Seide **1927**, 260).

Die Einwirkung von organischen Säuren auf Baumwolle hat C. F. Seymour Rothwell (Leipziger Färberzeitung **1893**) erforscht. Stücke von gebleichtem Stoff wurden in Lösungen von Weinsteinsäure, Zitronensäure und Oxalsäure von der in der Tabelle angegebenen Stärke geklotzt, bei niedriger Temperatur getrocknet und eine Stunde lang bei einem Drucke von 5 englischen Pfund gedämpft.

Tabelle.

Reißfestigkeit R des ursprünglichen Stoffs	139	engl. Pfd.
„ „ des nur gedämpften Stoffes	136½	„ „

Stoff geklotzt mit	R in engl. Pfd.
1,25 %iger Citronensäure	79
1,25 %iger Weinsteinsäure	52
1,25 %iger Oxalsäure	0
0,625 %iger Citronensäure	102
0,625 %iger Weinsteinsäure	75
0,625 %iger Oxalsäure	0

G e r b s ä u r e n werden von der Cellulose beträchtlich aufgenommen; nach v. G e o r g i e v i c s (Färb.-Ztg. **1899**, 214) geschieht dies für Tannin nach dem Verteilungssatz $\frac{\sqrt{C_b}}{C_f} = k$,
wo C_b die nach dem Tannieren in 100 ccm Bad verbliebene, C_f die von 100 g Faser aufgenommene Tanninmenge und $k = 0{,}1$—$0{,}12$ ist. Danach lassen sich die Gerbsäuren durch Waschen mit Wasser nahezu vollständig wieder auswaschen.

F l ü c h t i g e o r g a n i s c h e S ä u r e n, also Ameisen- und Essigsäure, sind ganz harmlos, selbst in hoher Konzentration. Sie können erst dann schädlich werden, wenn ein Katalysator Esterbildung einleitet.

V e r h a l t e n g e g e n S a l z e.

S a u r e S a l z e wirken wie Säuren; desgleichen Salze, die in der Hitze ihre Säure abgeben, z. B. Aluminiumchlorid und Magnesiumchlorid (aber auch Magnesiumsulfat).

1-stündiges Erhitzen mit Kalzium- oder Magnesiumchlorid 3° Bé soll die Reißfestigkeit von Cellulosefasern erhöhen, nach dem D. R. P. 338 437 von K r a i s - und B i l t z auf das 6—10fache!

Die Salze werden aus ihren Lösungen von Cellulose mehr oder weniger a d s o r b i e r t, besonders, wenn sie hydrolytisch spaltbar sind wie Eisenchlorid oder Bleiacetat. Die Adsorption ist um so geringer, je reiner die Baumwolle ist; für Kupfersulfat hat dies R a s s o w (Z. angew. Ch. **1912**, 1127, 1307) nachgewiesen. Stark adsorbierbare Salze heißen „B e i z e n".

Bei einigen Salzen hängt die Adsorption von Konzentration und Bewegung der Flüssigkeit ab, bei anderen wieder nicht.

Sicher ist die Faserstruktur auch hier von größter Bedeutung (S. 12).

Günstig wirkt dann noch Temperaturerhöhung; das hängt mit der dadurch geförderten hydrolytischen Spaltung zusammen.

Einige hochkonzentrierte Salzlösungen lassen die Cellulose ähnlich q u e l l e n wie unter der Einwirkung konzentrierter Alkalien und Säuren. So z. B. Kaliumjodid, Kaliumquecksilberjodid und Kaliumrhodanid (R. H. C l a y t o n, Ch. Ztg. Chem. techn. Übersicht **1921**, 348).

Z i n k c h l o r i d vermag in der Wärme sogar zu l ö s e n, worauf die Erzeugung von Vulkanfiber beruht.

K a l z i u m c h l o r i d lösung löst Cellulose, die vorher durch Salzsäure etwas hydrolysiert wurde (D e m i n g, A. J. Am. Soc. **1911**, 1515).

Durch Erhitzen unter Druck vermögen alle Salzlösungen derartig „angeätzte" Cellulose zu lösen.

Über die Adsorption von Farbstoffen s. Band III, S. 38.

Verhalten gegen Reduktions- und Oxydationsmittel.

Reduktionsmittel sind gänzlich wirkungslos.

Oxydationsmittel erzeugen Oxycellulosen; weiterhin Oxalsäure und schließlich Kohlensäure.

Über Oxycellulose ist viel gearbeitet worden. Zuerst erhalten wurde sie von Witz (Bulletin de Rouen **1882**, 416 und **1883**, 169). Die Löslichkeit in kochender 10%iger Natronlauge wurde von Bumcke und Wolffenstein, B. **1899**, *2493*, veröffentlicht. A. Nastukoff (B. **1900**, *2237*) hat bereits zwei in Alkalien verschieden lösliche Oxycellulosen unterschieden. Die alkaliunlösliche erhielt er durch Einwirkung von Chlorkalk 4—12° Bé oder mittels 1%iger Kaliumpermanganatlösung (α-Oxycellulose), die alkalilösliche mittels Salpetersäure (β-Oxycellulose) (B. **1901**, 719). Tollens (B. **1901**, 1427 und Färb.-Ztg. **1901**, 214) untersuchte die mit Chlorat und Salzsäure erhaltenen Oxycellulosen; diese sollen ätherartige Verbindungen von Cellulose mit Oxycellulose sein („Celloxin"); sie sollen Aldosen sein im Hinblick auf ihr Reduktionsvermögen und ihre Reaktion mit Phenylhydrazin. (S. a. Vignon, Färb.-Ztg. **1898**, 59.)

C. Birtwell, D. Clibbens und B. Ridge (Journ. Text Inst. **1925**, T. 13) stellen zwei äußerste Typen von Oxycellulose I und II auf, deren abweichende Eigenschaften in der folgenden Übersicht zusammengestellt sind:

		I	II
1.	Kupferzahl (nach Schwalbe)	stark	schwach
2.	Methylenblauzahl (nach Ristenpart)	schwach	stark
3.	Löslichkeit in Natronlauge	stark	schwach
4.	Zurückhalten von Alkali (hohe Asche)	schwach	stark
5.	Erniedrigung der Viskosität der Lösung in Kupferoxydammoniak	stark	stark

Oxycellulose I soll bei alkalischer, II bei saurer Hypochloritbleiche entstehen.

E. Ristenpart und K. Petzold (L. M. f. T. **1925**, *307*) haben demgegenüber gezeigt, daß beide Oxycellulosen I und II sich mit Bezug auf Kupferzahl und Methylenblauzahl gleich verhalten. Dagegen erwies sich die von ihnen mit Salpetersäure erhaltene (β-) Oxycellulose als Methylenblau abstoßend, während die Kupferzahl auch hier ansprach.

Durch Hydrolyse der α-Oxycellulose mittels Säuren erhielt Nastukoff die kolloide γ-Oxycellulose.

Bumcke und Wolffenstein (B. **1899**, *2493*) fassen die Oxydation mittels Wasserstoffsuperoxyd nicht als Oxydation, sondern als Hydrolyse auf. Durch bis zu 90 Tage lange Einwirkung von 4—60%igem Wasserstoffsuperoxyd erhielten sie aus Cellulose ein weißes Pulver, das sie Hydralcellulose tauften. Die Hydralcellulose hat alle Eigenschaften der Oxycellulosen, bloß nicht die kolloide Beschaffenheit der β-Oxycelullose.

Durch Kochen mit der 10fachen Menge 10%iger Natronlauge soll der Aldehyd Hydralcellulose zu ⅔ in den Alkohol Cellulose und zu ⅓ in die Säure Acidcellulose (S. 20) zerlegt werden.

R. Haller (Textile Forschung **1920**, 79 und **1922**, 138) hat 30%iges Wasserstoffsuperoxyd längere Zeit auf pflanzliche Gespinstfasern einwirken lassen und festgestellt, daß diese zunächst außer Form geraten und dann über ein Celluloseperoxyd als Zwischenstufe hinweg als Glukose in Lösung gehen. Katalysatoren, z. B. Chromoxyd, beschleunigen oder, z. B. Aluminiumoxyd, verlangsamen den Zerfall.

Als weitere Eigentümlichkeiten der Oxyclellulose mögen noch erwähnt werden:

1. die starke Furfurolabspaltung beim Kochen mit Säuren,
2. die starke Adsorption von Metallsalzen, entsprechend derjenigen der basischen Farbstoffe,
3. die Graufärbung mit Nesslers Reagens nach Ditz (J. p. Ch. **1908**, 349),
4. die Braunfärbung beim Kochen mit einer Mischung von Silbernitrat, Thiosulfat und Ätznatron (Harrison, Journ. Soc. Dyers and Colourist **1912**, 359; Oe. Wollen- und Leinenind. **1913**, 338; Götze, Z. a. Ch. **1926**, 343, s. S. 33a).

Quantitative Bestimmung der Oxycellulose.

Für die Praxis, insbesondere die Bleicherei, ist es von großem Belang, den Betrag an Oxycellulose zu kennen, der durch irgend einen oxydierenden Angriff aus der Cellulose erzeugt worden ist. Der qualitative Nachweis allein besagt noch nichts, da sich sogar reine Cellulose so verhält als enthielte sie Spuren Oxycellulose. Es gibt heute im wesentlichen dreierlei quantitative Bestimmungen der Oxycellulose: Die Schwalbesche Kupferzahl, die Ristenpartsche Methylenblauzahl und die Kauffmannsche Permanganatzahl.

a) Die Schwalbesche Kupferzahl (Färb.-Ztg. **1908**, 33, 111; **1910**, 189; Chemie der Cellulose, Berlin, Gebr. Bornträger, **1911**, 625) gründet sich auf die stärker reduzierende Eigenschaft der Oxycellulose, vermöge deren sie aus Fehlingscher Lösung mehr Kupferoxydul ausscheidet als Cellulose. Diese Menge Kupferoxydul wird in g Cu auf 100 g Faser ausgedrückt. Sie beträgt für reine Cellulose nach Schwalbe 0,3—0,6. Der Mehrbetrag für oxycellulosierte Faser ist ein Maß der Oxycellulose.

3 g Baumwolle werden in einem weithalsigen 1,5-Literkolben mit 300 ccm siedendem destilliertem Wasser und 100 ccm siedender Fehlingscher Lösung übergossen und eine Viertelstunde unter Rückfluß gekocht. (Die Zeit wird vom Wiederbeginn des Siedens an gerechnet.) Die Baumwolle wird dann ausgewaschen, bis das Waschwasser mit Kaliumferrocyanid keine Braunfärbung mehr gibt. Nunmehr wird die Probe in einer Porzellanschale mit heißem Wasser überdeckt und unter Zugabe von 15 ccm 6,5%iger Salpetersäure auf dem Wasserbade erwärmt, bis alles Kupfer gelöst ist. Die Kupferlösung wird abgefiltert und ausgewaschen. Das Kupfer kann elektrolytisch bestimmt werden. Die Methode ist besonders für lose Faser ausgearbeitet.

Einfacher ist die kolorimetrische Ermittlung, die ich T. **1925**, 830 vorgeschlagen habe: Genau ½ g der zu untersuchenden Baumwolle wird im Probierglas mit 5 ccm Fehlingscher Lösung übergossen, das Probierglas 1 Minute in lebhaft kochendes Wasser gestellt, danach gespült und mit 5 ccm Salpetersäure vom spez. Gew. 1,2 unter zeitweiligem Schütteln 10 Minuten stehen gelassen. Die abgegossene salpetersaure Lösung kann, wenn keine störenden Farbstoffe zugegen sind, unmittelbar mit starkem Ammoniak tropfenweise übersättigt und die Tiefe der Blaufärbung mit dem v. Hahnschen Kolorimeter oder auch mit dem Pulfrichschen Stufenphotometer ermittelt werden. Aus einer Tabelle liest man den Kupfergehalt ab.

Sind störende Farbstoffe zugegen, so wird die salpetersaure Kupferlösung erst in einem sauberen Porzellantigel zur Trockne verdampft; durch Glühen werden die organischen Farbstoffe verbrannt, wobei das Kupfernitrat in Kupferoxyd übergeht. Der Rückstand wird mit 1 g Kaliumbisulfat (oder 2 ccm seiner gesättigten Lösung) nur so lange schmelzend bespült, bis sich sämtliches Kupferoxyd zu eisblauem Kupfersulfat gelöst hat. Der nunmehrige Rückstand wird in 5 ccm Wasser auf dem Wasserbade gelöst, bis zur eintretenden Bläuung tropfenweise mit starkem Ammoniak übersättigt und wie vorhin kolorimetrisch untersucht.

Bei der kolorimetrischen Bestimmung braucht man übrigens nicht bis auf die Kupferzahl zurückzugehen, sondern kann unmittelbar bei der ermittelten „Reinheit" als Maßstab stehen bleiben. Je reiner (kolorimetrisch) die Farbe der Lösung, um so mehr Kupfer enthält sie. Die folgende Übersicht enthält die Beziehungen zwischen Kupfergehalt, Reinheit und Kupferzahl (g Cu auf 100 g Baumwolle):

mg Cu in 5 ccm Lösung:	17,8	10,6	8,9	6,6	4,5	1,1	0,45
Reinheit:	XIV	XII	X	VIII	VI	IV	II
Kupferzahl:	3,56	2,36	1,80	1,36	1,00	0,64	0,30

(L. M. f. T. **1925**, 308).

Weitere Vorschläge zur Vereinfachung der Schwalbeschen Methode sind von M. Freiberger (Z. a. Ch. **1917**, 121), Hagglung (Papierfabrikant **1919**, 301), Knecht und Thompson (Journ. Soc. Dyers and Col. **1920**, 255), Braidy (Rev. Gen. Mat. Col. **1921**, 35), und Clibbens und Geake (Shirley Inst. Memoirs **1924**, 383), Benesch (Ch. Ztg. **1924**, 861) und T. Dokkum (L. M. f. T. **1925**, 212) gemacht worden.

Sehr kleine Kupfermengen lassen sich auf Baumwolle nach Hahn-Leimbach durch die katalytische Beschleunigung der Reduktion von Ferri- zu Ferro-Kation mittels Natriumthiosulfat messen (T. **1924**, 179; **1925**, 108).

β) Die Ristenpartsche Methylenblauzahl gründet sich auf das stärkere Anfärbevermögen der Oxycellulose beim Färben mit basischen Farbstoffen.

Witz (Bull. de Rouen 1882/83) hat zuerst gebleichte Baumwolle in ½%ige Methylenblaulösung bei gewöhnlicher Temperatur eingelegt und aus der Tiefe der Anfärbung auf den Grad der Oxydation geschlossen. Er zeigte, daß Baumwollstreifen zur Hälfte in Chlorkalklösung 4° Bé eingetaucht sich nachher am herausragenden Ende viel tiefer anfärbten, weil dort die Kohlensäure der Luft unterchlorige Säure frei gemacht hatte.

F. H. Thies (Färb.-Ztg. **1913**, 525) hat zuerst versucht, Oxycellulose so zu messen, indem er die Proben in 0,1%iger Methylenblaulösung bei 90—100° ausfärbte, mit heißem Wasser digerierte und mit Kupfersulfat-Ammoniaklösungen kolorimetrisch verglich.

M. Freiberger (Färb.-Ztg. **1917**, 1) hat festgestellt, daß die Anfärbung mit Methylenblau proportional der Bleichzeit steigt.

Durch Wilhelm Ostwald ist die Farbe 1915 meßbar geworden. Hinfort kann also die Farbe selbst als Maßstab dienen. Die Farbe besteht aber aus den drei Veränderlichen Farbton, Weiß- und Schwarzgehalt. Von diesen wählt man am besten den mit tieferer Ausfärbung abnehmenden Weißgehalt als Maßstab. Die Abnahme des Weißgehaltes beim Anfärben mit Methylenblau wird um so größer sein, je mehr Oxycellulose zugegen ist.

Nun hat aber nicht jede Baumwolle von vorneherein den gleichen Weißgehalt, eine gelbe Mako naturgemäß weniger als eine weiße amerikanische. Um davon unabhängig zu werden, wählt man zum Maßstab nicht den absoluten Weißgehalt, sondern den Quotienten Q = Weißgehalt der ungefärbten Baumwolle durch Weißgehalt der methylenblauen Baumwolle. Dieser Quotient fällt um so größer aus, je mehr Oxycellulose zugegen ist. Die Zunahme dieses Quotienten Q_1 gegenüber dem Quotienten Q der oxycellulosefreien Faser in Hundertsteln dieses Quotienten ist die Methylenblauzahl, der unmittelbare Gradmesser der Oxycellulose.

$$M = \frac{Q_1 - Q}{Q} . 100.$$

Für oxycellulosefreie Faser ist M = 0 oder wenig darüber. Für oxycellulosehaltige kann der Quotient die 100 übersteigen (L. M. f. T. **1923**, 84).

Das Verfahren ist höchst einfach: Baumwollgewebe von 5—15 cm^2 oder entsprechend viel Garnsträhnchen — etwa 50 m — werden 10 Minuten in ½ l kalter 0,001 %iger Methylenblaulösung fleißig bewegt. Die Lösung büßt nur unmerklich an Farbtiefe ein. Die Methylenblaufärbung ebenso wie eine nicht angefärbte Probe werden im Hasch oder im Stufenphotometer auf Weißgehalt untersucht, erstere nach Einschaltung des roten Sperrfilters.

Praktische Beispiele des Meßverfahrens sind in L. M. f. T. **1923**, 208, 263; **1924**, 10 und **1925**, 307 beschrieben. Dort findet sich auch der Nachweis, daß Kupferzahl und Methylenblauzahl ein ausgezeichnetes Hilfsmittel für die Bemessung der Oxycellulose bei der Hypochloritbleiche bilden, gleichgültig, ob das Hypochlorit alkalisch oder sauer zur Wirkung gekommen ist.

γ) Die Kauffmannsche Permanganatzahl (L. M. f. T. **1923**, 11; T. **1925**, 591) gründet sich auf die Alkalilöslichkeit der Oxycellulose.

Vieweg (Papierztg. **1909**, 1353) hatte bereits oxycellulosehaltige Baumwolle ¼ Stunde mit ½ n Natronlauge gekocht und unter Verwendung von Phenolphtalein als Indikator mit ½ n Schwefelsäure zurücktitriert. Durch Umrechnung des Ätznatronverbrauches auf 100 Tl. Baumwolle erhielt er die „Säurezahl" als Maß der Oxycellulose.

Schwalbe (B. **1921**, 545) tirierte 1 g, mit 50 ccm Wasser aufgeschlemmt, mit n/100 Natronlauge und Phenolphtalein als Indikator bei 80° C. Überbleichte Cellulose brauchte 27, Hydrocellulose 4 und normal gebleichte Baumwolle 0 ccm.

Kauffmann erhält durch Titrieren der in der Kochhitze in Natronlauge in Lösung gegangenen organischen Stoffe nach dem Ansäuern mit Schwefelsäure die „Permanganatzahl" als Maßstab.

Die Ausführung des Verfahrens wird T. **1925**, 591 folgendermaßen beschrieben:

Man bestimmt zunächst die „Abkochzahl", d. h. die Anzahl ccm n/10 Kaliumpermanganat, die zur Oxydation der beim Abkochen von 1 g Ware mit Natronlauge sich lösenden organischen Substanz erforderlich sind. Hierauf bestimmt man die „Sauerstoffzahl", d. h. die Anzahl ccm n/10 Kaliumpermanganat, die zur Oxydation von 1 g Ware zu Kohlendioxyd und Wasser erforderlich sind. Cellulose hat die theoretische Sauerstoffzahl 1480,7; die praktische Sauerstoffzahl wurde zu 1470 gefunden.

Z. B. wurde an einem gewaltsam überbleichten Baumwollgewebe die Abkochzahl 283 und die Sauerstoffzahl 1306 ermittelt. Mithin verblieb für die in der Natronlauge ungelöst gebliebene Cellulose die Sauerstoffzahl 1023. Ihr Prozentgehalt im überbleichten Gewebe ergibt sich aus $1470 : 100 = 1023 : x$; $x = 69{,}6\,\%$. Oxycellulose $= 30{,}4\,\%$.

Für die Abkochzahl wird 1 g der im Exsikkator bis zur Gewichtskonstanz getrockneten Ware so oft mit 3%iger Natronlauge abgekocht, bis diese einen konstanten Permanganatverbrauch, den sog. Grundwert, ergibt (etwa 4 ccm). Da jede Abkochung auch etwas Cellulose löst, so ist eine Korrektur anzubringen, die von der Konzentration der Lauge abhängt.

Angele beschreibt die Bestimmung der Abkochzahl in der Leipz. Monatsschrift f. Textilind. **1925**, 480 folgendermaßen:

1 g exsikkatortrockene (1,06 g lufttrockene) Ware wird im Erlenmeyer mit 150 ccm 3%iger Natronlauge ½ Stunde gekocht, durch Glaswolle gefiltert und alkalifrei gewaschen. Von dem auf 500 ccm aufgefüllten Filtrat werden 100 ccm mit 40 ccm 10%iger Schwefelsäure angesäuert und mit 20 ccm $\frac{n}{10}$ Kaliumpermanganat 10 Minuten im Sieden erhalten, bei 70° mit 40 ccm 10%iger Schwefelsäure versetzt, mit 22 ccm $\frac{n}{10}$ Oxalsäure entfärbt und mit $\frac{n}{10}$ Kaliumpermanganat titriert.

Um zum Grundwert zu gelangen, sind 6—10 Kochungen nötig Die erste Abkochzahl soll bei gutgebleichter Ware kleiner als 12 sein.

Für die Sauerstoffzahl wird 1 g der Ware in 70%iger Schwefelsäure unter Kühlung gelöst und die mit Wasser verdünnte und gekochte Flüssigkeit mit Permanganat oxydiert.

K. Götze (Z. a. Ch. **1926**, 343) hat die Braunfärbung von Oxycellulose durch ammoniakalische Silbernitratlösung durch abgeschiedenes kolloidales Silber zu einer quantitativen Bestimmungsmethode ausgebaut. Er fand, daß die abgeschiedene Silbermenge vom Ammoniakgehalt abhängt und ersetzte deshalb das flüchtige Ammoniak durch Natriumacetat. In 1 Liter 1%iger Silbernitratlösung werden 7 g Natriumacetat gelöst und von einer kleinen Menge ausfallenden Silberacetats abgefiltert.

1 g Faser wird auf dem Wasserbad mit 20 ccm Silberreagens ½ Stunde erwärmt, abgenutscht und ausgewaschen. Das auf der Faser abgeschiedene Silber wird in verdünnter Salpetersäure gelöst und mit n/100 Ammonrhodanidlösung titriert. Die Faser wird darauf eine zweite halbe Stunde mit dem Silberreagens erwärmt, die erneut abgeschiedene Silbermenge (adsorptiv gebunden) titriert und von der ersten Silbermenge abgezogen. Der Unterschied, auf 100 umgerechnet, ergibt die „Silberzahl“.

Kaliumpermanganat, Chromsäure, Chlorkalk, feuchtes Chlorgas, Chlorsäure, Luft bei Gegenwart von Alkalien, Ozon, Wasserstoffsuperoxyd können die Bildung von Oxycellulose bewirken. Wo diese Mittel in Bleicherei oder Druckerei Verwendung finden, muß jedes Zuviel vermieden werden, da die Baumwolle sonst leicht geschwächt wird. Beim Abkochen der Baumwolle mit Lauge muß auf Luftabschluß geachtet werden, bei der Chlorkalkbleiche dürfen nicht zu starke und nicht zu warme Bäder benutzt werden. Beim Zeugdruck gibt eine zu starke Chloratätze leicht Löcher in dem Gewebe, ebenso zu starkes Ätzen mit chromsauren Salzen.

Durch trockenes Chlor wird die Cellulose weder oxydiert noch geschwächt; sie wird nur widerstandsfähiger gegen das Benetzen mit Wasser (Brit. Pat. 213765 vom 29. 3. 23 von Courtaulds Ltd., T. **1925**, 215).

Ester der Cellulose und Äther.

Verschiedene Ester der Cellulose sind technisch wichtig geworden. Die Schwefelsäure- und Salpetersäure-Ester sind bereits S. 22 und 25 erwähnt worden.

Während die Ester der Cellulose mit den Mineralsäuren (S. 22) unmittelbar durch Zusammenbringen beider Bestandteile erhalten werden können, bedürfen die organischen Celluloseester stets eines geringen Zusatzes von Mineralsäure, der wahrscheinlich die Cellulose erst hydrolysiert. Wenigstens hinterlassen die Ester bei ihrer Verseifung stets Hydrocellulose.

Der bereits erwähnte Essigsäureester liegt der wichtigen Acetatseide (S. 241) zugrunde. Er ist von Hess (Z. angew. Ch. **1924**, 792) kristallisiert erhalten worden.

Einen zweifachen Kohlensäureester der Cellulose haben E. Heuser und F. Schneider (B. **1924**, 1389) erhalten, indem sie Chlorameisensäureester einwirken ließen. Der Ester hat die Formel $C_6H_8O_3 . (O . CO . OCH_3)_2$ und ist bereits durch kaltes Wasser zersetzbar.

Die von B. Rassow und P. Döge (Z. angew. Ch. **1922**, 594) untersuchte Formylcellulose ist unbeständig.

Von der größten Wichtigkeit ist auch der von Cross, Bevan und Beadle 1893 zuerst erhaltene Xanthogensäureester (D. R. P. 70999), weil er zu der Viskose-Kunstseide führt. Die Cellulose wird zunächst durch Natronlauge, stärker als 16%ig, in Natroncellulose verwandelt. Diese reagiert mit Schwefelkohlenstoff wie ein Alkoholat. Der erhaltene Xanthogensäureester bildet ein gelbes Natriumsalz, dessen wässerige Lösung durch Salze, Säuren und Alkalien, ja schon beim Stehen unter Koagulation zersetzt wird (S. 247).

„Immunisierte“ Baumwolle erhält man nach dem Franz. Pat. 563 135 der Société anonyme Textilwerk Horn A.-G. durch Behandlung mit p-Toluol-sulfochlorid. Derartige Baumwolle färbt sich mit substantiven Farbstoffen nicht mehr an, dagegen stärker mit basischen. (T. **1925**, 215.) Dieses Verhalten erinnert an sonstige Ester der Cellulose, insbesondere Acetylcellulose (Bd. III, S. 494).

Bayer & Co. haben Celluloseäther aus Natroncellulose und Alkyljodiden nach D. R. P. 322 586 erhalten.

Lösungen der Cellulose.

Eine eigentliche Lösung der Cellulose gibt es nicht. Stets geht beim Lösen bereits eine chemische Veränderung vor sich so, daß die Cellulose nach Entfernung des Lösungsmittels oder durch Ausfällung nicht wieder erhalten werden kann. Meist ist die Hygroskopizität, die Hydrolysierbarkeit und die Alkalilöslichkeit nachher höher.

Das beste Lösungsmittel ist Kupferoxydammoniak $Cu(NH_3 . NH_3 . OH)_2$, sog. Schweitzersches Reagens (vgl. Abb. 7). Man kann es erhalten, wenn man Kupfervitriollösung nach Zusatz von Ammoniumchlorid mit Natronlauge fällt und das blaue Kupferhydroxyd nach gutem Auswaschen in starkes Ammoniak einträgt. Diese Darstellungsweise ist aber schwierig, weil das Kupferhydroxyd sich leicht auf dem Filter schwärzt unter Verlust von Hydratwasser; auch darf das Reagens nicht Kupriammonsalze, etwa Kupriammonsulfat $Cu : (NH_3 . NH_3)_2 : SO_4$, enthalten. Deshalb geht man besser von Kupferspänen aus, die mit starkem Ammoniak und Luft geschüttelt werden:

$$Cu + 4\,NH_3 + H_2O + O\ (\text{der Luft}) \longrightarrow Cu(NH_3 . NH_3 . OH)_2.$$

Nach K. Hess (Z. angew. Ch. **1924**, 993) erleidet die Cellulose entgegen früheren Anschauungen (s. Herzog S. 8) bei der Auflösung in Kupferoxydammoniak keine chemische Veränderung. Die Cellulose wird nicht vor der Lösung hydrolisiert, sondern das Kupfer reagiert einerseits durch unmittelbare Bindung mit der Cellulose unter Bildung eines anionen Cellulose-Kupferkomplexes $C_6H_7O_2 . O_2Cu . O'$, andererseits indem das Kation $Cu(NH_3)_4$ mit dem anionen Komplex ein Salz bildet (B, **1921**, 834; **1922**, 2432; **1923**, 587). Dieses Kupfercellulose-Komplexsalz hätte die Formel: $(C_6H_7O_2 . O_2Cu . O)_2 . Cu(NH_3)_4$. Dieses Salz kann das katione Kupfer gegen Alkali austauschen; sein Anion hat hohen Drehwert. Mit Hilfe des Drehwerts hat Hess ermittelt, wieviel Anion sich bildet in Abhängigkeit von der Anzahl Mole Cellulose bei konstanter Kupferkonzentration. Er fand so, daß jeweils 1 Mol. $C_6H_{10}O_5$ mit 1 Cu zusammentritt.

Cellulose löst sich weiter in starker Zinkchloridlösung (1 Tl. in 1½ Tl. Wasser) bei 60—100° zu einer Gelatine. Nach vorheriger Hydrolysierung mit Salzsäure oder Natronlauge oder auf Zusatz von Salzsäure zum Zinkchlorid gelingt die Lösung schon in der Kälte, freilich unter stärkerem Abbau. Beim Verdünnen mit Wasser scheidet sich eine gequollene Cellulose aus.

Vorkommen der Cellulose.

Das Vorkommen der Cellulose beschränkt sich keineswegs auf die Baumwolle, in der sie nur am reinsten vorliegt. Cellulose findet sich vielmehr auch in anderen Pflanzenstoffen weitverbreitet vor, dann allerdings mit Fremdstoffen beladen. Ob diese Fremdstoffe mit der Cellulose chemisch verbunden, vielleicht aus ihr entstanden sind, oder ob nur eine mechanische Durchdringung vorliegt, bedarf noch gründlicher Erforschung.

Cross und Bevan teilen die Cellulose des Pflanzenreichs in 5 Gruppen ein:

α) Die Cutocellulosen setzen die fett- und wachshaltigen Oberschichten der Pflanzenorgane zusammen (Apfelschalen, Kork).

β) Die Hemicellulosen bilden die Samenschalen; sie sind leicht hydrolisierbar.

γ) Die Mucocellulosen entsprechen den Pflanzenschleimen.

δ) Die Lignocellulosen bilden die Hölzer und viele Pflanzenfasern (Jute). Sie enthalten Lignin (Holzstoff). Sie färben sich mit Anilinsalz gelb, mit alkoholischer Phloroglucinlösung und konzentrierter Salzsäure rot, mit Chlorgas und nachfolgendem Natriumsulfit rotbraun, wobei alle Nichtcellulose weggelöst wird, mit Kobaltrhodanidlösung blau (P. Casparis, Pharmaz. Monatsh. **1920**, 121). Bei der Destillation mit Jodwasserstoffsäure spalten sie Methyl als Methyljodid ab. Man erhält so die auf 1000 Tl. Substanz berechnete Methylzahl. In der Ligninmolekel werden 4 CH_3-Gruppen angenommen. Fichtenholz hat 2,25% CH_3. Die Lignocellulosen spalten bei der trockenen Destillation Methanol ab. Sie lösen sich in Kupferoxydammoniak nicht. Sie addieren schweflige Säure und Sulfite; die Verbindung geht beim Erhitzen unter Druck in Lösung. (R. Riefenstahl, Der gegenwärtige Stand der Ligninchemie, Z. a. Ch. **1924**, 169.)

ε) Die Pektocellulosen bilden z. B. die Flachs- und Hanffaser. Sie enthalten das schwach saure, kolloide Pektin, das sich zu Zuckern (Arabinose und Galaktose) hydrolysieren läßt (J. Ehrlich, Ch. Ztg. **1917**, 197; v. Fellenberg, Biochem. Ztschr. **1918**, 118).

Auch das Stroh scheint Pektin zu enthalten, vielleicht aber nur Pflanzengummi; da die Stroharten aber außerdem verholzt sind, so stehen sie zwischen den Ligno- und Pekto-Cellulosen.

7. Baumwollverarbeitung.

In den Spinnereien wird die Baumwolle weiter gereinigt und zu Garn verarbeitet. Aus dem Garn werden Gewebe oder Gewirke bereitet.

α) Das Spinnen.

Die Arbeit des Ausziehens, Ordnens und Nebeneinanderlegens der vom Rocken genommenen Fasern besorgt die Hand in zwar langsamer, aber leicht ausführbarer Weise. Bei der Spinnmaschine sind die einzelnen Arbeitsvorgänge schwieriger und umständlicher. Wir haben folgende Vorarbeiten zu unterscheiden:

I. Die Reinigung und Lockerung der Baumwolle.

Die Baumwolle aus 15—20 Ballen wird in einem durch hölzerne Wände gebildeten Mischfache von etwa 5 m Breite und Länge über einem Lattenrost ausgebreitet und in wagrechten Lagen bis zur Höhe von etwa 2 m übereinander geschichtet. Aus diesem Mischfache wird sie in senkrechten Schichten entnommen; so wird ein guter Durchschnitt erzielt.

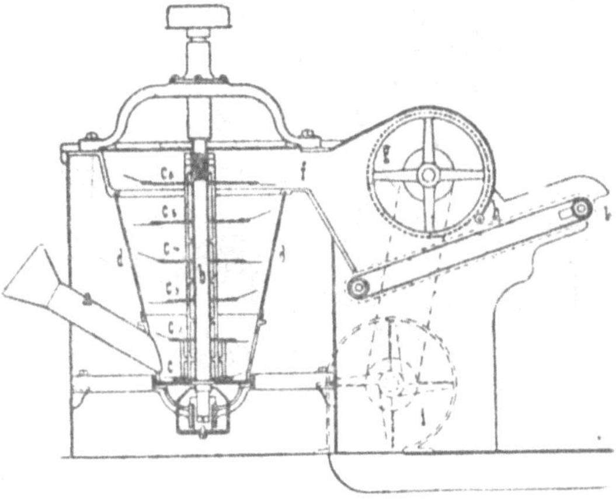

Abb. 13. Öffner.

Das Gemisch von dichten, wirren Fasern wird auf dem Öffner (Abb. 13) gelockert und gereinigt. Die durch den Trichter a eingebrachte Baumwolle steigt unter dem Einflusse eines durch einen Ventilator i erzeugten Luftstromes empor und wird dabei durch die eisernen Schlagscheiben und Schlagnasen C_1—C_6 eines senkrecht gelagerten, sich rasch drehenden Zylinders b bearbeitet. Durch die Löcher des Mantels d werden die spezifisch schweren Unreinlichkeiten (Steine, Samenkerne) geschleudert. Der leichtere Staub (Schalen, Laub, Sand, Erde) sowie die ganz kurzen Fasern werden durch den Luftstrom in das Innere der Siebtrommel g und von da in den seitlichen Staubkanal abgesaugt, in welchem sich der Ventilator befindet. Die Baumwolle selber folgt dem Luftstrom in den oberen Teil f des Öffners, von da auf ein sich langsam fortbewegendes Lattentuch h, über welchem sich die sich drehende Siebtrommel befindet. Die noch zu dichte Baumwolle dagegen fällt immer wieder in den tieferen Teil des Öffners, bis eine genügende Lockerung erreicht ist. Das endlose Lattentuch befördert schließlich die gereinigte Baumwolle heraus, unter Umständen in einen zweiten Öffner.

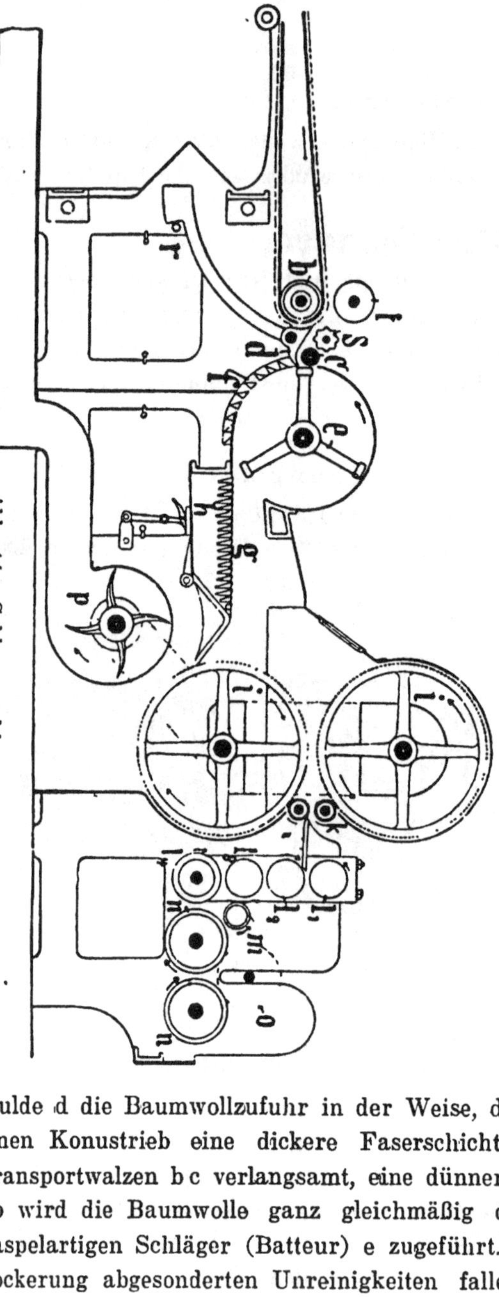

Abb. 14. Schlagmaschine.

Von hier wird sie nun durch einen automatischen Speiseapparat der **Schlagmaschine** (Batteur) zugeführt.

Von dem Speiseapparat gelangt die Baumwolle über ein endloses Lattentuch in den **Speiseregler** der Schlagmaschine (Abb. 14). Dieser regelt durch die Speisewalze s, Druckregler c und Mulde d die Baumwollzufuhr in der Weise, daß durch Übertragung auf einen Konustrieb eine dickere Faserschicht die Geschwindigkeit der Transportwalzen b c verlangsamt, eine dünnere Schicht sie beschleunigt. So wird die Baumwolle ganz gleichmäßig dem schnell umlaufenden, haspelartigen Schläger (Batteur) e zugeführt. Die infolge der weiteren Lockerung abgesonderten Unreinigkeiten fallen durch die unter dem

Schläger befindlichen Roste f und g. Die Baumwolle selber wird durch einen starken Luftstrom mittels des Ventilators p zwischen zwei Siebtrommel i i geführt, die sich langsam drehen und in ihr Inneres den Staub und die kurzen Fäserchen aufnehmen und in den Staubkanal ableiten.

Die Siebtrommeln geben die gereinigte Baumwolle an geriffelte Zug- und Druckwalzen k und l_1—l_4 ab, die sie den Wickelwalzen m, n, o zuführen. Die Lager der glatten Wickelwalze o sind stark belastet, so daß sich die einzelnen Lagen des Wattentuches fest aufeinander wickeln. Die Wickelwalzen n n sind geriffelt.

Je 3—4 von der ersten Schlagmaschine kommende Wickel werden einer zweiten Schlagmaschine vorgelegt und gehen gemeinsam hindurch. Dies dient neben einer weiteren Lockerung und Reinigung der entsprechenden Durchmischung der Baumwollflocken der verschiedenen Wickel.

Gleichmäßigkeit ist eine Hauptbedingung für den richtigen Verlauf des Spinnens. Das Gewicht der erhaltenen Wickel ist deshalb von vornherein genau festgelegt. Ein Wattentuch von unrichtiger Stärke in den Lagen der Faserschicht gäbe auch Vorgespinste und Garne von unrichtiger Stärke. Beträgt z. B. das Normalgewicht eines Wickels laut Spinnplan 36 Pfd., so trifft man unter den zur Verfügung stehenden Wickeln, etwa 35½, 35¾, 36, 36¼, 36½, die Auswahl so, daß die vier gemeinsam auf die zweite Schlagmaschine kommenden Wickel zusammen möglichst $36 \times 4 = 144$ Pfd. wiegen. Weicht aber ein Wickel von der zweiten Schlagmaschine um mehr als 1% vom Normalgewicht ab, so muß er zum Eingang der Maschine zurückgegeben werden.

II. Das Nebeneinanderlegen der Fasern auf der Krempel.

Die Krempel oder Karde (Abb. 15) besteht aus einer wagrecht gelagerten Trommel e, dem Tambour, dessen Oberfläche mit Kratzenband überzogen ist; d. h. in einer Kautschukunterlage sind elastische Stahldrahthäkchen eingebettet, deren Spitzen meist gehärtet sind. Dachförmig über dem Tambour bewegt sich eine endlose Deckelkette parallel, aber in entgegengesetztem Sinne zur Trommelperipherie. Ihre einzelnen Deckel f sind ebenfalls mit Kratzenband überzogen, doch stehen die Häkchen entgegengesetzt zu denen des Tambours.

Der Krempel wird ein Wickel vorgelegt. Er ruht im Gestell a auf der Walze b. Die Baumwolle gelangt über die Muldeneinführung c an die Walze d mit Sägezahnbelag und von da an den rasch umlaufenden Tambour e mit 170—180 Umdrehungen in der Minute. Häufen sich an einer Stelle des Tambours Fasern an, so werden sie von der sich langsam entgegengesetzt bewegenden Deckelkette aufgenommen und später an solche Stellen wieder abgegeben, an denen sich wenige Fasern befinden. Außerdem nehmen die Deckel die gegen sie geschleuderten Unreinigkeiten und kurzen Fasern auf und geben sie an eine Ausputzvorrichtung ab, wenn sie bei der fortschreitenden Bewegung der Kette auf die dem Tambour abgewendete Seite gelangen. Die Ausputzvorrichtung besteht aus dem schwingenden Kamm r, den Bürstwalzen h und q und der feststehenden Bürste p.

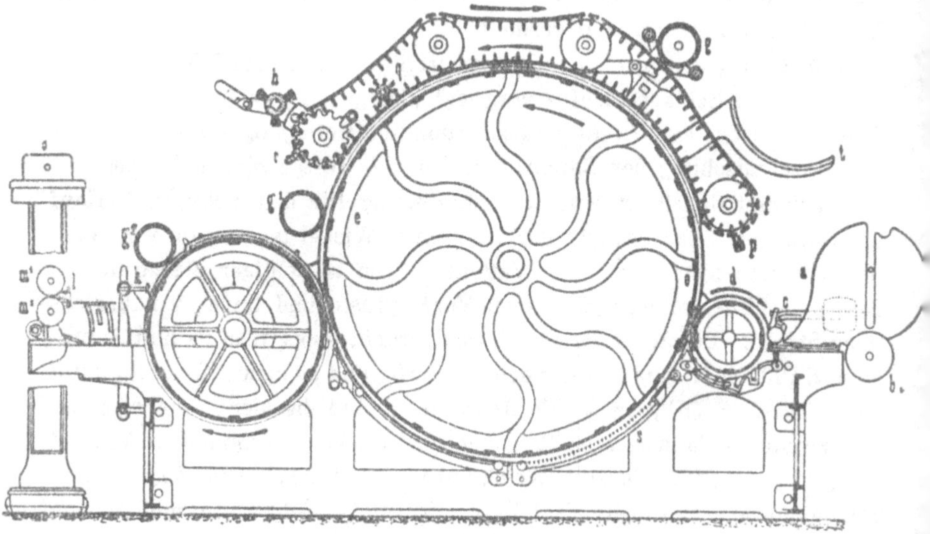

Abb. 15. Baumwollkrempel.

Die Haupttrommel gibt die gereinigte Faser an eine kleinere Kratzentrommel, die Abnehmerwalze i, ab, von welcher sie wieder mit Hilfe des kammartigen Hackers k als lockeres Vließ abgekämmt wird.

Dieses Vließ wird durch Trichter l und Walzenpaar m_1 m_2 zu einem Bande zusammengefaßt und in einem Drehtopf c untergebracht. In dem Maße, wie sich der Drehtopf füllt, wird der durch eine Spiralfeder hochgehaltene Blindboden heruntergedrückt.

Die Schleifwalzen g, g_1 und g_2 zum Schleifen der Kratzen von Deckel, Tambour und Kammwalze werden eingesetzt, wenn die Krempel außer Betrieb ist.

III. Das Parallellegen der Fasern auf der Strecke.

Die Strecke besteht gewöhnlich aus drei Köpfen, von denen jeder wieder mehrere Ablieferungen umfaßt. Jede Ablieferung (Abb. 16) besteht gewöhnlich aus vier Walzenpaaren, die aus einer unteren geriffelten und

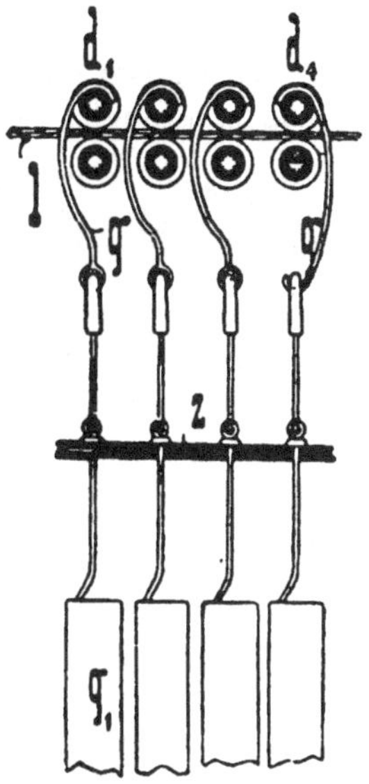

Abb. 16. Strecke.

einer oberen belederten glatten Stahlwalze d_1-d_4 bestehen. Die Lagerzapfen der oberen Walzen sind mittels der Sättel g und der Gewichte g_1 belastet. Mittels der Vorrichtung z werden die Gewichte beim Stillstehen der Maschine gehoben.

Über jeder Ablieferung befindet sich ein mit Filztuch gefütterter eiserner Deckel mit Putztuch zum Putzen der Oberwalzen.

Die unteren Walzen werden durch Zahnräder angetrieben. Die Geschwindigkeit der Walzen steigert sich, je weiter das Baumwollband l vorrückt. Dadurch gleiten die zuerst erfaßten Fasern an den noch nicht erfaßten vorbei und werden parallel gerichtet. Durch diese Geschwindigkeitssteigerung erhält das Band eine Verdünnung, einen „Verzug". Beträgt der Verzug z. B. $\frac{1}{6}$, so werden in die Ablieferung der Strecke 6 Bänder eingeführt, „dupliert".

Die Entfernung der einzelnen Walzenpaare ist verstellbar; sie muß etwas größer sein als der Stapel.

IV. Die Verfeinerung des entstandenen Bandes: Das Vorspinnen.

Das Vorspinnen geschieht auf der Grob-, Mittel- und Fein**spindelbank** (Abb. 17). Das Faserbündel läuft von den Spulen a über die Zuführungswalzen D und das **Streckwerk** c, d, e in die Aufwickelvorrichtung.

Diese **Aufwickelvorrichtung** besteht:

1. aus den Spindeln g mit Flügeln f zur Führung und Aufwickelung des Fadens,
2. aus den Spindelbüchsen h, die die zur Aufnahme des **Vorgarns** dienenden Holz- oder Papierspulen tragen und mit ihnen durch am Fuße angebrachte Mitnehmer verbunden sind.

Das auf der Strecke verfeinerte Garn wird durch den einen hohlen Arm des Spindelflügels f hindurch auf die Spule geleitet und auf dieser aufgewickelt. Der Flügel wird durch Zahnradantrieb k mit gleichbleibender Geschwindigkeit angetrieben. Unabhängig davon wird die Büchse mit der Spule durch ein anderes Zahnrad i vermittels Differentialgetriebe so beeinflußt, daß die Anfangsgeschwindigkeit am größten ist und die Spule mit wachsendem Umfange langsamer läuft. Die relative Geschwindigkeit der Spule ist gewöhnlich etwas größer als die der Spindel. Diese Voreilung ermöglicht eine straffe Aufwickelung des Vorgarnes. Die absolute Geschwindigkeit beträgt bei der Grobbank 10—12, bei der Mittelbank 12—15, bei der Feinbank 16—20 Drehungen in der Sekunde.

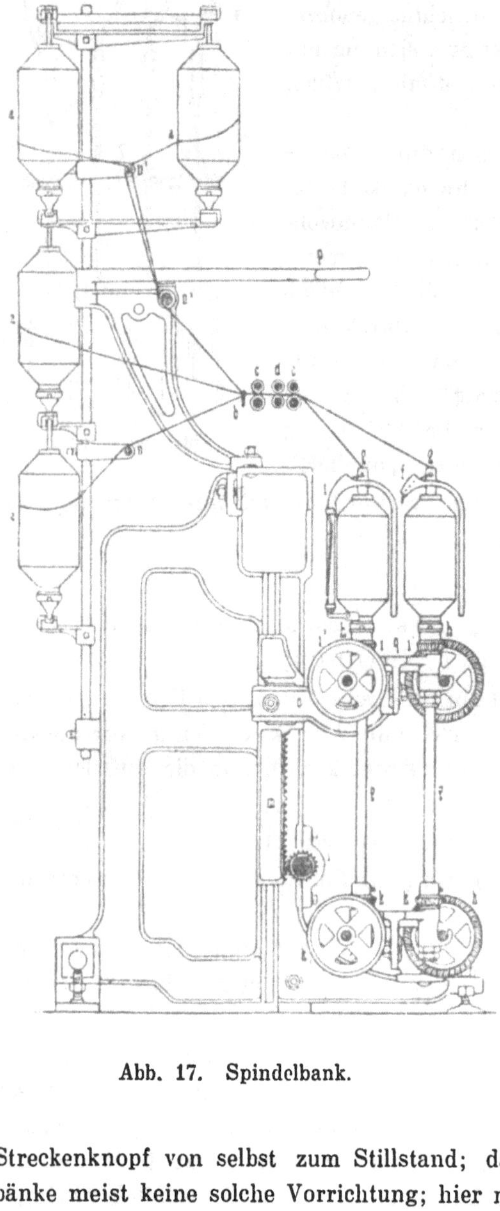

Abb. 17. Spindelbank.

Die Spulenbank oder der Wagen q wird mittels Zahnstange senkrecht so auf und niederbewegt, daß die Windungen des Vorgarnes sich nebeneinander legen und im übrigen „Kötzerform“, d. h. ein Zylinder mit konisch zulaufenden Enden entsteht. Bei Scheibenspulen (mit Scheiben an beiden Seiten) kann die Aufwickelung durchgehends zylindrisch sein.

Die geringe Drehung infolge des Umlaufes der Spindel soll dem fadenartigen Körper nur so viel Halt geben, daß er die durch das Aufwickeln bedingte Spannung aushalten kann; sie ist eine „falsche“, d. h. sie wird beim Gang des Spinngutes durch die nächste Vorspinnmaschine wieder beseitigt. Reißt das Garn auf der Strecke, so kommt der betreffende Streckenknopf von selbst zum Stillstand; dagegen haben die Spindelbänke meist keine solche Vorrichtung; hier muß der Arbeiter aufpassen. In diesem Falle werden die beiden Vorgarnenden durch leichte Drehung zwischen sauberen Daumen und Zeigefinger verbunden.

V. Das eigentliche Spinnen.

α. Auf der Ringspinnmaschine (Abb. 18).

In der Mitte befinden sich die Aufsteckrahmen für die mit Vorgarn gefüllten Spulen, an den beiden Längsseiten 200—250 Spindeln, die in mit Öl gefüllten Lagerkörpern laufen. An ihrem Fuße befinden sich Schnurwirtel p, über welche endlose Schnüre gehen. Diese werden von Trommeln angetrieben und erteilen den Spulen eine Geschwindigkeit von 140—160 Drehungen in der Sekunde. Das Vorgarn f läuft vom Aufsteckrahmen durch die Führungswalzen w und das Streckwerk s_1, s_2, erhält hier den Verzug bis zur gewünschten Feinheit und wird durch Drahtschleifen (Sauschwänzchen) O senkrecht auf die „Rabbethspulen" a geführt, die auf die Spindeln fest aufgesteckt sind.

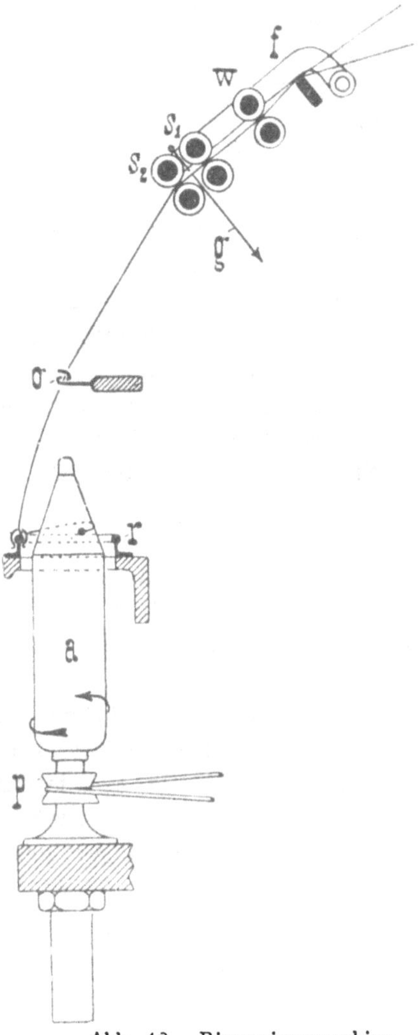

Abb. 18 Ringspinnmaschine.

Die Führung und Aufwickelung des durch die Drehung der Spindel entstehenden Fadens vermittelt ein leichtes metallenes Öhr, der „Läufer", der in geringem Abstande von der Spule auf einem keilförmigen Ringe r geführt wird, in dessen Mittelpunkt die Spule steht. Der Läufer entspricht also den Flügeln der Spindelbank, er ist aber so viel leichter, daß er durch den sich aufwickelnden Faden nachgeschleppt werden kann ohne selbständigen Antrieb. Die Ringbank entspricht der Spindelbank und bewegt sich wie diese auf und nieder.

An die Zylinder der letzten Streckwerkreihe werden Plüschwalzen fest angedrückt und erhalten durch diese eine drehende Bewegung. Reißt der Faden während des Betriebes, so wickelt er sich um diese Plüschwalzen, die leicht herausgenommen und gereinigt werden können.

S p i n n p l a n eines Garns Nr. 20:

nach der	Nr.	Duplierung	Verzug	Drehung auf 10 cm
Krempel	0,13		111 fach	
Strecke	0,13	6fach	6 „	
Grobflyer	0,64	1 „	5 „	2,8
Mittelflyer	1,54	2 „	4,8 „	4,8
Feinflyer	3,65	2 „	4,7 „	7,6
Ringspinnmaschine Kettgarn	20	1 „	5,5 „	76
Ringspinnmaschine Schußgarn	20	1 „	5,5 „	68

Die Stärke der D r e h u n g — durch den Drahtzähler gemessen — wird geregelt durch die Geschwindigkeit, mit der das Streckwerk das Vorgarn f den mit gleichbleibender Geschwindigkeit umlaufenden Spindeln zuführt. Je langsamer das Garn zugeführt wird, um so stärker die Drehung. Das Zahnrad, das zum Antrieb des Gesamtstreckwerkes eingesetzt wird, heißt darum auch „Drahtwechsel“ oder „Zwirnrad“.

Die Drehung muß um so stärker sein, je feiner die zu spinnende Nummer und je größer die späteren Ansprüche an Festigkeit und schließlich je kurzstapeliger die Baumwolle ist.

Bei rechts gedrehtem Garn drehen sich die Fasern, von oben gesehen, im Sinne des Uhrzeigers.

Bei mehrfachem Garn ermittelt man mit dem Drahtzähler zunächst den „Z w i r n“, indem man ½ m Faden einspannt und das an einer drehbaren Achse befestigte Ende so oft in entgegengesetzter Richtung kurbelt, bis die Fäden parallel liegen. Die erhaltene Drehungszahl wird durch 5 dividiert.

Darauf wird der „D r a l l“ der erhaltenen Einzelfäden ermittelt, indem je 10 cm eingespannt und einmal nach links, bei einer zweiten Probe nach rechts herum gekurbelt werden, bis der Faden bricht. Der Drall ist gleich der Hälfte des Unterschiedes der beiden Drehwerte und links oder rechts gerichtet, je nach dem, ob der kleinere Drehwert links oder rechts gerichtet war.

β. A u f d e m S e l f a k t o r (Abb. 19).

Dieser arbeitet in zwei Phasen. 1. Der Faden wird während des Spinnens nicht auf die Spule s aufgewickelt, sondern von einem auslaufenden Wagen w fortgetragen. 2. Ist der Wagen am Ende seiner Bahn angelangt, so wird das Spinnen unterbrochen und der Faden von dem zurücklaufenden Wagen auf die Spule aufgewickelt. In der ersten Phase wird der von g über l sich abwickelnde, zwischen die Stifte k und die Lieferwalzen h, i geführte Vorgarn-Faden f vom Gegenwinder c hoch-, in der zweiten vom Winder d niedergehalten. Die Spule s erhält von der

Trommel a mit Hilfe des Wirtels b 10 000 Umdrehungen. Dann wird der Wagen umgesteuert und das Spinnen setzt von neuem ein.

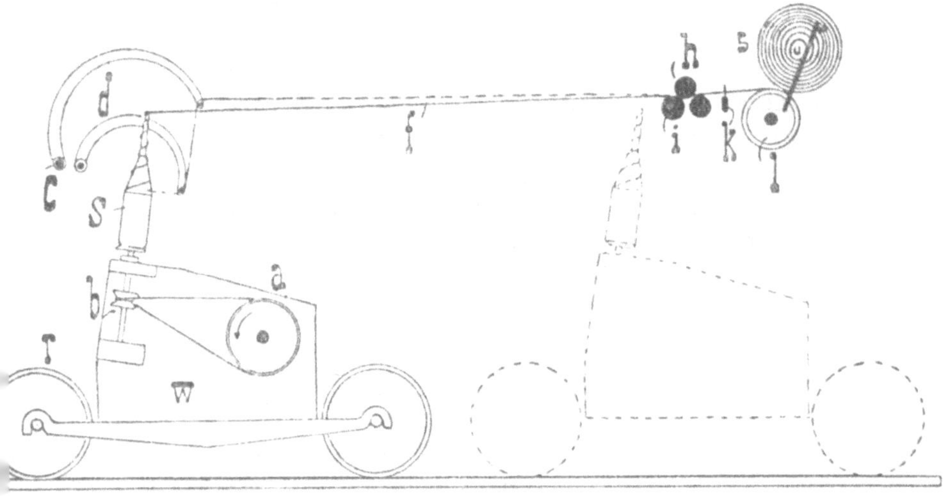

Abb 19 Selfaktor

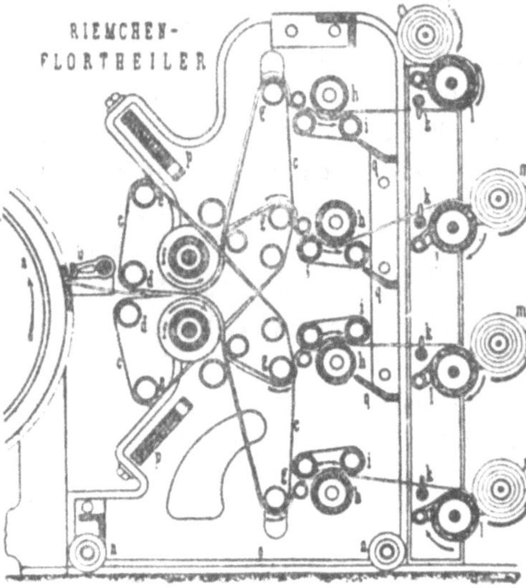

Abb. 20. Florteiler.

Die Beanspruchung des Fadens durch den Selfaktor ist nicht so groß. es braucht kein Läufer nachgeschleppt zu werden; es genügt infolgedessen eine schwache Drehung, wie sie z. B. bei Schußfäden erwünscht ist. Aber der Selfaktor erfordert mehr Raum und Bedienung; das Anmachen der Fäden wird durch den ein- und auslaufenden Wagen erschwert.

Der Selfaktor wird in der „Zweizylinderspinnerei" gebraucht. Er hat dann statt des Streckwerks nur ein Zylinderpaar.

Kurzstapelige Baumwolle und Abfall wird (nur bis Nr. 8) gesponnen und kommt direkt von der Krempel auf einen Florteiler, der das Vlies so teilt, daß beim „Würgeln" des abgeteilten Vliesstückes ein Vorgarn von der Stärke entsteht, wie es der Selfaktor braucht.

Die Riemchen c des Florteilers (Abb. 20) laufen in Riffelnuten der Walzen f f über Leitwalzen d, e, g. Sie zerlegen das durch den Hacker b von der Kammwalze a genommene Vließ bei f, f in z. B. 120 Bänder.

Das Würgeln der an der Kreuzungsstelle der Riemchen abgeteilten Florbändchen geschieht mit den Nitschelzeugen h i. Diese bestehen aus Leder, das sich über Walzen bewegt; die Walzen werden dabei gleichzeitig durch Exzenter hin und her geschoben. Die so geformten runden Vorgarnfäden werden mittls Führungsstifte k gekreuzt und auf den Aufwickelwalzen m aufgewunden. Die Spulen m sind in 4 Reihen angeordnet und werden von den Walzen l durch Reibung gedreht. Mit Hilfe der Stellschrauben p können die Spannwalzen l verstellt werden. Der Florteiler ist auf Schienen fahrbar.

Die Zweizylinderspinnerei heißt auch Streichgarn- oder Barchent-Spinnerei.

Der Spinnereiabfall beträgt bei guten Baumwollsorten 10—15%, bei geringen 25%. Wattefetzen können ohne weiteres zum Öffner zurückgegeben werden; dagegen wird der geringere Abfall in der Papierfabrikation oder als Füllmaterial für Polsterzwecke verwandt.

VI. Das Haspeln.

Das Haspeln bringt das Garn von den Kops in Strähnform. Die Holzleisten der Haspel können durch Verstellen der Arme verschiedene Entfernung von der Wellenmitte erhalten, wodurch der Umfang des Haspels bestimmt wird. Der Baumwollhaspel hat 1½ Yard Umfang. Der Faden läuft von den Spulen durch Porzellanringe, die auf einer hin und her gehenden Stange, dem Fadenführer, sitzen (Kreuzhaspel). Beim „Fitzhaspel“ wird das Garn in Fitzen abgebunden.

Ein Baumwollsträhn hat 840 Yards oder 768 m. Die englische Garnnummer gibt an, wieviel Strähne auf ein englisches Pfund zu 453 g gehen.

Das stark gedrehte Kett- oder Water-Garn aus langfaseriger Baumwolle spinnt man gewöhnlich zu 4 bis 30, das schwächer gedrehte Schuß- oder Mulegarn aus kurzfaseriger Baumwolle zu Nr. 4—16.

β) Das Weben.

I. Spulerei.

Zunächst handelt es sich darum, Kettfäden von genügender Länge herzustellen. Man spult von den Rabbethspulen auf der Spulmaschine auf Bobinen um, die etwa die 10fache Menge Garn fassen. Die Bobinen erhalten ihren Antrieb mittels Schnüren durch eine unter der Spulmaschine gelegene Trommel. Die Garne werden durch eine Plüschwalze, eine Bürste und einen Fadenführer von dem lose anhaftenden Flaum gereinigt. Das Anknüpfen der Fäden geschieht von Hand oder mit Hilfe des Barber knoters.

II. Schererei.

Die Kettfäden sind nun nebeneinander aufzuwickeln. Die Bobinen werden auf Stäbchen gesteckt und zu 400—500 auf den schräg liegenden Rahmen der Schermaschine gebracht. Von hier werden sie durch den Rietkamm, mit verstellbaren Zähnen (Expansionsriet), auf den Scherbaum, eine an beiden Seiten mit runden Scheiben versehene hölzerne oder eiserne (Hohl-) Welle übergeführt. Der Antrieb der Schermaschine ist so, daß die Umfangsgeschwindigkeit des Scherbaumes stets gleich bleibt. Ein Zählwerk gibt die Länge der auf den Scherbaum aufgelaufenen Fäden in „hanks" zu 768 m an. Bei der Garnstärke 20 sind es gewöhnlich 10.

Wird ein Fadenbruch nicht gleich bemerkt — wenn die Maschine nicht von selbst zum Stillstand kommt — so muß der Scherbaum soweit zurückgedreht werden, bis das Fadenende gefunden ist. Die zurücklaufenden Kettfäden werden von dem Kompensator (Tanzmeister), einem System beweglich gelagerter Rollen, in Spannung gehalten.

III. Schlichterei.

Auf der Schlichtmaschine erfolgt die Herstellung der webfertigen Kette durch Vereinigung der Kettfäden mehrerer Scherbäume zum Kettbaum. Ein Gewebe von 90 cm Breite und mittlerer Dichtigkeit der Fadenstellung enthält 2100—2900 Kettfäden. Man legt also 5—7 Scherbäume zu je 400—500 Kettfäden vor die Schlichtmaschine. Die Fäden laufen durch die Schlichtlösung in einem Klotztroge, mit Aufkochung von Stärke und Seife oder Fett. Die Stärke macht die Fäden glatter, die Seife macht sie elastischer. Ein Quetschwalzenpaar quetscht den Überfluß an Schlichte gleichmäßig ab, eine umlaufende Kupfertrommel trocknet die Fäden, es folgt die Meßwalze, darauf die Reitstöcke, die die aneinander klebenden Fäden wieder trennen, dann ein Expansionsrietkamm und schließlich der Kettbaum. Man läßt 600 bis 800 m auflaufen, nach je etwa 60 m läßt die Meßwalze ein Glockenzeichen ertönen und einen Farbenstempel niedersinken, so daß der Schlichter immer verfolgen kann, wieviel m sich auf dem Kettbaum befinden und wann er abschneiden muß.

Die Zahl der Reitstöcke beträgt eins weniger als die der Scherbäume.

IV. Das eigentliche Weben.

Zweierlei bestimmt das Aussehen eines Gewebes:

1. Die Dichtigkeit, d. h. die Zahl der auf einer bestimmten Fläche vorhandenen Kett- und Schußfäden und deren Stärke (Garnnummer).

2. Die Bindung, d. h. die Art der Verflechtung von Kett- und Schußfäden; die Steuerung der Kettfäden vor dem Einschlagen der Schußfäden ist der wesentlichste Faktor.

Die Kettfäden gehen von der einen Seite des Webstuhles von dem Kettbaum k (Abb. 21), dessen Bremse der Abwickelung einen regelbaren Widerstand entgegensetzt, zunächst über den Schwingbaum s, eine durch einen Exzenter hin- und herbewegte breite Stange, deren Wirksamkeit bei der Fachbildung von Wichtigkeit ist.

Vom Schwingbaume gehen sie über die Kreuzschienen ks, mit Eisenblech überzogene hölzerne Leitschienen, die dem Weber das Aufsuchen zerrissener Fäden erleichtern.

Sie gehen dann durch Litzen l aus gefirnißtem Baumwollzwirn oder Drahtlitzen. Diese Litzen sind oben und unten an zwei hölzernen Leisten befestigt, und zwar gruppenweise den „Schaft“ bildend. Beim Hochheben eines Schaftes werden sämtliche an den Leisten dieses Schaftes befestigte Litzen mit den durch sie hindurch geführten Kettfäden hochgehoben. Diese Fäden müssen während der ganzen Dauer des Webens die gleiche Bewegung ausführen. Um zu bestimmen, welche Fäden dies sind, muß man den Kett- und Schußrapport des Musters kennen, d. h. nach wieviel Kettfäden in der Längsrichtung und nach wieviel Schußfäden in der Längsrichtung eine Wiederholung des Breiten-Musters eintritt. Je nach der Verschiedenartigkeit des Musters hat man 2, 3, 4, 5 und mehr Schäfte nötig für die Herstellung eines Gewebes. Um nicht für jedes Muster einen neuen Schaft anfertigen zu müssen, verwendet man Schäfte mit Stahldrahtschiebelitzen, die sich an den Leisten des Schaftes hin und her in die richtige Stellung schieben lassen.

Die aus den Augen der Litzen kommenden Fäden werden zwischen den Stäben eines Metallgitters, des „Rietes" r, hindurchgeführt. Das Riet verteilt einerseits die Fäden gleichmäßig auf der Fläche, andererseits ist es an der Weblade befestigt, erteilt somit, wenn diese gegen das entstehende Gewebe schwingt, diesem die erforderliche Dichte.

Das Einziehen (Einpassieren) der Kettfäden geschieht mit Hilfe von Einziehhaken und Blattmesser in der Andreherei. Sehr oft knüpft

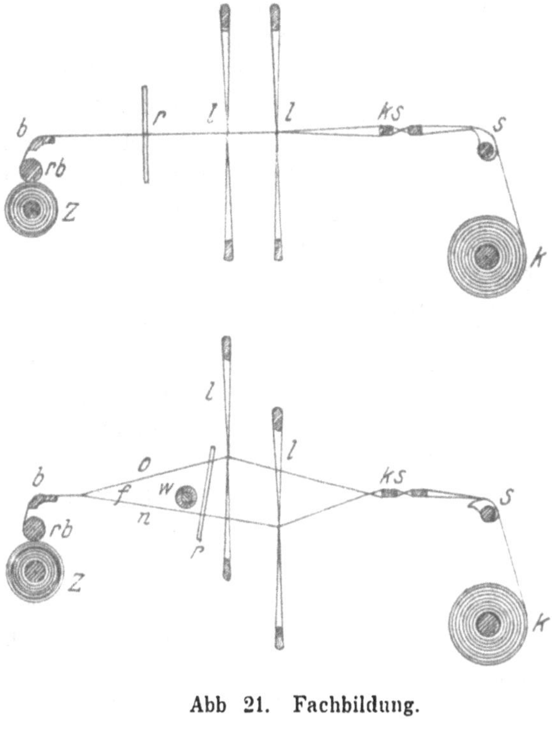

Abb 21. Fachbildung.

man an die Fadenenden einer ausgelaufenen Kette an; man „dreht" an. Schaft und Riet heißen zusammen das Geschirr. Sie müssen in doppelter Ausführung vorhanden sein.

Hinter dem Riet gehen die Kettfäden nach erfolgtem Einschlag der Schußfäden über den „Breithalter", zwei Stachelwalzen, die an beiden Seiten in das Gewebe eingreifen und das Einlaufen verhindern, den „Brustbaum" b und den „Riffelbaum" rb oder „Sandbaum" auf den Zeug- oder Warenbaum z (Abb. 21).

Der „Webschützen" w ist ein längliches Kästchen aus Buchsbaum, an beiden Enden mit Stahlspitzen versehen. Auf die Spindel, um 90 Grad hochgeklappt, wird die Schußspule geschoben und durch eine

Feder festgehalten. Das Fadenende der Spule wird durch verschiedene kleine Porzellanringe seitlich im Schiffchen hindurchgeführt.

Durch den „W e b v o g e l“ oder „Treiber“ oder „Picker“ wird das Schiffchen aus den beidseitigen „Schützenkästen“ geschleudert.

Die hochgezogenen Kettfäden kommen in das „Oberfach“ o, die unten gebliebenen in das „Unterfach“ n, die Lücke dazwischen heißt das F a c h f. Während der Fachbildung nimmt der S c h w i n g b a u m s eine wagrechte Lage ein, den Kettfäden Spielraum lassend, um dem Zug der Schäfte zu folgen. Nach einer halben Umdrehung der Kurbelwelle nimmt der Schwingbaum wieder seine alte Stellung ein; die Weblade schlägt gegen den Schußfaden an, der jetzt von den wieder in einer Ebene liegenden Kettfäden umschlossen wird.

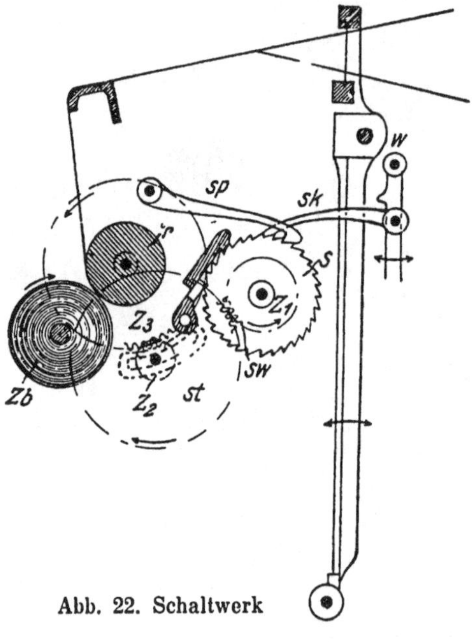

Abb. 22. Schaltwerk

Von der Umfangsgeschwindigkeit des „Riffel“baumes r hängt die Geschwindigkeit der Kettenführung über den Webstuhl und damit die Dichte des Gewebes in der Schußrichtung ab. Das Gewebe darf auf dem Riffelbaum nicht gleiten; dieser ist deshalb eine Blechwalze mit regelmäßigen Erhöhungen oder eine Holzwalze, mit Sand- oder Glaspulver beklebt. Außerdem erfolgt der Antrieb des Riffelbaumes r durch ein S c h a l t w e r k (Abb. 22), das durch einen an der Weblade befestigten Hebel betätigt wird. Bei jeder Schwingung der Weblade w rückt das Schaltrad s vermöge der Schaltklinke sk um einen Zahn weiter. Eine Sperrklinke sp sichert diese Lage entgegen dem Zuge der Kettenbaumbremse. Das angetriebene Zahnrad z_1 auf derselben Welle wie das Schaltrad greift in das Steigrad st auf derselben Welle wie das Zahnrad z_2 ein. z_2 greift in z_3 auf derselben Welle wie r ein. Der Zeugbaum zb wird mitgenommen. Die Größe der Bewegung des Schaltrades und des Riffelbaumes r hängt vom Verhältnis der Zahnräderumfänge bzw. deren Zähnezahl ab. Das auf der Achse des Schaltrades sitzende Zahnrad sw heißt darum auch der S c h u ß w e c h s e l. Je größer der Schußwechsel, um so dichter das Gewebe.

Die Dichtigkeit des Gewebes in der Kett- und Schußrichtung wird die Fadenstellung genannt. Sie bezieht sich auf 1 qcm.

Sie wird ausgedrückt einmal durch den Quotienten Kettfädenzahl: Schußfadenzahl, ferner durch den Quotienten der zugehörigen Garnnummern.

Also ein Gewebe 19/18, 38/42 enthält auf 1 qcm 19 Kettfaden von der Garnnummer 38 und 18 Schußfäden von der Garnnummer 42.

Die Ermittlung der Fadenstellung geschieht durch den Fadenzahler.

Man unterscheidet Oberschlag- und Unterschlagwebstuhl.

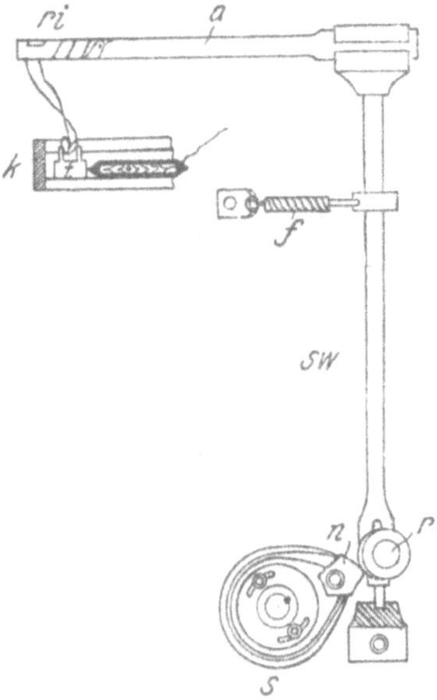

Abb 23. Oberschlager

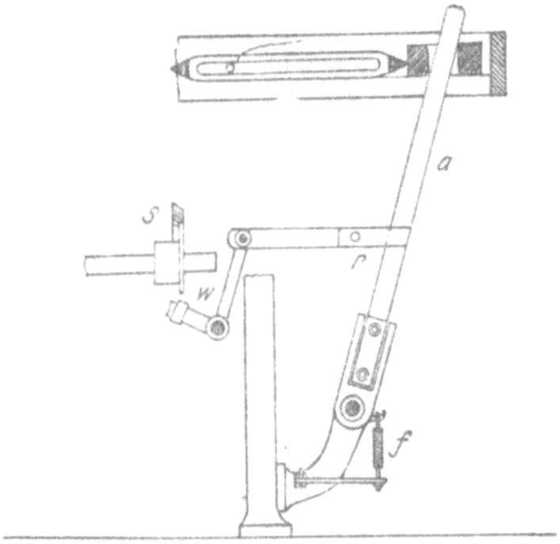

Abb 24. Unterschlager

Bei den Oberschlägern (Abb. 23) treibt die Kurbelwelle die unterhalb gelagerte Schlagnasenwelle s; das Übersetzungsverhältnis der Zahnräder ist so gewählt, daß die Schlagnasenwelle sich halb so schnell dreht, wie die Kurbelwelle. Die Schlagnase n wirkt auf das verstärkte Ende, die Schlagrolle r, einer Schlägerwelle sw; diese ist am oberen Ende mit einem hölzernen Schlagarm a verbunden. Der Schlagarm ist durch den Schlagriemen ri mit dem Treiber t in dem Kasten k verbunden. Die Feder f schnellt die Schlägerwelle in die Anfangslage zurück.

Bei den Unterschlägern (Abb. 24) wirkt die Schlagnase s auf einen im unteren Teile des Webstuhles gelagerten Winkelhebel w, mit welchem der Schlagarm a durch den Schlagriemen r elastisch gekuppelt ist. Auch hier bewirkt eine Feder f die Rückführung in die Anfangstellung.

Der „Schußwächter“ (Abb. 25) setzt den Stuhl im Falle eines Schußfadenbruches still. Er ist ein Bügel b, mit dem einerseits der Ausrückhebel a, andererseits die drehbar gelagerte Schußgabel g befestigt sind. Gegenüber dieser Schußgabel befindet sich an der Weblade w neben dem Riet r ein Rost, in dessen Lücken die eine Zinke der Gabel während des Anschlages der Lade spielen kann. Unterhalb des anderen hakenförmigen Endes der Schußgabel schwingt der „Greifer“ am Ende eines von der Schlagnasenwelle angetriebenen, während zwei Schußeinschlägen einmal hin und her schwingenden Kniehebels k. Solange der durch das Fach vor dem Rost hergezogene Faden die Zinke der Gabel nicht hin-

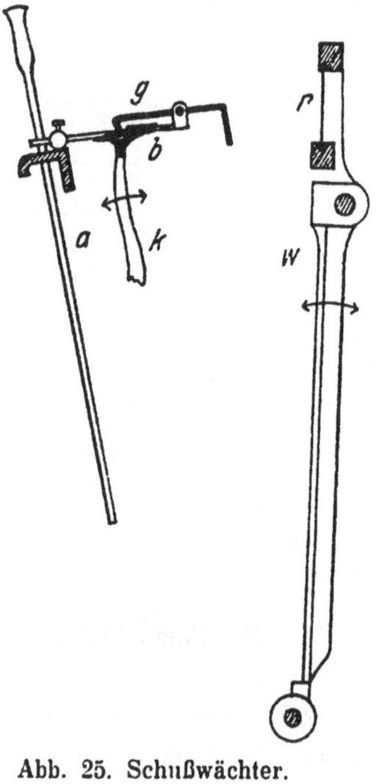

Abb. 25. Schußwächter.

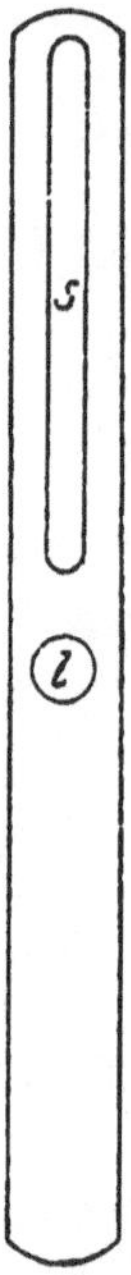

Abb. 26. Kettenwächter.

durchläßt und dadurch das schwerere mit dem Haken der Gabel versehene Ende in die Höhe wirft, wird diese der Einwirkung des Greifers entzogen. Kann aber die Zinke hindurch, wenn z. B. die Schußspule abgelaufen ist, so erfaßt der Greifer das Gabelende, der Ausrückhebel wird aus seiner gesicherten Lage herausgezogen und der Einwirkung einer Feder überlassen, wodurch er den Antriebsriemen von der Fest- auf die Losscheibe schiebt.

Der „Kettenwächter“ (Abb. 26) stellt den Stuhl ab, wenn ein Kettenfaden reißt. Durch das runde Loch l der Lamelle geht der Kettfaden, durch den Schlitz s eine Führungsschiene, ein Drittel so hoch wie der Schlitz. Um $\frac{2}{3}$ dieser Höhe kann die Lamelle fallen, wenn der Kettfaden reißt. Dabei gerät sie zwischen einen festen Bügel und einen hin und her schwingenden Hebel. Dadurch kommt der Ausrückhebel aus seiner gesicherten Stellung und schiebt unter der Einwirkung der Feder den Antriebsriemen von der Fest- auf die Losscheibe.

Damit der Webstuhl während des Auswechselns einer Spule nicht stehen zu bleiben braucht, geschieht dieses selbsttätig beim „Northropstuhl".

Beim Northropstuhl ist die Schützenspindel nicht mehr fest mit dem Webschützen verbunden; sie ist ein selbständiges auswechselbares Maschinenorgan. An dem Ende, an welchem die gewöhnliche Spindel durch das Scharnier drehbar mit dem Webschützen verbunden ist, trägt die Northropspindel einen Wulst, auf den Stahlringe aufgezwängt sind, die ein Festhalten im Schützen ermöglichen. An dieser Stelle trägt der Schützenkörper eine festklemmende Feder. Der Northropschützenkörper ist oben und unten offen; durch diese Öffnungen kann die gefullte Schützenspindel oben hineingedrückt und die entleerte unten herausgeschoben werden.

Noch einfacher benutzt man statt der Schutzenspindel, auf die die Spulenhülse aufgeschoben werden muß, Holzbobinen, die an Stelle der Rabbethspule auf die Spindel der Schußringmaschine aufgesteckt wurden.

Der Auswechselungsmechanismus befindet sich auf der rechten Seite des Webstuhles. Die Seitenflächen einer drehbar gelagerten Trommel werden aus zwei rosettenartigen Scheiben gebildet, die im Abstande einer Bobinenlänge auf der Trommelaxe befestigt sind. Die Ränder der Scheibe tragen Einkerbungen und Federn, mit deren Hilfe die der Reihe nach auf die Peripherie der Trommel aufgelegten Bobinen zwischen den beiden Scheiben festgeklemmt sind. Die Auslösung des Auswechselungsmechanismus geschieht durch den Schußwachter; dessen Gabel wirkt zunächst nicht auf den Ausrückungshebel, wenn der Rost keinen Schußfaden hinter sich hat, sondern auf einen Hammer, der eine Bobine aus der Trommel in den im rechten Schützenkasten befindlichen Schützen hinein und die leere Bobine aus diesem herausdruckt, so daß sie in einen Behalter fallt. Da die Fadenanfange der Bobinen an dem Kopfe einer kelchartigen Rosette an der außeren Trommelscheibe angebunden sind, so kann die Einfadelung in die Öse des Schützen leicht von selbst erfolgen. Das außerhalb des Gewebes befindliche Fadenende wird durch ein seitlich am Breithalter befindliches Messerchen abgeschnitten. Die an der Leiste stehen bleibenden Enden werden nach dem Abweben der Kette und dem Herausnehmen des Zeugbaumes mit einer Gasflamme abgesengt.

Infolge der verschiedenen Lichtspiegelung entstehen Muster in einem Stück, je nach der Art, wie die Kett- und Schußfäden einander kreuzen. Die Aufgabe der Weberei besteht darin, entweder ein gegebenes Stoffmuster nachzubilden oder eine Zeichnung auf Papier auf dem Gewebe nachzuahmen. Diesem Zwecke dient die Webvorlage mit Hilfe des Patronenpapiers. Man denkt sich die Kettfäden senkrecht auf den Beschauer zulaufen, die Schußfäden parallel. Das Verhältnis K : S in einem bestimmten Quadrate gibt zugleich das Verhältnis von Kett- zur Schußfadendichte. 8/10 Papier gibt an, daß auf einer quadratischen Fläche des Gewebes auf 8 Kett- 10 Schußfäden kommen. Da, wo die Kettfäden über den Schußfäden zu liegen kommen sollen, wo sie „flotten“, zeichnet man die Quadrate der Kreuzungsstelle dunkel.

Der Kett- und Schußrapport gibt an, nach wieviel Kett- bzw. Schußfäden eine Wiederholung des Musters eintritt. Die gleich liegenden Kettfäden der verschiedenen Rapporte haben stets die gleiche Bewegung auszuführen, sie sind deshalb an einem Schafte befestigt, haben eine Bindung und bewirken so die periodische Wiederkehr des Musters. Man braucht also höchstens so viel Schäfte, als Fäden im Kettrapport enthalten sind. In diesem Falle haben wir den fortlaufenden glatten oder Geradedurch-Einzug. Der unregelmäßige, reduzierte Einzug tritt ein, wenn innerhalb der einzelnen Rapporte einzelne Kettfäden gleiche Bindung haben und somit an einem Schafte befestigt werden können.

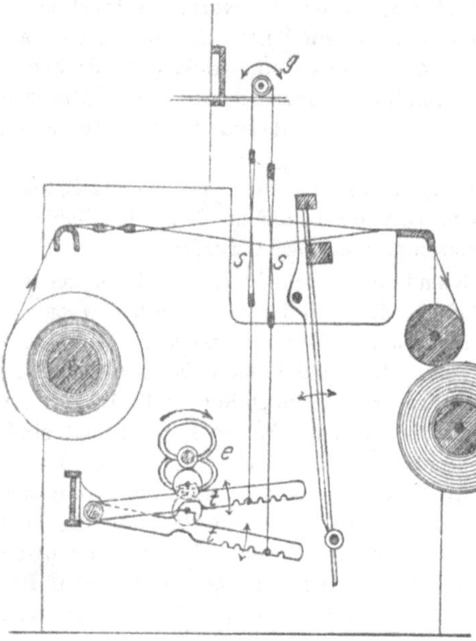

Abb. 27. Exzenterwebstuhl.

Je weniger Schäfte, um so einfacher der Antriebsmechanismus.

α) Für 1—6 Schäfte genügt der Exzenterwebstuhl (Abb. 27). Die Steuerung der Schäfte erfolgt entweder direkt von der Schlagnasenwelle oder von einer Vorgelegewelle aus, der Exzenterwelle e, die dann durch ein Zahnradgetriebe mit ersterer verbunden ist. Unterhalb der Exzenterwelle und als „Tritte“ oder „Tritthebel“ bezeichnet, liegen einarmige Hebel t. Jeder ruht in einem Bügel, der an dem zugehörigen Schafte s befestigt ist. Die obere Leiste dieses Schaftes ist mittels Schnüren und Riemen an einer Geschirrwalze g befestigt, die oberhalb des Webstuhles drehbar gelagert ist. An der anderen Seite der Geschirrwalze ist der andere Schaft angeschnürt und mit dem zweiten Hebel verbunden. Geht also der eine Schaft nach unten, so wird der zweite hochgezogen, es befindet sich dann der Exzenter des zweiten Tritthebels oben. Es arbeiten immer je zwei Tritthebel auf ein Schäftepaar.

Diese Abhängigkeit ist bei den verschiedenen Anforderungen in bezug auf die Bindung der Muster sehr störend. Sie kann dadurch aufgehoben werden, daß die Geschirrwalzen nicht fest, sondern in einer Schlittenführung beweglich gelagert sind. Je zwei Geschirrwalzen sind wieder durch über Rollen geführte Riemen verbunden. Jetzt können, wenn die Bindung es erfordert, auch zwei an einer Geschirrwalze befestigte Schäfte gleichzeitig mit ihrer Geschirrwalze heruntergezogen werden.

Mit dem Exzenterstuhl können hergestellt werden z. B.:

a) Die Leinwandbindung (bei Wolle als Tuch, bei Seide als Taffet bezeichnet). Der erste Schaft enthält den 1., 3., 5., 7., 9. Kettfaden, der zweite Schaft den 2., 4., 6., 8.

b) Die Köperbindung (Croisé, Barchent, Biber). Durch die fortlaufende Bindung des jedesmal nächsten Fadens wird auf dem Gewebe eine schräge Linie hervorgebracht: beim „einseitigen“ Köper nur auf einer Seite, beim „Doppel“köper auf beiden Seiten. Der „Kett“köper wird durch die Kett-, der „Schuß“köper durch die Schußfäden auf der rechten Seite gebildet. Je nach der Zahl der zum Rapport gehörigen Fäden unterscheidet man 3-, 4-, 5-, 6-bindigen Köper (3-, 4-, 5-, 6-schäftig genannt).

c) Die Atlasbindung („Satin“). Sie gibt den Geweben eine glatte, glänzende Oberfläche. Ein Kett- bzw. Schußfaden bindet 4 oder mehr Schuß- bzw. Kettfäden. Der kleinste Rapport ist 5 Kett- und 5 Schußfäden.

β) Erheischt die Art der Bindung die Verwendung von mehr als 6—8 Schäften, so kann die Steuerung nicht mehr gut durch Exzenter erfolgen. Man benutzt besondere Schaftmaschinen, die auf den Webstuhl aufgesetzt werden (Abb. 28).

Die Schäfte s werden einzeln an drehbar gelagerten Winkelhebeln h, den „Schafthebeln“, angeschnürt. Sie werden durch ihre Drehung hochgezogen; der Gegenzug wird durch Federn f ausgeübt, die die unteren Leisten der Schäfte mit dem Untergestell des Webstuhles verbinden.

Bei der (gebräuchlichsten) Hattersley-Maschine ist jeder Schafthebel h durch ein Gelenk mit einem gleicharmigen Hebel g verbunden, an dessen beiden Enden durch Scharniere je ein Zughaken p („Platine“) befestigt ist. Die Platine läuft an ihrer unteren Seite in eine „Nase“ aus. Wird eine der beiden Nasen von einem „Platinenmesser“ m ergriffen und seitwärts gezogen, so wird jedesmal der Mittelpunkt des gleicharmigen Hebels seitwärts verschoben, indem das dem Angriffspunkt der arbeitenden Platine entgegengesetzte Ende des gleicharmigen Hebels sich gegen einen festen Querriegel q stützt und dadurch zum Drehpunkt des Hebels wird. Die Messer erhalten ihre hin- und hergehende Bewegung durch einen dreiarmigen Hebel d, der seinen Antrieb durch einen auf der Schlagnasenwelle sn sitzenden Exzenter erhält. Soll die Nase dem Einfluß des Platinenmessers entzogen werden, so muß die Platine durch den „Platinenstift" st, einen runden eisernen mit einem viereckigen Kopfe versehenen Stift gehoben werden. Der Stift sitzt in einem Rost r mit runden Löchern. Die Enden der langen und der kurzen Stifte liegen in einer Ebene. Die Stifte werden durch eine Pappscheibe hochgeschoben; sie ist an den Stellen, wo die nicht zu hebenden Stifte auftreffen, durchlöchert; eine Scheibe ist mit Löchern für die langen und für die kurzen Stifte, also für zwei aufeinander folgende Fachbildungen versehen. Beide Serien Stifte führen beim Druck der Scheibe gleichzeitig die Bewegungen aus, die für die beiden Fachbildungen in Betracht kommen, tatsächlich beeinflußt jedesmal nur diejenige Serie die Fachbildung, die von einem

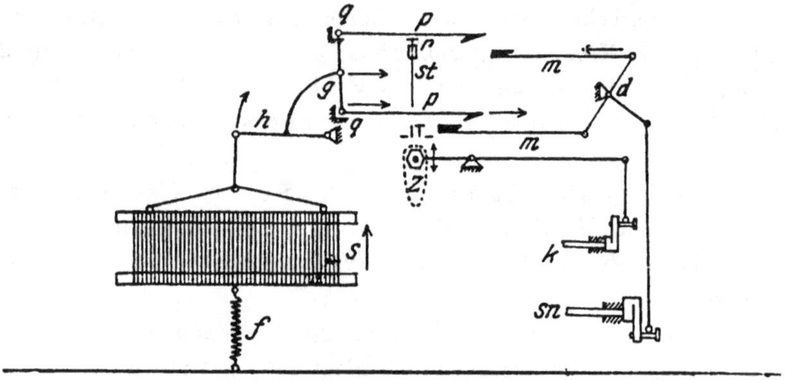

Abb. 28. Hattersleyschaftmaschine.

der Platinenmesser die Platinen nicht erfassen läßt. Die langen Stifte arbeiten für die oberen Messer, die kurzen für die unteren.

Für je zwei Fachbildungen ist eine Karte erforderlich; die Löcher werden mit der Kartenschlagmaschine eingeschlagen unter Benutzung der Patronenvorlage. Die Karten werden zusammengeschnürt und bilden eine endlose Kette, die über einen prismatischen Zylinder z gelegt wird. Dieser Zylinder hat 2 cm tiefe Löcher, in die die Platinenstifte, die durch die Löcher der Karte gehen, hineinrutschen können. Dieser Druckzylinder schwingt unter dem Einflusse einer auf der Kurbelwelle k exzentrisch sitzenden Scheibe während jeder Fachbildung einmal hin und her, außerdem führt er eine Schaltbewegung aus, die durch ein mit dem unteren Platinenmesser in Verbindung stehendes Schaltwerk betätigt wird, so daß nach je zwei Einschlägen die nächste Scheibe nach oben gedreht wird.

Die Hodgson-Maschine arbeitet nur mit einer Reihe Platinstifte, die Platinen-Doppelnasen tragen, die Schönherrsche Schaftmaschine ist wieder anders gebaut.

γ) Wenn bei einem Muster der Kettrapport sich über mehr Fäden erstreckt, als Schäfte vorhanden sind, und andererseits Wiederholungen von kleinen Musterelementen innerhalb des Rapports (und dadurch ermöglichter reduzierter Einzug) nicht möglich sind, so muß an Stelle der Schaftmaschine die Jacquardmaschine verwandt werden. Sie ermöglicht einen selbständigen Antrieb für jeden einzelnen Kettfaden und dadurch das Weben eines beliebigen Musters (Abb. 29).

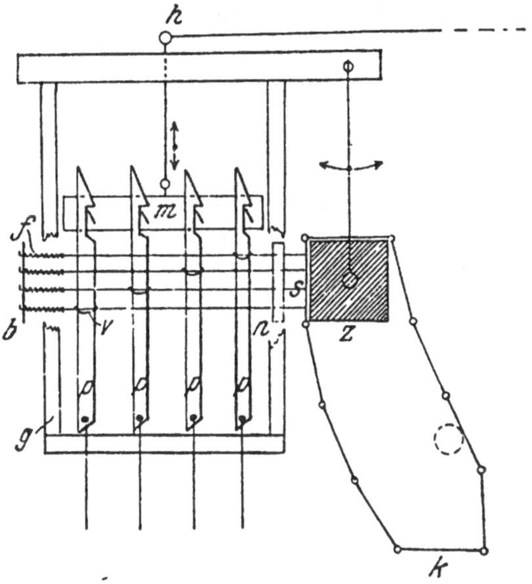

Abb. 29. Jacquardmaschine.

Die Litzen sind bei der Jacquardmaschine an der unteren Seite mit Kupferstäbchen belastet, oben sind sie mittels eines Ringes an einer Platine p befestigt, und zwar werden die Litzen derjenigen Kettfäden, die gleichen Antrieb erhalten sollen, nachdem sie durch das siebartig durchlöcherte „Harnischbrett" hindurchgeführt wurden, zu einem Bündel vereinigt und so aufgehängt. Je nach der Zahl der Platinen und der steuerbaren Bündel unterscheidet man 100er, 400er und 600er usw. Jacquardmaschinen. Eine 400er Maschine besteht z. B. bei einem „Harnisch" von 2800 Kettfäden aus 7 „Chören".

Bei der 400er Maschine sind die Platinen gewöhnlich in 8 Reihen zu je 50 Platinen aufgestellt und ruhen in einem Grundgestell g, das sich bei jeder Fachbildung periodisch senkt, so daß alle die Kettfäden, deren Platinen nicht von dem während der Fachbildung nach oben schwingenden Messerrost m nach oben genommen werden, dem Zuge der Kupferstäbchen folgend, in das Unterfach kommen. Die 8 Messer — in der Abbildung nur 4 — werden mittels Hebel h durch Scheiben, die exzentrisch auf der Kurbelwelle sitzen, senkrecht auf und nieder bewegt; die Platinenstifte s (400) sind wagrecht durch das „Federbrett" b und das „Nadelbrett" n geführt. Die viereckigen Köpfe der Platinenstifte außerhalb des Federbrettes begrenzen die Bewegung der Nadeln nach dem Druckzylinder z hin. Innerhalb hinter dem Federbrett trägt jede Nadel eine Spiralfeder f, die einerseits gegen das Federbrett, andererseits gegen eine wulstförmige Erhöhung auf der Nadel drückt. Die zusammengedrückte

Feder bewirkt die Rückkehr der Nadel in ihre ursprüngliche Lage. Zwei durch Biegung entstandene Vorsprünge v der Nadel umschließen die zugehörige Platine. Die Grundflächen der aus dem Nadelbrett herausragenden Enden befinden sich in einer Ebene dem Druckzylinder gegenüber, der sich bei jeder Fachbildung dem Nadelbrett nähert. Der Druckzylinder hat auf allen vier Seiten etwa 2 cm tiefe Löcher, in die die Nadeln an den Stellen eindringen, an denen die Pappkarte ebenfalls Löcher hat. Es entspricht also ein Loch einer Lage im Oberfach. Für jede Fachbildung muß eine Pappkarte vorhanden sein. Die Kette besteht daher aus so viel Scheiben, als der Schußrapport Fäden enthält.

Webfehler.

1. Enden der Knoten, Flaum von der Schermaschine, setzen sich leicht vor den Litzenaugen und dem Riet fest und veranlassen Kettfadenbrüche.

Abb. 30. Gebräuchlicher Weberknoten.

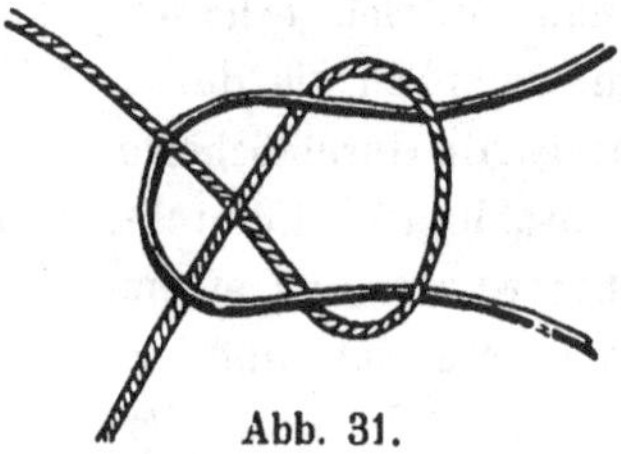

Abb. 31. Einfacher Weberknoten.

Beim Knüpfen gerissener Kettfäden sollen nur feste, glatte Knoten verwendet werden, die leicht durch die Augen der Litzen und das Riet rutschen (Abb. 30 und 31). Abb. 32 zeigt eine falsche Fadenverbindung und Abb. 33 den sog. Katzenkopf, der in der Ware und im Faden stark auffällt.

Abb. 32. Falsche Fadenverbindung.

Abb. 33. Katzenkopf.

2. Im Schützenkasten ballen sich leicht Fasermassen zusammen, die zugleich Öl aufnehmen und nun mitverwoben werden (Ölflecken). Man sei mit dem Öl sparsam.

3. Schußstreifen treten auf a) wenn rechts und links gedrehtes Garn zusammen eingeschlagen wird.

b) bei Schußfadenbruch; die Abstellvorrichtung wirft zwar den Riemen von der Fest- auf die Losscheibe, aber der Webstuhl macht noch einige Touren. Während dieses „Leerganges" des Stuhles rückt das Gewebe auf dem Brustbaum vor. Der Stuhl muß darum neu eingestellt werden.

Zur Vermeidung von Schußfadenbrüchen verwendet man entweder den sogenannten „Schußfühler", der die Abstellvorrichtung in Tätigkeit setzt, wenn der Umfang der Spule bis auf einen kleinen Betrag zusammengeschrumpft ist (viel Abfall), oder man läßt die herunterfallende Schußgabel g (Abb. 25) gleichzeitig die Schaltklinke sk (Abb. 22) des Steigrades st hochheben, so daß die Kette sich nicht mehr vorwärts bewegt (Northropstuhl).

4. Schlechte Leisten entstehen, wenn dem Schußfaden nicht durch Führung durch Porzellanring oder Plüscheinlage im Schützen die richtige Spannung gegeben wird. Die Kante erhält wegen ihrer Beanspruchung Leinwandbindung. Eine mangelhafte Leiste wird leicht durchgerauht.

V. Die Schlußverrichtungen.

Das fertige Gewebe wird über einen „Prüftisch" hinweggezogen und auf Meßmaschinen gemessen.

Ein Teil der Gewebe wird dann entweder gerauht oder gesengt.

Das Gewebe geht vor dem Rauhen meist erst über eine schlitzartige Dämpfvorrichtung und wird dann auf einer heißen Kupfertrommel geglättet. Der Faden wird dadurch einerseits elastischer, andererseits werden Falten entfernt. Die Rauhtrommel besteht aus 12—36 mit Kratzenband überzogenen Rauhwalzen, die sich selber wieder drehen. Sind die Stahldrahthäkchen in der Richtung des laufenden Stückes gerichtet, so heißen sie „Strich-", sonst „Gegenstrich"walzen.

Bei jedesmaligem Durchgang (8—10) leidet die Festigkeit, dafür leitet gerauhte Ware die Wärme schlechter.

VI. Die Hauptgewebe, zu denen Baumwolle verarbeitet wird, sind:

a) mit Leinwandbindung.

„Kattun": glattes, leichtes Gewebe für Kleider („Shirting"), Wäsche, Futterstoff, Vorhänge und Druckerei.

„Nessel": aus geringwertigen Baumwollgarnen.

„Organdi": lose Gewebe.

b) mit Köperbindung („Croisé = Köper).

„Biber": ein- oder zweiseitig gerauht.

„Diagonal", 4—7schäftig.

„Drell", kräftiger 3—5schäftiger Köper oder Atlas.

„Moleskin“: dichte Gewebe, mit Köper oder Atlasbindung, gerauht und häufig auf der Vorderseite geschoren.

„Serge“: Futterstoff.

c) Velvets.

„Velvet“: Schußsamt. Neben dem Schuß, der in üblicher Weise mit der Kette verflochten wird, läuft noch ein zweiter Schuß (Polschuß) einher, der in langen Flottungen wellenartig auf der Oberfläche des Stoffes erscheint. Diese Wellen werden aufgeschnitten, die einzelnen Fasern ausgebreitet und eine glatte, zusammenschließende Oberfläche erzeugt.

„Cord“: „Corduroy“ ist durch ripsartige Webung gestreifter Samt, für Arbeiterkleider und Tropenuniformen.

„Plüsch“: Kettensamt. Hier ist der Flor aus den Kettfäden gebildet.

d) „Rips“ zeigt an der Oberfläche durch gruppenweise Zusammenfassung von Kettfäden erzeugte Erhöhungen, Kannelierungen; er dient für Kleider, Möbel und Dekorationsstoffe.

γ) Das Wirken.

Die Herstellung von Wirkwaren oder Gewirken geschieht durch Verschlingung von Fäden zu reihenweise nebeneinanderliegenden Maschen. Die Wirkwaren sind elastisch und schmiegen sich den Körperformen zwar an, gestatten dabei aber freie Beweglichkeit. Die Wirkwaren unterscheidet man in Kulier- und Kettenwaren.

Bei Kulierwaren entsteht das Gewirke durch Verschlingung nur eines Fadens nach den Grundregeln des Handstrickens, bei Kettenwaren aus mehreren gleichlaufenden Fäden nach den Grundregeln des Handhäkelns.

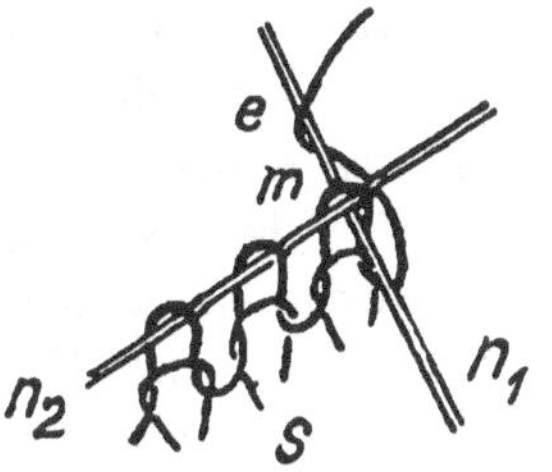

Abb 34. Handstricken.

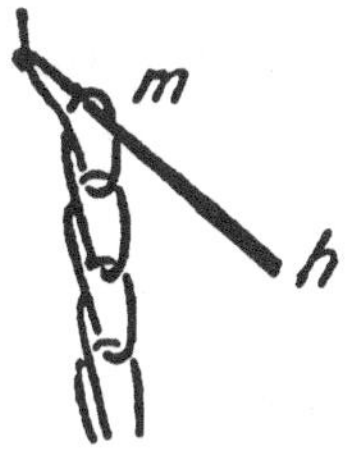

Abb. 35. Handhäkeln

Zum Handstricken braucht man 2 glatte Stäbchen (Nadeln) (Abb. 34). Die Nadel n_1 zieht aus dem Faden Einzelschleifen e und diese werden durch Hindurchziehen durch die auf der Nadel n_2 befindlichen Maschen m ebenfalls zu Maschen umgebildet. Die auf die Nadel n_1 kommenden Maschen bezeichnet man als Maschenreihe, die sich senkrecht dazu ergebenden Maschen als Maschenstäbchen.

Um eine Masche gemindert wird, wenn eine Schleife durch 2 schon vorhandene Maschen einer Maschenreihe hindurchgezogen wird; geweitert wird, wenn 2 Schleifen nacheinander durch eine Masche hindurchgezogen werden.

Zum Handhäkeln braucht man eine Hakennadel h (Abb. 35). Sie zieht aus dem Faden Einzelschleifen und diese werden durch Hindurchziehen durch die letzte Masche m ebenfalls zur Masche umgebildet.

Beim Handstricken arbeitet die Nadel in der Richtung der Maschenreihe und setzt die neue Masche auf die Maschenstäbchen auf, beim Handhäkeln arbeitet sie in der Richtung der Maschenstäbchen und setzt die neue Masche an die Maschenreihen an.

I. Kulierware.

A. Herstellung mit der Haken- (Spitzen-) Nadel.

Die Nadeln haben elastische Haken h (Abb. 36), die durch eine Schiene s (Abb. 37 b) in eine Nute, die Zschasche, gedrückt werden können (gepunktete Stellung in Abb. 36).

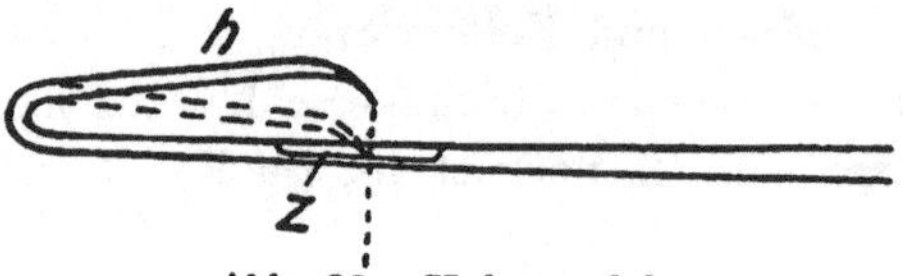

Abb. 36. Hakennadel.

Zwischen je 2 Nadeln n befindet sich eine Platine p mit 2 Vorsprüngen v und w (Abb. 37 a). Die bereits fertiggestellte Ware hängt zunächst hinter w. Der Fadenführer legt einen neuen Faden f quer über die Schäfte der in der Nadelbarre nebeneinander befestigten Nadeln (Nadelfontur) vor w und unter v. Hierauf senken sich die Platinen und bilden mit ihren Nasen v Schleifen zwischen je 2 Nadeln (Kulieren).

Dann schieben sich die Platinen nach vorn und dadurch die Schleifen unter die Haken h. Nachdem die Presse s sämtliche Haken in die Nuten z gedrückt hat und die Platinennasen v so weit hochgegangen sind, daß sie die Fadenschleifen f freigeben (Abb. 37 b), schieben die

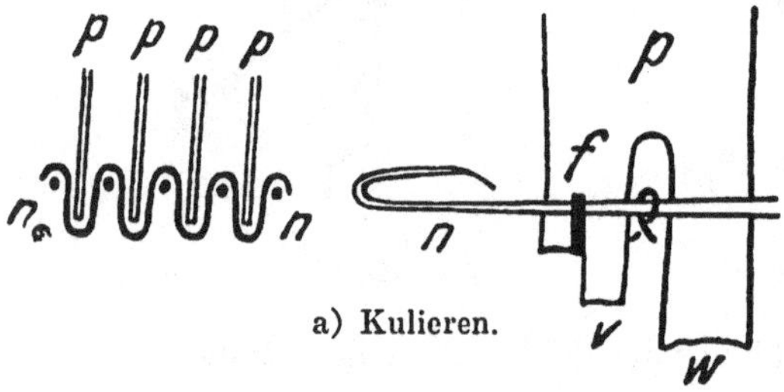

a) Kulieren.

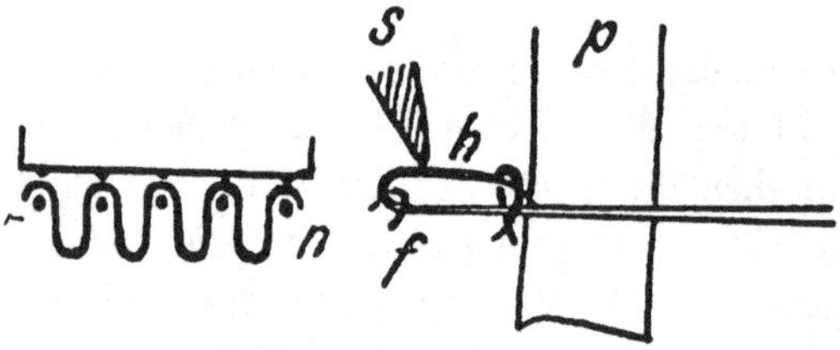

b) Hochgehen der Platine.

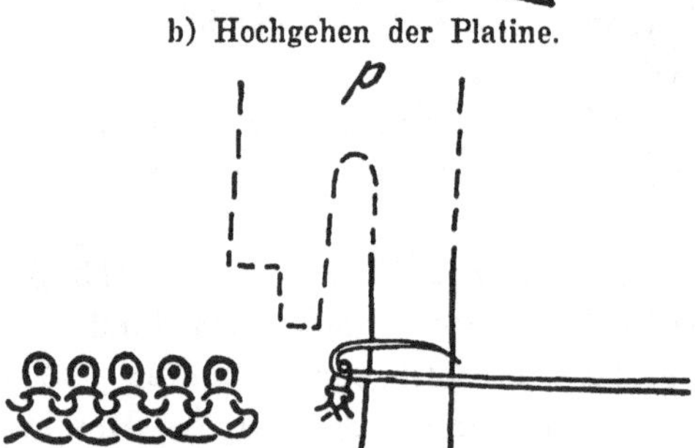

c) Abschlagen.

Abb. 37. Herstellung von Kulierware mit Hakennadeln.

Platinen die fertige Ware über die Haken h fort, so, daß sie vorn von den Nadeln abgleitet und in die kulierten Schleifen sich einhängt (Abschlagen) (Abb. 37c).

Nunmehr hebt sich die Presse, die Nadelhaken öffnen sich, die Platinen senken sich wieder, fangen mit ihren Kehlen die neugebildete Maschenreihe (Einschließen), bringen sie auf die Nadelschäfte zurück und das Spiel beginnt von neuem.

B. Herstellung mit der Zungennadel.

Der Fadenführer legt einen neuen Faden in die durch Zurückschlagen der Zungen z (Abb. 38) geöffneten Haken h der in den Rinnen r des

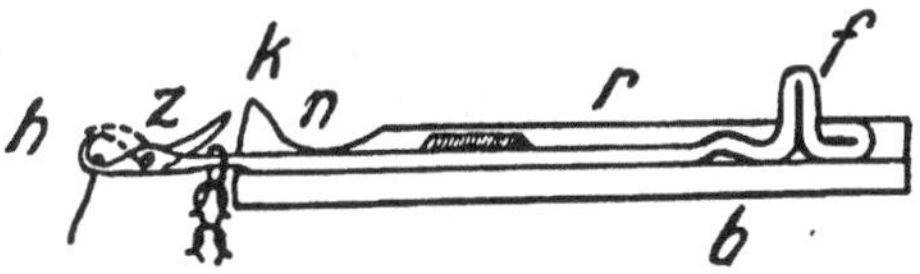

Abb. 38.
Herstellung von Kulierware mit Zungennadeln

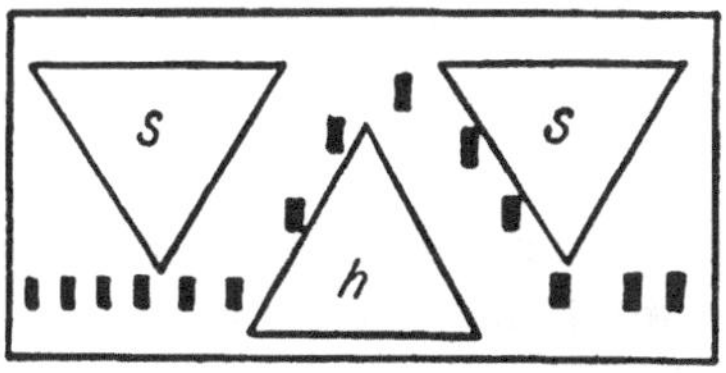

Abb. 39. Das Schloß.

Nadelbettes b verschiebbaren Nadeln n. Die bereits fertiggestellte Ware hängt zunächst hinter den Zungen z auf den Nadelschäften vor den Platinen des Abschlagkammes k.

Die Nadeln werden an ihren Füßen f in das Bett zurückgezogen; die fertigen Maschen finden am Abschlagkamm nur Widerlagen, legen die Nadelzungen infolgedessen nach vorwärts in die gepunktete Lage, die

Abb. 40. Zweikopfzungennadeln.

Nadelhaken schließend, und gleiten dabei über die Nadelköpfe und die eingeschlossenen Schleifen, die sich beim Rückgang der Nadeln mit Hilfe der Platinen des Abschlagkammes gebildet haben. Die Fadenschleifen werden hierbei zu neuen Maschen.

Die Nadeln gehen hierauf wieder vor; die in ihren noch geschlossenen Haken hängenden Maschen schlagen die Zungen z infolge Zurückbleibens der Ware nach rückwärts um und gleiten schließlich über die Zungen auf die Nadelschäfte, und das Spiel beginnt von neuem.

Die Auf- und Abbewegung der Nadeln mit Hilfe der Füße f besorgt das „Schloß“ mit dem Nadelheber h und dem Nadelsenker s (Abb. 39).

Außer den beschriebenen Einkopfzungennadeln gibt es auch Zweikopfzungennadeln mit einem Haken an jedem Ende (Abb. 40).

Sie werden von Platinen p einerseits geschoben, anderseits gezogen. Sie können die Maschen entweder immer in der gleichen Richtung, also über die gleichen Köpfe abschlagen (wie die Haken- und die Einkopfzungennadeln), oder einmal nach links, einmal nach rechts, abwechselnd über den einen oder anderen Kopf, wobei die Platinen wechselweise aus- und eingekuppelt werden; die Masche wandert beim Abschlagen auf den Nadelschäften von einem Kopf zum andern.

Abb. 41.
Glatte Kulierware.

Abb. 42.
Rechte Linke
Warenseite.

Glatte Kulierware entsteht, wenn eine Reihe Hakennadeln oder Einkopfzungennadeln arbeitet, oder wenn Zweikopfzungennadeln stets über denselben Kopf abschlagen (Abb. 41). Dabei entstehen 2 verschiedene Seiten (Abb. 42).

Abb. 43.
Links- u. Linksware

Abb. 44.
Rechts- und Rechtsware.

Links- und Linksware entsteht, wenn Zweikopfzungennadeln wechselweise über den einen oder anderen Kopf abschlagen (Abb. 43). Dabei entstehen 2 gleiche Warenseiten.

Rechts- und Rechtsware entsteht, wenn der Faden 2 Nadelreihen vorgelegt wird, von denen die eine die Fadenhenkel nach rechts, die andere nach links abschlägt. Auch hierbei entstehen 2 gleiche Warenseiten (Abb. 44). Infolge ihrer großen Elastizität werden solche Waren besonders als Randstücke von Wirkwaren benutzt (Ränderware).

II. Kettenware.

Kettenware entsteht, wenn eine der zu verarbeitenden Fadenzahl entsprechende Zahl von Fadenführern die Wirkfäden nicht nur in der Richtung der Nadelreihe, also quer zu den Nadeln, sondern auch noch durch die Nadeln hindurchführen (Abb. 45).

Die Platinen p haben hier nur einen Vorsprung, da sie nicht zu kuliren brauchen. Zwischen je zwei Hakennadeln h befindet sich unter einem Winkel von 45° eine Lochnadel l (Abb. 46a). Die Lochnadeln werden von einer Schiene getragen; durch ihr Loch läuft je ein Kettfaden f, f_1, f_2; mit ihm führen sie die zur Schleifenbildung erforderlichen Legungen aus: Während das fertige Gewirk w von der Platine

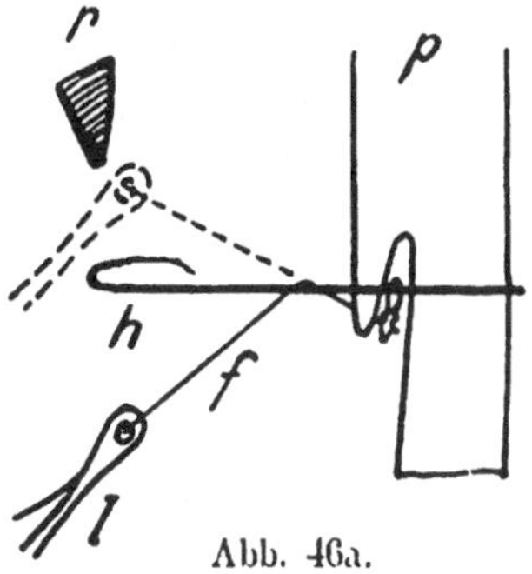

Abb. 46a.

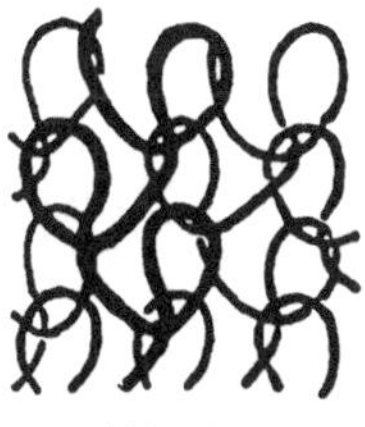

Abb. 45.
Kettenwirkware.

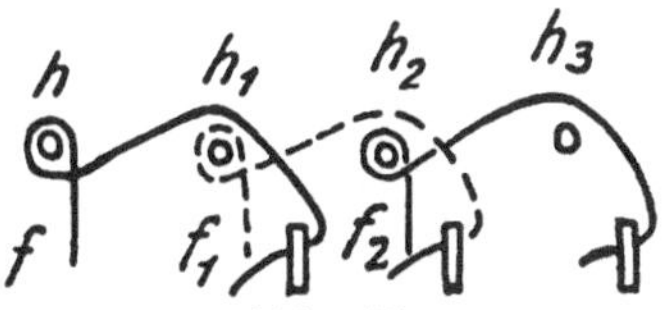

Abb. 46b.
Abb. 46.
Herstellung von Kettenwirkware.

vorläufig festgehalten wird, werden sämtliche Lochnadeln l, l_1, l_2 gehoben, über den Hakennadeln h um eine Nadelteilung nach links verschoben, darauf gesenkt, unterhalb der Nadeln um eine Nadelteilung nach rechts verschoben und dann wieder gehoben (Abb. 46 b). Jetzt hängt auf jeder Hakennadel vor den Platinen eine Schleife. Die Platine schiebt sich nach vorne und dabei die Schleife in den Haken. Die Presse r schließt den Haken und die Platine schlägt ab wie bei der Kulierware.

Im Gegensatz zu den geschnittenen Waren, die aus Wirkware geschnitten und an den Schnittkanten zusammengenäht werden

(Handschuhe), erhalten die regulären Waren ihre Form bereits auf dem Wirkstuhl, und zwar bei ganzregulären gebrauchsfertig (nahtlos), bei halbregulären so, daß sie nur noch an den Kanten zusammengenäht werden müssen.

Das Formen des Warenstücks auf der Maschine geschieht durch

1. Fester- und Lockererstricken mit Hilfe verschieden langer Fadenhenkel.

2. Mindern und Weitern (Ausdecken) der Maschenzahl durch Verhängen der Maschen mittels Decknadeln; diese werden zur Aufnahme oder Abgabe der Maschen auf die Köpfe der Stuhlnadeln aufgelegt und führen nachher eine Versatzbewegung in Richtung der Nadelfontur aus.

3. Beutelartiges Ausbauchen durch vorübergehende Zuweisung von mehr Maschenreihen an einen Teil der Nadelfontur (Ferse und Spitze bei Strümpfen).

Verstärkte Ware entsteht durch Mitlaufen eines zweiten Fadens. So werden kunstseidene Strümpfe an den besonders beanspruchten Stellen (Ferse, Spitze) durch Baumwollgarn verstärkt, wenn nicht überhaupt die Kunstseide durch Baumwolle ersetzt wird.

Wirkmaschinen.

A. Kulierstuhl

als Handstuhl 1589 von William Lee in Cambridge erfunden, heute als Flach- und seit etwa 1900 als Rundstuhl gebaut.

I. Die flachen Kulierstühle.

Sie arbeiten mit 1 oder 2 Nadelreihen.

1. Mit 1 Reihe Hakennadeln.

Dieser Wirkstuhl wurde 1860 erfunden und von Arthur Paget in Loughborough mit wagrechten und von Cotton in Altenborough mit aufrechten Nadeln versehen. Die ganze Nadelreihe gliedert sich in „Fonturen“, die mit je einem Fadenführer ein Warenstück arbeiten. Abb. 47 zeigt einen Cottonstuhl. Die auf dieser Maschine hergestellten Warenstücke sind flach und müssen mit den Rändern zusammengenäht (gekettelt) werden. Die Maschen der zu verbindenden Ränder werden auf die Nadeln eines Nadelkranzes aufgestoßen. Der zum Ketteln dienende Faden wickelt sich von der Spule über der Maschine ab. S. Musterbeilage 1.

2. Mit 2 sich kreuzenden Reihen Hakennadeln.

Dieser Wirkstuhl heißt Flachränderwirkstuhl. Man unterscheidet zwischen den Stuhlnadeln, auf denen der Faden zunächst kuliert wird, und den Maschinennadeln.

3. Mit 2 Reihen Zungennadeln.

Dieser Wirkstuhl heißt gewöhnlich Lambsche Strickmaschine. Die Nadelbetten

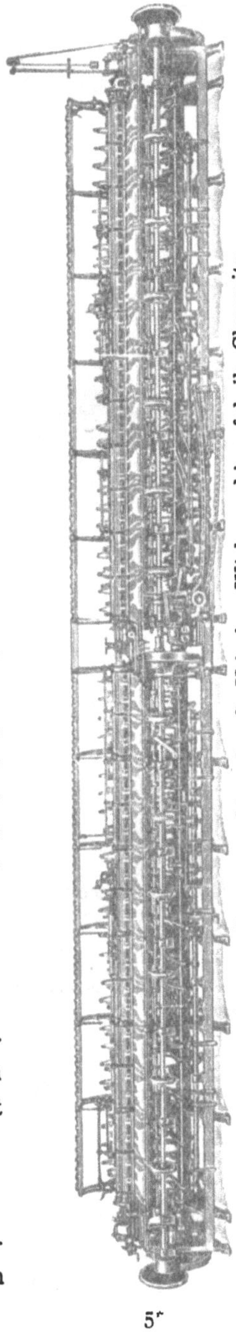

Abb. 47. Cottonmaschine der G. Hilscher Wirkmaschinenfabrik, Chemnitz

der beiden Nadelreihen sind dachartig gegeneinander geneigt. Über jedem Nadelbett erteilt ein Schloß bei seiner Längsbewegung eine vor- und rückwärts gehende Bewegung. Mit dem Schloß bewegt sich auch der Fadenführer über den Nadeln hin und her. Im höchsten Stande

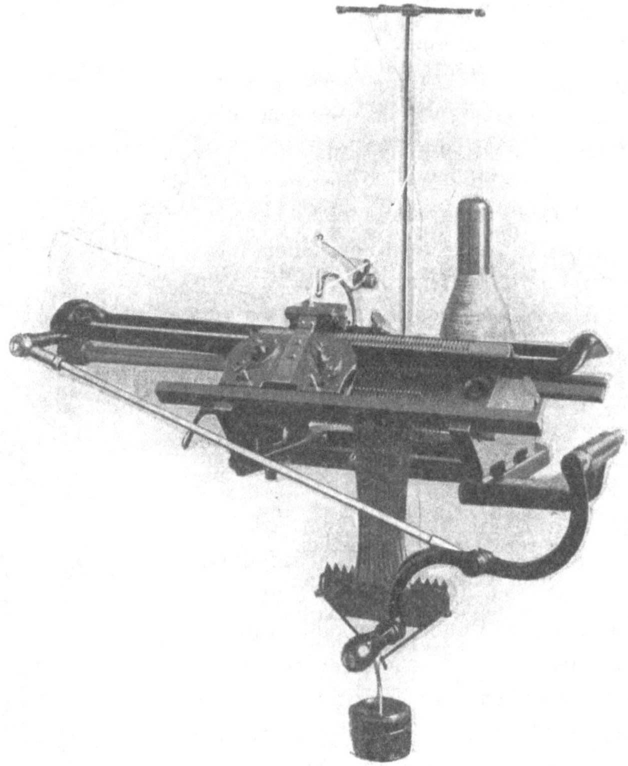

Abb. 48. Lambsche Strickmaschine der Seyferth & Donner Strickmaschinenfabrik, Chemnitz

erfassen die Nadeln den zugeleiteten Faden und verarbeiten ihn beim Niedergehen zu Maschen (Abb. 48).

II. Die Rundkulierstühle.

1. Mit 1 Reihe Hakennadeln.

a) Der französische Rundwirkstuhl (Abb. 49).

Dieser Wirkstuhl arbeitet mit einer Reihe wagrecht liegender Hakennadeln. Sie sitzen radial mit dem Kopf nach außen und mit den Haken nach oben auf einem Kreisring; mit diesem drehen sie sich an dem Fadenzubringer und den Platinen vorbei. Über dem drehbaren Kreisring ist auf der hängenden Achse eine Scheibe aufgekeilt, die das „System" trägt. Das System besteht aus

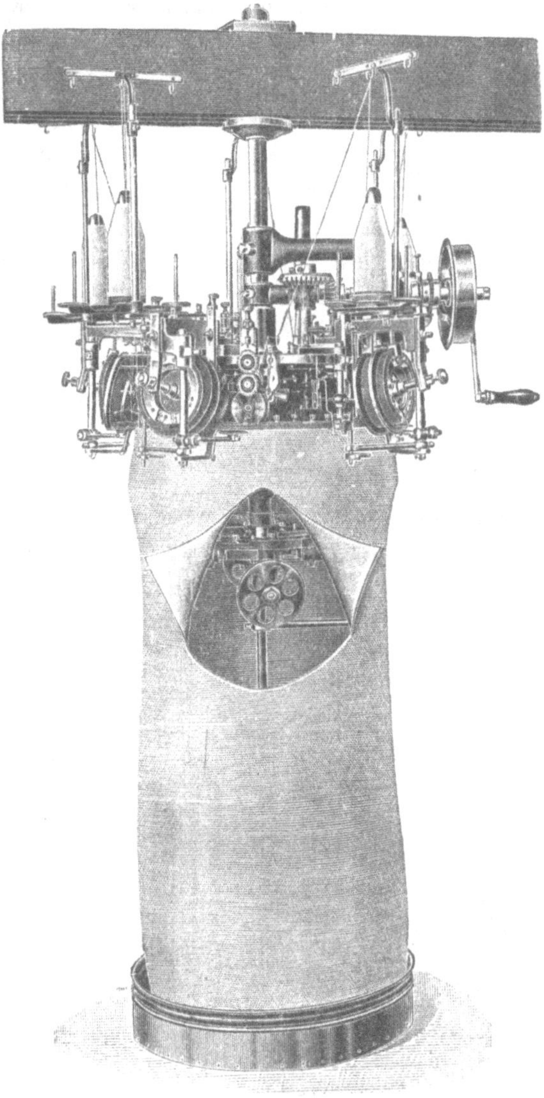

Abb. 49. Rundmaschine der
C. A. Roscher Söhne, Mittweida.

Fadenzubringer (Regulator),
Maschenrad (Mailleuse) zum Schleifenbilden (Kulieren),
Preßrad zum Niederpressen der Nadelhaken,

Platinenstäbchen zum Auftragen der fertigen Ware auf die niedergedrückten Haken und Abschlagen über die Nadelköpfe,

Rückstreicheisen oder Rückstreichrad zum sicheren Abwärtsdrängen und Abstreifen etwa noch auf den Nadeln zurückgebliebener Maschen.

Im Gegensatz zu der Altsystem- oder kleinen liegt bei der Neusystem- oder großen (Stuttgarter) Mailleuse das Preßrad in der Mailleuse selbst zwischen den Platinenköpfen. Infolgedessen können die Platinen die Fadenschleifen bis zum Abschlagen halten, was bei harten, scharf gedrehten Garnen von Wichtigkeit ist; ihre Fadenschleifen werfen sich leicht und springen zurück. Die Neusystem-Mailleusen beanspruchen auch einen kleineren Teil des Stuhlumfanges, so daß ein Stuhl bis 20 Systeme aufnehmen, also bei einer Umdrehung 20 Maschenreihen bilden kann. S. Musterbeilage Nr. 2.

b) Der deutsche Rundstuhl.

Dieser Rundstuhl wird von Schubert & Salzer, Maschinenfabrik A.-G. in Chemnitz, ausgeführt. Er hat an Stelle des Maschen-

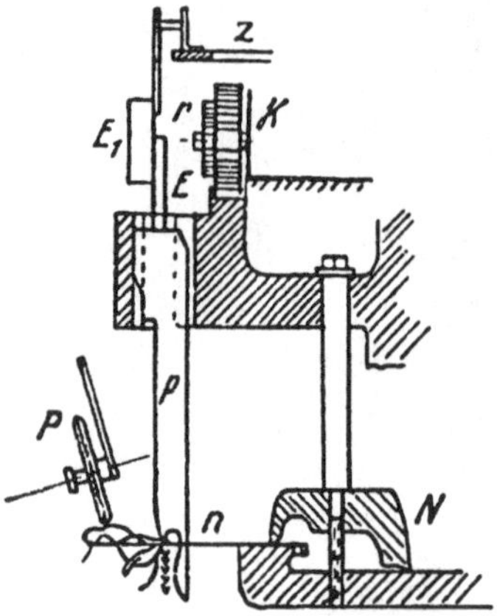

Abb 50. Deutscher Rundstuhl.

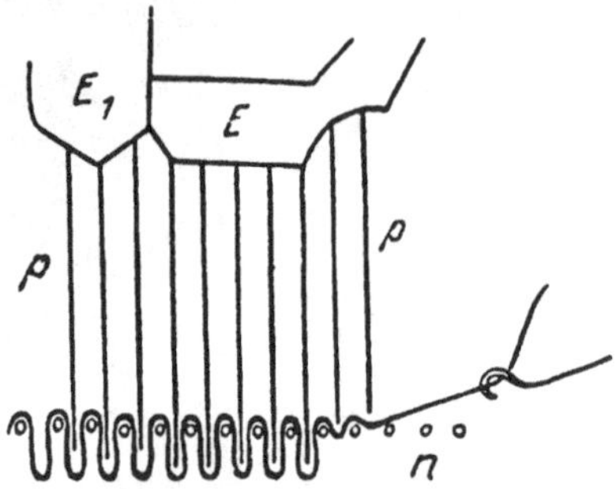

Abb. 51. Deutscher Rundstuhl.

rades und der nur auf einen kleinen Teil des Nadelrings beschränkten Platinen die Platinen vollbesetzt auf dem ganzen Umfang und mit dem Nadelkranz N umlaufend. Diese Platinen p (Abb. 50 und 51) sind wie beim Pagetstuhl oberhalb der wagrechten Nadeln eingesetzt. Sie sind zwischen den Nadeln n zum Zwecke der Schleifenbildung auf- und abwärts, sowie vor- und rückwärts verschiebbar.

Der Kulierexzenter (Rössel) besteht aus 2 Teilen: E zum Kulieren, E_1 zum Nachkulieren. Damit E möglichst steil stehen kann, stehen die Platinen p nicht lotrecht zwischen den Nadeln n, sondern etwas schräg, unten nach rechts geneigt. Durch die Form der Kuliernase kommt diese nach der Vollendung der Fadenschleife unterhalb der Nadeln zu stehen; die elastischen Nadeln können seitlich ausweichen und es lassen sich Fadenstärken verarbeiten, die ziemlich die Hälfte der Nadellücke ausfüllen. Durch eine Zentralstellung z lassen sich sämtliche Kulirexzenter an einer Stellschraube einstellen, ebenso zugleich die über dem Zahnkranz K befindlichen Fadenregler r so, daß man mit einem Griff von loser auf dichte Ware übergehen kann.

Die Platinen kulieren nicht nur, sondern sie schließen auch ein und schlagen ab; daher kann jedes Warenstück ohne Vorbereitung angefangen werden. Das Preßrad P ist frei über den Nadeln n eingestellt.

c) Der englische Rundwirkstuhl.

Dieser Wirkstuhl arbeitet mit einer Reihe aufrecht stehender Hakennadeln. Sie stehen auf dem Kopf eines drehbaren Zylinders mit nach außen stehenden Haken.

Die Rundstrickmaschinen vermögen auf dreierlei Art dem Warenstück die gewünschte Form zu geben (s. S. 66).

Nach dem dritten Verfahren — Ausrücken (oder Einrücken) einzelner Nadeln — arbeiten die selbsttätigen Strumpfstrickmaschinen (Automaten). Für die schlauchförmigen Teile des nahtlosen Strumpfes (Länge L und Fuß F) arbeiten alle Nadeln des Zylinders, für die Teile mit veränderlicher Maschenzahl (Ferse f und Spitze s) nur eine Hälfte der Nadeln (Abb. 52 und 53).

Abb. 54 zeigt den „Ideal"-Rundstrickautomaten Modell A der G. Hilscher Wirkmaschinenfabrik in Chemnitz. Er arbeitet mit umlaufendem Nadelzylinder und feststehenden Schloßteilen.

Die Standardmaschine hat einzeln bewegliche Zungennadeln. Der Schloßmantel läuft für die Bildung der schlauchförmigen Warenstücke im Kreise herum und geht für Ferse und Spitze in eine schwingende Bewegung mit veränderlicher Schwingweite über.

Frauenstrümpfe (Abb. 53) werden in ununterbrochener Folge zusammenhängend gearbeitet und dann auseinandergeschnitten. Der Doppelrand wird auf einer Overlocknähmaschine gesäumt.

2. Mit 2 Nadelreihen.

Derartige Rundwirkmaschinen heißen Rundränderwirkstühle (vgl. S. 67). Sie dienen zur Herstellung von Rändern (Abb. 52 r).

Die Ränder werden auf einem Aufstoßapparat aufgestoßen und von diesem auf die Strickmaschine übertragen.

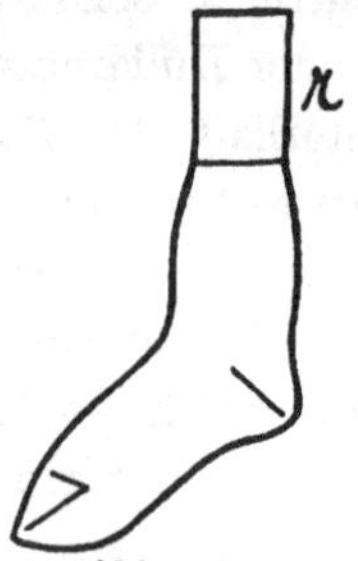

Abb. 52.
Herrensocke.

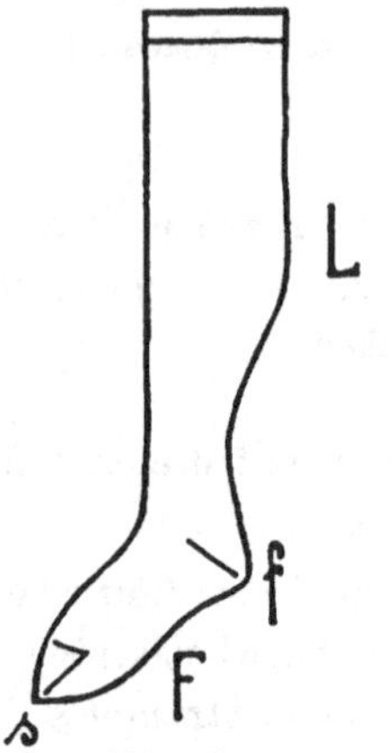

Abb. 53.
Damenstrumpf.

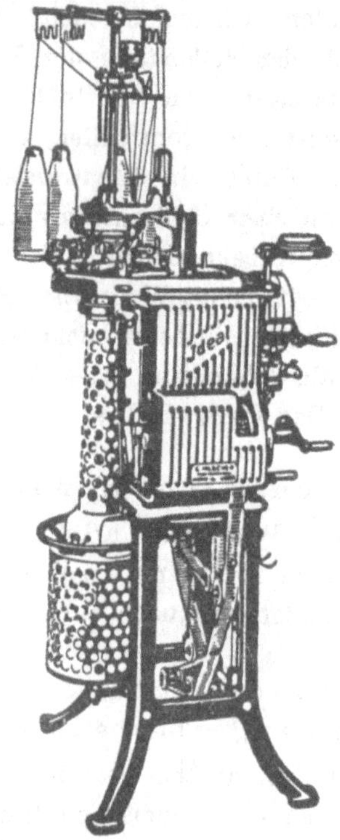

Abb. 54. Rundkulierstuhl von G. Hilscher, Wirkmaschinenfabrik, Chemnitz.

B. Kettenstuhl

als Handstuhl nur noch selten, höchstens zum Mustermachen gebraucht.

I. Die flachen Kettenstühle.

1. Mit Hakennadeln.

Diese sitzen in einer Reihe fest in einer Nadelbarre und werden mit den Kettfäden durch Lochnadeln belegt. Alle Lochnadeln sitzen ebenfalls fest in einer Schiene (Lochnadelmaschine). Die Lochnadelmaschine wird in der Richtung der Nadelreihe durch Stufenscheiben (Schneidräder) oder auch bei verschiedenartigen Legungen durch Musterketten oder Jacquardmaschinen bewegt (Abb. 55). Hat der Versatz in der einen Richtung sein Höchstmaß erreicht, so wandern die Lochnadelmaschinen zurück. So entstehen in der Ware sog. Umkehrreihen.

Die halbautomatische Jacquardmaschine Modell XXI h m der Strickmaschinenfabrik Seyferth & Donner in Chemnitz dient für Muster in 2—5 Farben. Ein Pappkarton-Jacquardapparat betätigt die Fadenführer, wendet die Jacquardwalze und setzt die Maschine außer Tätigkeit nach einer gewünschten Tourenzahl. Die Maschine bleibt bei Fadenbruch, Faden-

Abb. 55. Jacquardmaschine der Seyferth & Donner Strickmaschinenfabrik, Chemnitz.

ablauf von der Spule, Knoten und Hängenbleiben des Fadens an der Spule stehen. Sie wird von einem besonderen Motor angetrieben.

Ohne Lochnadelmaschine und Umkehrreihen arbeitet der Diagonalketten- oder Milanesestuhl für Handschuhatlas. S. Musterbeilage Nr. 4 und 5.

2. Mit Zungennadeln.

Die Raschel-, Rachel- (nach der Schauspielerin Rachel) oder Polkamaschine (Abb. 56) hat im allgemeinen 2 parallele, auf sich

Abb. 56. Raschelmaschine der Biernatzki & Co. Maschinenfabrik, Chemnitz.

auf und ab bewegenden Nadelbarren stehende Nadelreihen. Mehrere Lochnadelmaschinen legen die Fäden ein.

II. Der Rundkettenstuhl.

Er soll Kettenware ohne Umkehrreihe herstellen, wird aber nur ausnahmsweise angewandt, z. B. für Gasglühlichtstrümpfe; er arbeitet mit Zungennadeln; diese bewegen sich auf dem Mantel eines Zylinders axial auf und ab und empfangen dabei ihre Fäden durch Lochnadeln oder gelochte Ringschienen (D. R. P. 100 486 und 155 578).

Warenmusterung.

I. In glatter Kulierware.

1. Farbmuster.

a) Ringelware: Verschiedenfarbige Fäden kommen abwechselnd nach einer gewissen Anzahl Maschenreihen zur Verwendung.

b) Langstreifen: Verschiedenfarbige Fäden werden je über eine gewisse Anzahl Nadeln kuliert.

c) Jacquardmuster: Eine Mustermaschine rückt die einzelnen Fadenführer mit verschiedenfarbigen Fäden nach Bedarf aus und ein.

d) Unterlegte Farbmuster: 2 verschiedenfarbige Fäden werden abwechselnd über und unter mehrere Nadeln gelegt so, daß der eine da oben liegt, wo der andere unten liegt.

e) Plattierte Ware: 2 verschiedenfarbige oder auch verschiedenartige (Baumwolle und Kunstseide) Fäden werden den Nadeln gleichzeitig so vorgelegt, daß der eine vorn, der andere hinten auf den Nadelschaft zu liegen kommt. Der hintere (wertvollere) kommt nach dem Abschlagen auf die Vorderseite der Ware.

f) Umlegemuster (Punkt- oder Stickmuster): Nachdem eine Maschenreihe auf allen Nadeln gebildet ist, machen einzelne Nadeln mit farbigen Fäden noch Sondermaschen; dann folgt wieder eine Grundmaschenreihe.

2. Oberflächenveränderung.

a) Futterware: Ein Sonderfaden wird so auf die Nadelschäfte und vor die auf ihnen hängenden Maschen gelegt, daß er in gewissen Abständen nur je über 1 Nadel, sonst aber unter die Nadeln zu liegen kommt. Die flottenden Futterfäden können nachträglich aufgerauht werden; man kann sie auch vorher zerschneiden.

b) Eingekämmte (Pelz-) Ware: Zwischen 2 Maschenreihenbildungen wird ein Faservlies in die Nadeln eingeschlagen und bei der folgenden Maschenbildung mit eingebunden.

c) Plüsch: Ein Sonderfaden wird über die Nadelschäfte gelegt, zu langen Henkeln kuliert und über die Fadenhenkel des eigentlichen Wirkfadens abgeschlagen. Die langen Schlingen können aufgerauht oder zerschnitten werden.

3. Kuliermuster.

a) Preßmuster: Die Preßmaschine preßt nicht alle Nadelhaken gleichzeitig zu, sondern läßt einige offen; auf diesen werden daher die fertigen Maschen nicht abgeschlagen, sondern häufen sich etwa zu 3—8 bis zu dem Zeitpunkt, wo sie ebenfalls gepreßt und von der neuen Masche aufgenommen werden. Hierdurch entstehen Erhöhungen in der Ware (Noppen).

b) Petinet-, Stech- oder A-jour-Muster: Einzelne Maschen werden von dem sog. Verdrängrad oder von Deck (Petinet) nadeln von ihren Nadeln weg auf Nachbarnadeln gehängt; dadurch entstehen Lücken oder Durchbrechungen in der Ware. S. Musterbeilage Nr. 3.

c) Deckmuster: Nicht die Nadelmaschen wie unter b werden durch Decknadeln verhängt, sondern die unteren Verbindungsstege zwischen 2 Nadeln, die Platinenmaschen.

d) Werfmuster: Gewisse Maschen werden nur zur Hälfte verhängt so, daß die eine Nadel eine halbe, die Nachbarmasche einundeinehalbe Masche trägt. Die entstehenden kleinen Lücken in der Ware ergeben das Muster.

II. In Kettenware.

A. Glatte Ware (ohne besondere Hilfsmaschinen gearbeitet).

1. Dichte Ware: In jeder Reihe haben die nebeneinander liegenden Maschen auch seitliche Verbindung.

a) mit einer Lochnadelmaschine gearbeitet: Halber einfacher Trikot, einlegiger Atlas (zu Sommerhandschuhen), Kettentuch und englisches Leder. S. Musterbeilage Nr. 4.

b) mit mehreren Maschinen gearbeitet: Einfacher, Atlas-, Doppel-Trikot, Futtertuch, Trikot mit Futter, Atlas mit Futter, Plüsch und Samt.

2. Durchbrochene Ware: Bisweilen fehlen die seitlichen Verbindungen zweier Nachbarmaschen.

a) Mit einer Maschine gearbeitet: Häkelfilet.

b) Mit 2 Maschinen gearbeitet: Gewöhnlicher Filet (kleiner Spitzengrund), Schuß- und Echt-Filet. S. Musterbeilage Nr. 6.

B. Gemusterte Ware (mit einer Hilfsmaschine gearbeitet).

a) Preßmuster: S. I. 3. a.

b) Raschelmuster: Eine Leiter (Lochnadelmaschine) arbeitet die Grundbindung, die übrigen die Figuren.

c) Jacquardware: Durch einen Jacquard werden die die Kettfäden führenden Lochnadeln nach der Seite gedrängt; dadurch entstehen in dem einfachen Trikot oder in dem gewöhnlichen Filet gemusterte Durchbrechungen (Tatting- oder Guipuremuster für Spitzen, Vorhänge, Decken u. dergl.).

II. Kapok (malayisch „Baum").

Die Faserpflanze.

Der Kapokbaum gehört botanisch zur Familie der Bombaceen, die mit den Malven verwandt sind. Er wächst in Afrika, Ostindien und auf den Sundainseln und wird 10—20 m hoch (Z. ges. T. **1919**, 345). Unter dem Namen Kapok gehen aber auch die Akonfasern des Calotropisstrauches, die sog. Pflanzenseide. Sie stammen von den tropischen schlingpflanzenartigen Asklepiadeen.

Die Fasergewinnung.

Die Fasern werden ähnlich wie Baumwolle geerntet.

Wirtschaftliches.

Im Jahre 1911 wurden 70000 Ballen Kapok geerntet und in Deutschland 2600 Ballen versponnen.

Physikalisches Verhalten.

Das Haar ist 10—30 mm lang und 20—45 μ dick. Die Akonfasern sind 50 mm lang und 20—90 μ dick. Die Faser ist seidenweich und glänzend und hat keine schraubenförmigen Windungen. Sie hat in ihrem großen Lumen viel Luft und läßt sich daher nur schwer netzen.

Chemisches Verhalten.

Die Faser ist teilweise verholzt; der Cellulosegehalt beträgt nur etwa 64%. Der natürliche Farbstoff ist nur schwer zu bleichen. Zum Unterschied von Baumwolle färbt sich Kapok mit Zinkchloridjod nur gelb statt blau; ferner mit einer Lösung von Fuchsin in 3000 Tl. Alkohol und 3000 Tl. Wasser rot, während Baumwolle fast farblos bleibt (L. Färb.-Ztg. **1914**, 185).

Verarbeitung.

Die erwähnten physikalischen Eigenschaften vereitelten alle Versuche, die Faser zu spinnen, bis es gelang, durch Behandlung mit Lösungsmitteln wie Alkohol, Äther, Aceton, Schwefelkohlenstoff, Benzol, Türkischrotöl (bei 60—100°), Glycerin oder mit Leimlösungen nach D. R. P. 230142 (L. Färb.-Ztg. **1916**, 368) die Faser — zunächst mit Baumwolle zusammen und darauf auch allein zu Streichgarn — zu verspinnen. Offenbar wird durch die Behandlung mit den genannten Lösungsmitteln der Kapokfaser die Wachsschicht entzogen, die die Oberfläche glatt und gleitend macht. Auch durch Tränken mit Magnesiumchlorid nach D. R. P. 338 437 von P. Krais und K. Biltz in Dresden soll die Faser spinnbarer werden.

Die Wachsschicht ist auch schuld daran, daß sich Kapok außerordentlich schwer mit Wasser netzt. Man füllt daher Rettungsgürtel und Schwimmwesten damit.

Aus Kapok gewebter Plüsch übertrifft an Glanz den Baumwoll- und Leinenplüsch.

Die Akonfasern dienen als Polsterungsstoff, aber auch zu künstlichen Blumen.

III. Einheimische Fasern als Baumwollersatz.

(Färberkalender 1919, 25; L. Diels, Ersatzstoffe aus dem Pflanzenreich, Stuttgart, 1918.)

In Zeiten der Baumwollnot taucht die Frage nach Ersatzfasern auf. Es gibt keine Faser, die die Baumwolle ersetzen könnte, was Spinnbarkeit anbelangt. Wohl aber kann Watte und Polsterungsstoff ebensowohl aus anderen Samenhaaren gewonnen werden. Solche Ersatzfasern haben schon lange die Aufmerksamkeit von Wissenschaft und Technik auf sich gelenkt. In dem mikrophotographischen Atlas der technisch wichtigen Faserstoffe von A. Herzog, München 1908, sind sie zum großen Teil abgebildet.

a) Monokotyle:

Der Rohrkolben oder Kolbenschilf (Typha) trägt zwischen den Früchten viele lange Haare. Sie sind nur schwach verholzt, von geringem Querschnitt und lassen häufig warzige Vorsprünge der Zellwand unter dem Mikroskop erkennen. Diese Vorsprünge befähigen die Faser zur Verfilzung mit tierischen Haaren. Mit 2 Tl. Hasenhaaren ist die Faser seit dem 18. Jahrhundert zu Hüten verfilzt worden. Sie dient heute auch zum Stopfen von Kissen und zur Herstellung von Lazarettbinden. Sie wird nach dem D. R. P. 298 369 von H. Zietz in Dresden mit alkalischer Lauge behandelt, wobei sich die Fruchtwolle zu einem Strang zusammenballt.

Seegras (Zostera marina) und Posidonia oceanica dienen schon lange zum Einpacken von Glaswaren und zum Stopfen von Kissen und Matratzen.

Wollgras (Eriophorum latifolium) besteht aus 4 cm langen, vielzelligen Haaren von ähnlichem Verhalten wie Rohrkolbenwolle.

b) Dikotyle:

Pappel (Populus) und Weide (Salix, hauptsächlich s. pentandra, die sog. Baumwollweide) haben einzellige, höchstens 3½ cm lange und 24 μ dicke Samenhaare. Unter dem Mikroskop zeigen sie an der Basis eine Verbreiterung und knieförmige Umbiegung.

Distel (Cirsium) und Löwenzahn (taraxum officinale).

Die schlechte Spinnbarkeit der genannten Samenhaare erklärt sich aus ihrer ungeeigneten „Spinnstruktur". O. Johannsen hat diesen Begriff zuerst geprägt (Mitt. d. Deutschen Forsch.-Inst. f. Textilind. in Reutlingen **1919**, *2*; 47). Die Spinnstruktur beruht auf drei Faktoren, zwei mechanischen: der Festigkeit und der weit wichtigeren Schmiegsamkeit (gemessen durch das „Drehmoment") und einem morphologischen: den „Spinnsporen", d. h. einem gewissen Rauhigkeitsgrad, vermöge dessen die gedrehten Fasern aneinander „haften". Als weiteres wesentliches Moment, z. B. bei der Verspinnung der Nesselfaser, ist von W. Schulz (Deutsche Faserst. und Spinnpfl. **1921**, *21*; D. R. P. 316 578 der Zschopauer Baumwollspinnerei A.-G.; D. R. P. 350 557 von Elster in Adorf) der Feuchtigkeitsgehalt betont worden. (Vergl. auch S. 1.)

b. Die Bastfasern.

Die Bastfasern liegen im Stengel der Pflanze zwischen Holz und Rinde.

I. Dikotyle.

1. Flachs.

Die Flachspflanze.

Die Stammpflanze heißt linum usitatissimum und gedeiht in der gemäßigten Zone. Wärmere Gegenden liefern viel Samen, aber schlechten Bast. Die Pflanze ist einjährig und wird bis zu 1 m hoch. Aus den himmelblauen Blüten entwickeln sich zur Reifezeit 5—10fächerige, erbsengroße, kugelige Samenkapseln mit den rotbraunen, glänzenden Leinsamen.

In Holland und Belgien übt man das „Ländern", d. h. man zwingt die junge Pflanze durch auf den Acker geschichtetes Reisig oder kreuzweise gespannte Schnüre hindurchzuwachsen. Der hoch aufschießende, unverästelte Stengel ergibt den wegen seiner langen und feinen Faser berühmten gestäbelten Flachs („lin rame") (Abb. 57 und 58).

Gewinnung des Flachses:

Sobald die unteren Stengelblätter anfangen, gelb zu werden, zur Zeit der „Gelbreife" (A. Herzog, Faserforschung **1921**, 147 und Deutsche Faserstoffe **1922**, 4), werden die Stengel mit der Wurzel ausgerauft. Die Samenkapseln dürfen dann erst gerade anfangen, von Grün in Braun überzugehen; dann sind die Fasern noch nicht verholzt. Um aber auch die Samen von zur Fasergewinnung bestimmten Pflanzen in möglichster Güte zu erhalten, läßt man die ausgerauften Stengel auf dem Felde zu Garben vereinigt nachreifen.

Die nun folgenden Gewinnungsarbeiten sollen die Faser von den Fremdstoffen befreien.

Die dabei gebräuchlichen Maschinen waren in der Ausstellung der deutschen Bastfaserindustrie in Sorau (T. **1922**, 317) vertreten.

a) Das Riffeln oder Reffen. Die Stengel werden durch den eisernen Riffelkamm gezogen. Dabei werden Seitenzweige, Blätter und Samen abgerissen. Letztere werden zur Ölbereitung gesammelt und das zur Herstellung von Ölfarben und Firnissen unentbehrliche Leinöl daraus hergestellt. Das zurückbleibende „F l a c h s s t r o h" besteht nun aus Rinde, 20—27% Bast, Splint, Holzkern und Markröhre.

Firnis erhält man durch Kochen von Leinöl mit Bleiglätte (PbO); wird ein Gewebe mit einer solchen Firnisschicht überzogen, dann bemalt, bedruckt und lackiert, so erhält man Wachstuch. Mischt man einen solchen Firnis mit Korkmehl (zur Erzielung von Elastizität) oder Sägemehl, ferner Kolophonium (zur Bindung) oder Kopalharz, schließlich Erdfarben wie Bleiglätte, Eisenoxydrot, Chromgrün, Ruß und Lithopone, so erhält man nach entsprechender Verarbeitung Linoleum (1863 von Walton erfunden).

Abb. 57. Flachs zur Fasergewinnung.

b) Das R o t t e n oder Rösten bezweckt die Zerstörung der in Holzbildung begriffenen Splintschicht, die den Bastschlauch mit dem Holzkern verbindet, durch Faulung.

Abb. 58. Flachs zur Samengewinnung.

Das Faulen kann auf natürlichem oder künstlichem Wege eingeleitet werden.

Zu den n a t ü r l i c h e n , im landwirtschaftlichen Betrieb durchgeführten Rotten gehören die Kaltwasser-, die Tau- und die gemischte Rotte; zu den künstlichen oder Fabriksrotten die Warmwasser-, die Heißwasser- und die chemische Rotte.

Die natürlichen Rotten und die Warmwasserrotte beruhen auf einen G ä r u n g s v o r g a n g , der durch aus der Luft stammende oder mit altem Röstwasser zugesetzte Bakterien bewirkt wird. Über die dabei wirksamen Bakterien haben u. a. K. S t ö r m e r (Ztrlbl. Bakt. **13**, 13 und 306), R o s s i - P o r t i c i (Österreich. Wollen- und Leinenind. **1908**, 641, 1409) sowie F. T o b l e r und D. C a r b o n e (Faserforschung **1922**, 163) gearbeitet. G. R u s c h m a n n hat in seinen „Grundlagen der Röste", herausgegeben von F. T o b l e r , Leipzig, 1923 eine Übersicht über das ganze Gebiet gegeben. Eine Abbildung des Röstbazillus „Plectridium pectinovorum" findet sich in (Text Forsch. **1920**, 26) R u s c h m a n n (Dtsch. Leinen-Ind. **1924**, 360; T. **1924**, 754) hält für den Erreger der gewöhnlichen anaeroben Röste nicht den Bac. felsineus Carbones, sondern Bac. amylobacter und (seltener) Bac. asterosporus.

Die Kaltwasserrotte geschieht von April bis Oktober in besonders ausgehobenen Lehmgruben oder in fließendem Wasser. In Belgien benutzt man das langsam fließende, weiche Wasser der Lys. 1200—1500 kg der durch Stroh zusammengehaltenen Bündel werden in einer Hürde senkrecht zusammengeschichtet und die gefüllte Hürde ins Wasser gestoßen. Durch Belasten mit Steinen begegnet man dem Auftrieb infolge der Fäulnisgase. Die Gärung ist zunächst sauer und stürmisch, dann alkalisch und ruhig. Nach 5—20 Tagen, je nach der Temperatur, werden die gelblich gewordenen Bündel aus der Hürde genommen und am Ufer niedergesetzt. Zur vollkommenen Trocknung werden die Puppen öfters gewendet und schließlich in mächtigen Schobern zusammengestellt, wo sie der weiteren Verarbeitung harren. Die Ausbeute an Röstflachs beträgt etwa 73% des Flachsstrohs. Der russische Motschenetzflachs ist wassergeröstet.

Die Tauröste dauert länger, bis zu 8 Wochen. Die Stengel bleiben solange auf der Wiese ausgebreitet, bis sich der Bast willig vom Stengel löst. Das feuchte warme Klima Irlands eignet sich besonders für die Tauröste. Der russische Slanetzflachs ist auch taugeröstet.

Die gemischte Röste röstet zunächst im Wasser (sauer), dann auf der Wiese (alkalisch).

Unter den künstlichen Rotten ist die wichtigste die Warmwasserröste, auch Schenksche, amerikanische oder Schnellrotte genannt. Sie kürzt das Verfahren ab und beugt der Gefahr des Überröstens vor. Die Bündel werden senkrecht in Bottiche oder gemauerte Gruben gestellt und mittels Dampfschlangen dem Wasser die für die Bakterien günstigste Temperatur erteilt. (Leipz. M. f. Textilind. **1908**, 71). Die Röste ist in 2—3 Tagen beendigt. (F. Tobler, Über Dauer und Verkürzung der Flachröste, T. **1923**, 489).

Die Gärungsrösten verpesten durch ihre stinkenden Abwässer die Umgegend (G. Kränzlin, Faserforschung **1922**, 126). Die Abwässer können chemisch oder bakteriologisch gereinigt werden (A. T. H. Gauge, J. Soc. Chem. Ind. **1922**, 177; T. **1923**, 38).

Von den vielen Verfahren und Patenten zur Verbesserung der Röste seien nur die wichtigsten angeführt:

C. Vansteenkiste befreit nach D. R. P. 178 901 die Stengel vor der eigentlichen Röste durch häufigeres Auslaugen mit warmem Wasser von den wasserlöslichen Bestandteilen. Hierdurch und durch wiederholtes Lüften während des Röstens wird die für die Faser schädliche übelriechende Gärung verhindert.

Pownell quetscht die gerösteten Stengel durch Walzen ab und bewirkt durch diese Befreiung von den schleimigen Stoffen, daß sich Faser und Holz nach dem Trocknen leichter scheiden.

O. Silberrad in Buckhurst Hill (England) macht nach den D. R. P. 264 557 und 265 057 nach dem Rösten die Faser mit Kupfersulfat, Salizylsäure, Ammoniak oder Formaldehyd keimfrei. Dasselbe läßt sich aber durch genügendes Trocknen nach der Röste erreichen.

Nach dem D. R. P. 265 057 von Silberrad werden der Rotte auf Kartoffeln gezüchtete Bakterien, bei Gegenwart von Pepsin, Ammonphosphat und dgl. bei 35—40° zugesetzt.

Camillo Mehlhardt in Starnberg entfernt die wasserlöslichen Bestandteile nach dem D. R. P. 286 270 (L. M. f. T. **1916**, 73) durch Kochen mit Wasser oder fortgesetztes Abspülen in so kurzen Zeiträumen, daß die Gärung nie zur vollen Entwicklung kommen kann. Durch 12—18stündiges Kochen mit 1%iger Soda- oder Potaschelösung werden dann die nicht wasserlöslichen Inkrusten beseitigt. Dagegen bleiben die wertvollen, der Faser Festigkeit und Geschmeidigkeit verleihenden Inkrusten unangegriffen.

M. A. Atkinson in London führt nach D. R. P. 321 521 die Röste in zwei Stufen durch, z. B. 8—24 Stunden bei 37° und dann bei 20—25°.

P. Krais und K. Biltz in Dresden setzen dem Röstwasser nach D. R. P. 332 097 neben 0.5% Kreide kleine Mengen (0,05—0,2%) Bikarbonate zu. Doch stäubt die Kreide bei der weiteren mechanischen Verarbeitung.

P. Krais weicht nach D. R. P. 332 514 das Flachsstroh in 35—40° warmem Wasser ein, läßt das Wasser ablaufen und hält im Dunkeln bei 35—40°. bis die Röste beendet ist.

O. Ochmann in Albendorf führt nach D. R. P. 340 412 das Röstwasser im Kreislauf unter Luftberührung durch Regenfall.

E. Reiche in Berlin erzielt nach D. R. P. 340 799 die Rösttemperatur 35° durch Einleiten von entspanntem Dampf in das Röstgut.

Bei den drei letzten Verfahren wird die Röste leicht ungleichmäßig.

A. Herzog und P. Krais halten nach dem D. R. P. 346 828 das mehrmals erneuerte und langsam zuströmende Röstwasser durch Zusatz von Alkalikarbonat und -bikarbonat neutral oder schwach alkalisch.

Zu den künstlichen Rösten zählen außer der Warmwasserröste noch:

Die Heißwasserröste. Sie behandelt die Bündel in eisernen Zylindern abwechselnd mit Dampf und heißem Wasser, also unter Verzicht auf die Gärung. Diese Art Röste hat sich nirgends eingeführt.

Die chemische Röste nach Baur (D. R. P. 68 807 und 80 023) behandelt die Stengel mit 1%iger Schwefelsäure und danach mit 2%iger Soda, also ebenfalls unter Verzicht auf die Gärung (Ch. Ztg. **1906**, 983). Die Pektose wird durch die Schwefelsäurebehandlung gallertig und läßt sich durch die heiße Sodalösung entfernen. Diese und andere chemische Rösten (D. R. P. 146 956, 199 042, 197 659, 167 712) haben sich im Großbetrieb nicht durchzusetzen vermocht.

Auf Kältewirkung beruht das Verfahren von Bertrand Summers in Port Huron, V. St. A., nach D. R. P. 197 659 (L. M. f. T. **1908**, 172). Die lufttrockenen Pflanzen werden 20—200 Stunden lang auf —4 bis —18° C abgekühlt und vor dem vollständigen Auftauen durch eine Reinigungsmaschine entholzt.

Nach dem D. R. P. 265205 von C. Kübler in Berlin-Wilmersdorf werden die Fasern vor dem Gefrierenlassen eingeweicht; nach dem D. R. P. 348545 von E. Claviez in Adorf werden sie vorher mit Natronlauge gekocht.

c) Das Brechen bezweckt die Zertrümmerung des Holzkernes.

Die Handbreche des Hausbetriebes (Abb. 59) läßt die zwei Holzmesser des Deckels zwischen die drei Messer der Lade fahren; dabei werden die quer gelegten Flachsristen geknickt.

Die Brechmaschine zieht die Risten durch Riffelwalzen mit zunehmender Riffelzahl Die Ausbeute beträgt etwa 41 % des Flachsstrohs.

Abb. 59. Handbreche.

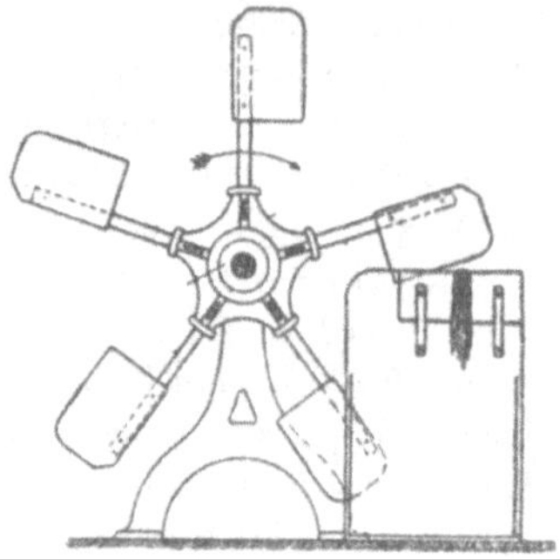

Abb. 60. Schwingmaschine.

Die beim Brechen abfallenden Holzteilchen heißen Schäbe oder „Annen" und werden verfeuert. Versuche zu ihrer besseren Verwertung beschreibt Schaposchnikoff (Ch. Ztg. **1911**, 268): Über ihre chemische Zusammensetzung s. C. Schwalbe und E. Becker, Z. angew. Ch. **1919**, 126.

d) Das Schwingen bewirkt weitere Absonderung der Schäbe, vorläufige Zerfaserung des Bastschlauches und Abscheidung der kurzen wirren Fasern. Diese, Werg oder Heede genannt, werden in den Wergspinnereien zu gröberen, minderwertigen Garnen versponnen, die als „Tow" bezeichnet werden.

Im Hausbetrieb wird der „Schwingstock" verwandt, ein Ständer mit einem Schlitz. Der Arbeiter faßt die Riste mit der linken Hand, legt sie in den Schlitz und schlägt mit einem hölzernen Beil abwärts, die Riste streifend.

Im Großbetrieb wird dies durch die Schwingmaschine (Abb. 60) nachgeahmt. 4—5 derartige Beile sitzen strahlenförmig auf einer Welle und werden durch deren Drehung an dem Schwingstock vorbeigeführt.

Die Ausbeute an Schwingflachs beträgt etwa 22%, die an Heede etwa 2% des Flachsstrohs.

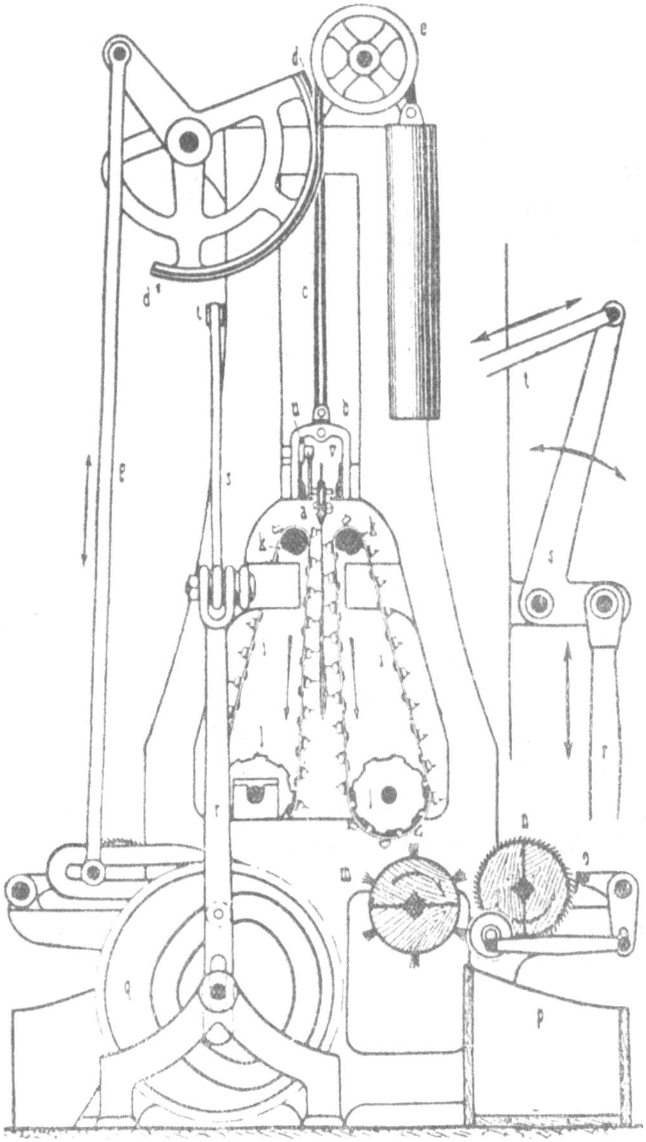

Abb. 61. Hechelmaschine.

e) Das H e c h e l n vollendet die durch das Schwingen eingeleitete Entfernung von Schäbe und Werg und die Zerspaltung des Bastschlauches.

Die Handhechel ist ein mit Nadeln besetztes Brett; durch die Nadeln werden die Risten behutsam hindurchgezogen, indem der Arbeiter das eine Ende der Riste um die rechte Hand schlingt und das freiliegende Ende mit der linken Hand fächerförmig ausbreitet. Je nachdem vor-, mittel- oder ausgehechelt wird, stehen die Nadeln auf dem Brett weiter oder enger zusammen.

Die Hechelmaschine ahmt die vorstehende Arbeit nach (Abb. 61). Die Risten werden von dem am Eingang der Maschine stehenden Arbeiter in Klemmen a gespannt, die auf einer Gleitschiene von einer Seite der Maschine zur andern laufen. Die Gleitschiene bewegt sich vermöge der Vorrichtung q, g, d, d_1, e, c, b langsam auf und ab. Aber auch die Hechelkämme sind in Bewegung und werden durch zwei zu beiden Seiten der Riste in senkrechter Ebene verlaufende endlose Ketten an der Riste vorbeigeführt. Je weiter die Riste von einer Seite zur anderen vorschreitet, um so feiner sind die Hechelkämme. Am Ende fallen die Klemmen von selbst aus der Maschine heraus und werden von einer parallel geschalteten zweiten Hechelmaschine aufgenommen, die den Vorgang wiederholt. An deren Ausgang steht ein zweiter Arbeiter, der die spinnfertige Riste in Empfang nimmt.

Die Hechelmaschine liefert nach dreimaligem Hecheln etwa 9% Flachs vom Gewicht des Flachsstrohs. 3% Schäbe, die zwischen den Ketten heraus nach unten fällt und 11% Werg, der durch Bürsten m aus den Kämmen a herausgenommen und an Abnehmer D mit Kratzenbeschlägen weitergegeben wird. Hier wird er durch den Hacker O herausgehackt und fällt in die Kästen p.

Das Schwingen des Flachses kann dem Öffnen der Baumwolle, das Hecheln dem Krempeln verglichen werden.

f) Weitere Verfeinerungsarbeiten sind z. B.:

a) Das Ribben. Die Riste wird auf einem Lederpolster mit einem stumpfen Stahlmesser, dem „Ribbebock", kräftig gestrichen. Dadurch wird sie glätter und geschmeidiger.

b) Das Risten. Man faßt die Riste an beiden Enden und zieht sie über eine metallene Kante.

c) Das Klopfen der Riste auf einer Holzplatte mit einem Holzschlägel.

d) Das Bürsten und

e) Das Kochen mit Soda oder Potasche zur Entfernung des verklebenden Pflanzenleimes (D. R. P. 216892 von v. Tupalski und v. Schevelin in Petersburg; L. M. f. T. **1909**, 321; Ch. Ztg. **1911**, 268).

Wirtschaftliches.

F l a c h s ist die wichtigste Bastfaser, zugleich die älteste von Menschen benutzte Gespinstfaser. Aus den Funden bei der Ausgrabung von Pfahlbauten geht hervor, daß ihre Verwendung bis in vorgeschichtliche Zeiten zurückreicht. Die Völker des Abendlandes wie des Morgenlandes haben neben der dem Tierreich entstammenden Wolle Flachs versponnen und Leinen getragen. Bis Anfang des 19. Jahrhunderts beherrschte die deutsche Leinenindustrie mit ihren Erzeugnissen den Weltmarkt. Sie ging zugrunde, als die amerikanische Baumwolle und mit ihr die Maschinenspinnerei aufkam. Der Flachsbau hat sich nur noch in der Gegend von Danzig, Königsberg, Memel, Hannover und Braunschweig gehalten. Die Hauptmenge des Flachses wird heute in Kurland, woher auch die anderen Länder ihren Flachssamen beziehen, Irland, Belgien und Holland angebaut. Es hat nicht an Versuchen gefehlt, die Flachskultur in Deutschland wieder zu heben: so unterhält Preußen eine ständige Abteilung für Flachskultur an der preußischen höheren Fachschule für Textilindustrie zu Sorau N.-L.

Der F l a c h s h a n d e l vollzieht sich für Rußland in Moskau, Archangel, Petersburg, Pskow, Riga und Dünaburg; für Irland in Belfast für Belgien in Gent; für Frankreich in Lille; für Österreich in Trautenau; für Schlesien in Landeshut.

Nach K e r t e s z , Die Textilindustrie sämtlicher Staaten **1917**, 19, betrug die F l a c h s f a s e r e r n t e 1912 für

Rußland	456 142 t	Übertrag:	566 706 t
Österreich-Ungarn	33 200 „	Finnland	1 000 „
Belgien	23 536 „	Serbien	721 „
Frankreich	20 899 „	Spanien	681 „
Großbritannien	13 164 „	Schweden	557 „
Niederlande	9 624 „	Bulgarien	321 „
Rumänien	4 061 „	Japan	14 097 „
Deutschland	3 580 „	Ägypten	3 295 „
Italien	2 500 „	Chile	57 „
Übertrag:	566 706 t	Zusammen:	587 435 t

Die Zahlen für Serbien und Bulgarien sind aus 1910/11.

Die Zahl für Deutschland entzieht sich genauer Feststellung, da viel Flachs von den Erzeugern selbst verarbeitet und verbraucht wird.

Die in D e u t s c h l a n d bestellte A n b a u f l ä c h e betrug in 100 ha (L. M. f. T. **1922**, 599):

1878	1883	1893	1900	1913	1916	1917	1918	1919	1920	1921
1340	1080	610	340	167	216	298	380	447	500	450

1 ha liefert 0,5—0,6 t Flachs.

Der deutsche Flachs deckt etwa $^1/_{10}$ des Bedarfs seiner Spinnereien. 1913 wurden eingeführt 4081 t roher und gerösteter, 74 675 t geschwungener und 554 t gehechelter Flachs. Davon waren 65 413 t aus Rußland und 4650 t aus Österreich-Ungarn. Ausgeführt wurden 28 380 t nach Österreich-Ungarn, 2703 t nach Frankreich und 2532 t nach den Vereinigten Staaten.

Flachswerg wurde 1913 eingeführt 22 389 t und ausgeführt 7322 t (F. Jenclo, Flachs und Flachsanbau, L. M. f. T. **1924**, Sondern. IV, 72).

Physikalisches Verhalten:

Die physikalischen Eigenschaften, wie Farbe, Glanz und Feinheit sind auch beim Flachs maßgebend für seine Bewertung.

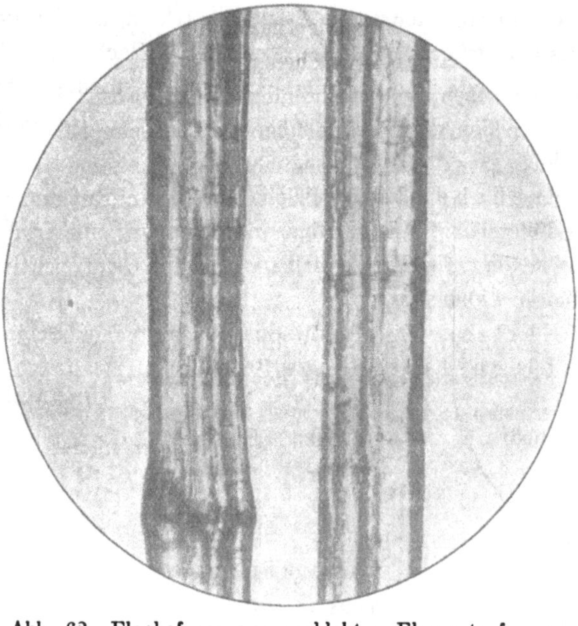

Abb. 62. Flachsfaser aus verklebten Elementarfasern zusammengesetzt. (300fach vergrößert.)

Die bevorzugte Farbe ist hellblond, sie kann aber auch gelb, grün oder grau sein. In letzterem Falle ist gewöhnlich überrottet worden.

Die Länge der Flachsfaser beträgt im Mittel ½ m. Die Urzellen, die Faserelemente, sind 20—40 mm lang.

Die Dicke der Faser schwankt zwischen 16 und 230 μ. Die Dicke der Faserzelle beträgt 16—32 μ. Die Schwankungen rühren davon her, daß die Zelle an beiden Enden spindelförmig zugespitzt ist. Chromsäure oder kochend heiße Laugen zerlegen die Faser in ihre Elemente. Die metrische Nummer der Einzelfaser beträgt nach Herzog 3992.

Der Glanz ist seidenartig. Matter Glanz ist ein Zeichen von Überrottung.

Die Reißfestigkeit der Einzelfaser ist 13,6—26 g, also größer als die der Baumwolle. (Verwendung zu Reichskassenscheinen.)

Flachs ist ein noch besserer Wärmeleiter wie Baumwolle. Deshalb fühlen sich leinene Gewebe kühl an.

Feuchtigkeit vermag der Flachs geradesoviel, nämlich 20%, aufzunehmen. Die „Reprise" (S. 14) beträgt 12%. Gewöhnlich enthält der Flachs aber auch nur 6—8% Feuchtigkeit.

Das spezifische Gewicht ist dasselbe wie bei Baumwolle, nämlich 1,5.

Unter dem Mikroskop zeigen sich als charakteristisches Bild für den Flachs glatte gradlinige Bänder, die bei stärkerer Vergrößerung in gewissen Abständen Querstreifen und Knicke aufweisen (Abb. 62). Bei ganz starker Vergrößerung sieht man auch den kleinen Hohlraum in der Mitte, das Lumen. Ein Querschnitt durch die Fasern zeigt deren scharfeckige Polygone.

H. Reimers (T. **1921**, 367) hat die innere Struktur der Bastfasern untersucht und R. Haller (Text. Forsch. **1920**, 22) hat die „Mittellamelle", d. h. die gemeinsame Außenhaut der Faserzellen durch Ablagerung von Cassiusschem Goldpurpur (Einlegen einige Stunden in 10%ige saure Zinnchlorürlösung und nach gründlichem Waschen in 10%ige Goldchloridlösung) durch die Rotfärbung sichtbar gemacht. Dieselbe Reaktion gibt die Kutikula der Baumwolle.

Chemische Zusammensetzung:

In chemischer Beziehung ist die Faser keine so reine Cellulose mehr wie die Baumwolle. Sie enthält noch Holzstoff und gibt, wenn dieser durch das Bleichen nicht ganz entfernt ist, die für ihn charakteristischen Reaktionen, nämlich Gelbfärbung mit schwefelsaurem Anilin und Rotfärbung mit 10%iger alkoholischer Phloroglucinlösung und konz. Salzsäure (Grandmongin, Z. Farbenind. **1906**, 321).

Der gehechelte Flachs enthält außer 70—80% Pekto-Cellulose (S. 36) 1,6—3,8% Lignin und 6—7% Wasser, 1—2% Fett und Wachs (C. Hoffmeister, B. **1903**, 1047; A. Bianchi und G. Malatesta, Z. angew. Ch. **1915**, 459; 495; W. Kind, Spinner und Weber **1921**, 32) 1—6% Mineralstoffe, die eine weiße Asche hinterlassen, und schließlich etwas Öl und Gummistoff. Den chemischen Mitteln der Bleicherei und Färberei gegenüber verhält sich Flachs ähnlich wie Baumwolle. Gegen Säuren ist er etwas beständiger, gegen Alkalien und Oxydationsmittel etwas empfindlicher.

Zur Unterscheidung von Baumwolle dient in erster Linie das Aussehen unter dem Mikroskop, weiter die Rißenden: Bei Flachs pinselförmig, bei Baumwolle unregelmäßig zerfasert; ferner die Ölprobe nach Frankenstein, die Schwefelsäureprobe nach Kindt und Lehnert und die Kupferprobe nach A. Herzog.

Bei der Ölprobe wird das Gewebe zunächst durch Kochen mit Soda von Appretur befreit, auf einem Objektträger mit Öl durchtränkt und mit einem zweiten Objektträger bedeckt. Dabei wird der Luft Gelegenheit gegeben, zu entweichen. Die Leinenfaser nimmt infolge ihres Brechungsvermögens, das dem des Öles annähernd gleich ist, transparentes Aussehen an, wie ein Fettfleck auf Papier. Infolgedessen erscheint sie im durchfallenden Lichte hell, im auffallenden dunkel. Die Baumwolle verhält sich umgekehrt. Man sieht das besonders gut unter dem Mikroskop bei schwacher Vergrößerung.

Bei der Schwefelsäureprobe legt man das appreturfreie trockene Gewebe 1—2 Minuten in konzentrierte Schwefelsäure, spült und trocknet. Die Baumwolle ist dann beinahe gelöst, das Leinen kaum angegriffen.

Bei der Kupferprobe wird das appreturfreie, von den Randfäden befreite Gewebe in eine 10%ige Kupfervitriollösung gelegt und gespült. Nur das pektinhaltige Leinen hält Kupfer fest, das sich durch die kupferrote Färbung beim Einlegen in 10%ige Kaliumferrozyanidlösung verrät.

Eine sehr einfache Probe wurde von einem Zollbeamten gefunden und von Sonntag in den Jahresber. d. Vereins f. angew. Botanik **1911**, 149 beschrieben. Sie beruht darauf, daß Faserbündel beim Naßmachen Drehungen vollführen, die sowohl nach Richtung wie nach Anzahl für die Pflanzenart eigentümlich sind. R. Schwede (T. Forschung **1921**, 165) nennt als Fasern mit Linksdrehung: Flachs, Nessel, Ramie und Kryptostegia, mit Rechtsdrehung: Jute, Manilahanf, Sisal, Typha, Ginster. Bei Hanf ist die Drehung unbestimmt.

Flachsverarbeitung.

Die Flachsspinnerei zerfällt in die Langflachs-Spinnerei und die Flachswerg-Spinnerei.

A. In der Langflachsspinnerei unterscheidet man die Vorarbeiten, das Vorspinnen, das Feinspinnen und die Nacharbeiten.

1. Die Vorarbeiten bestehen in Anlegen und Duplieren.

Die Anlegemaschine (Abb. 63) soll ein Band paralleler Fasern bilden. Die von der Hechelmaschine gelieferten Bärte werden auf die Zuführvorrichtung a, gewöhnlich vier nebeneinander wandernde, endlose Bänder, dachziegelartig aneinander gelegt. Sie werden in einem Trichter seitlich zusammengedrängt und von den Einzugswalzen c dem

Hechelfelde zugeführt. Dieses besteht aus einer Reihe metallener Hechelstäbe (Gills) g, die oben auf der schmalen Seite mit Nadeln besetzt sind und durch zwei seitliche Schraubenspindeln e ansteigend in der Richtung der Faserbänder vorwärts geschoben werden; am Ende der Bahn be-

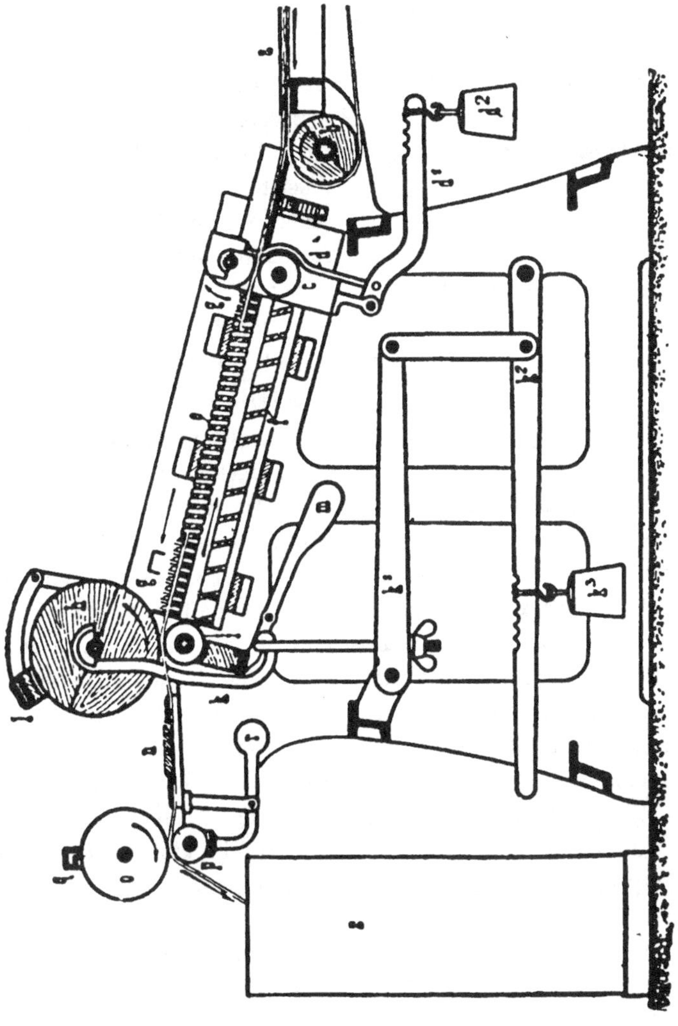

Abb. 63. Anlegemaschine.

wegen sie sich abwärts aus dem Fasergut heraus und kehren unter der Bahn mit Hilfe der zweiten Schraubenführung f wieder an die Ausgangsstelle zurück. Beim Vorwärtsgang streichen die Nadeln in dem Fasergut entlang, dieses parallel legend und streckend. Die gestreckten Faserbänder werden von dem sich geschwinder drehenden Walzenpaar h i e r - griffen und nach der Bandplatte n gezogen. Auf der B a n d p l a t t e werden die drei Bänder durch schräge Führungsschlitze zweimal im rechten Winkel abgelenkt und so mit dem vierten vereinigt (dupliert) (Abb. 64). Das verdichtende Abnehmer-Walzenpaar op legt das duplierte Band in die Kanne s ab. Gewicht d_2 preßt mittels Hebel d_1, d die obere Einzugswalze, Gewicht k_3 mittels Hebel k_2, k_1, k die obere Streckwalze gegen die untere Walze. Die Bürsten l und q säubern die Walzen h und o von Fasern (Abb. 63).

Die Streckmaschine dupliert die von der Anlege kommenden Faserbänder weiter, indem sie 2—12 vereinigt, und streckt sie. Sie ähnelt der Anlege, nur ist das Zuführtuch durch ein Walzeneinzugswerk ersetzt. Die Nadeln der Hechelfelder werden bei den aufeinander folgenden Strecken (Durchzügen) feiner.

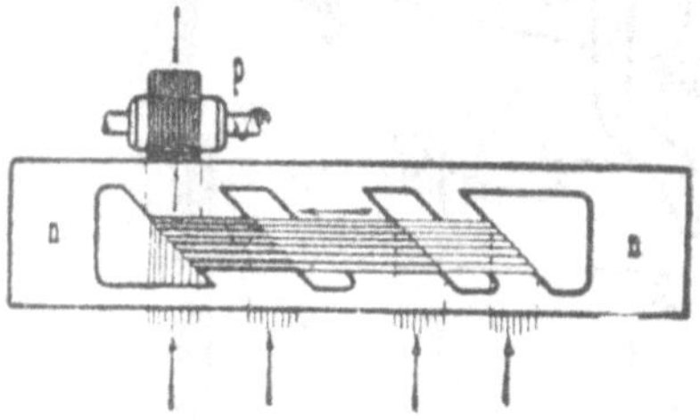

Abb. 64. Bandplatte.

2. Das Vorspinnen geschieht auf Flyern mit Nadelstabstreckwerk und Spindelvoreilung.

3. Das Feinspinnen geschieht auf Flügelspinnmaschinen mit Walzenstreckwerk entweder trocken oder naß. Im letzteren Falle laufen die Vorgarnfäden a b vor dem Eintritt ins Streckwerk d e mit Preßvorrichtung f, g, h durch 35° heißes Wasser c (Abb. 65). Dabei erweicht der die Elementarfasern verklebende Pflanzenleim so, daß diese im Streckwerk verzogen werden können. Der Faden läuft durch Führung f in das Auge des Flügels der Spindel k. Die vom Faden mitgerissene Spule wird durch eine Schnur mit Gewicht p gebremst. Die Spulenbank m bewegt sich an den Stelzen n durch die über o geführte Kette auf und nieder. q und r sind Schutzbretter. Beim Trocknen erhärtet der Leim wieder und verkittet die Elementarfasern in ihrer neuen Lage. Naßgespinst ist glatter als Trockengespinst und kann 1½ mal so fein gesponnen werden als Trockengespinst; dafür ist letzteres fester und elastischer.

4. Die Nacharbeiten bestehen im Haspeln und Zwirnen.

Der Haspelumfang beträgt 2½ yards = 2,286 m. 120 Fäden = 300 yards geben 1 Gebind; 10 Gebinde 1 Strähn.

Die Garnnummer ist die Anzahl Gebinde, die auf 1 Pfund engl. gehen. Infolgedessen ist die Leinennummer 28 gleich der Baumwollnummer 10. Trotzdem erscheint das Leinengarn feiner als ein Baumwollgarn von entsprechender Nummer. Die englische Nummer durch 1,654 ergibt die metrische Nummer (Anzahl m auf 1 g).

B. Die Flachswergspinnerei verarbeitet das mit Staub und Schäbe durchsetzte Fasergewirr. Dieses muß daher, ehe es der Streckmaschine der Langflachsspinnerei übergeben werden kann, eine Vorbehandlung erfahren; Auflockern und Reinigen auf dem Wergwolf oder der Wergschüttelmaschine (D. R. P. 211 295) und Krempeln auf einer Walzenkrempel. Die Strecken für Werg haben gewöhnlich statt der

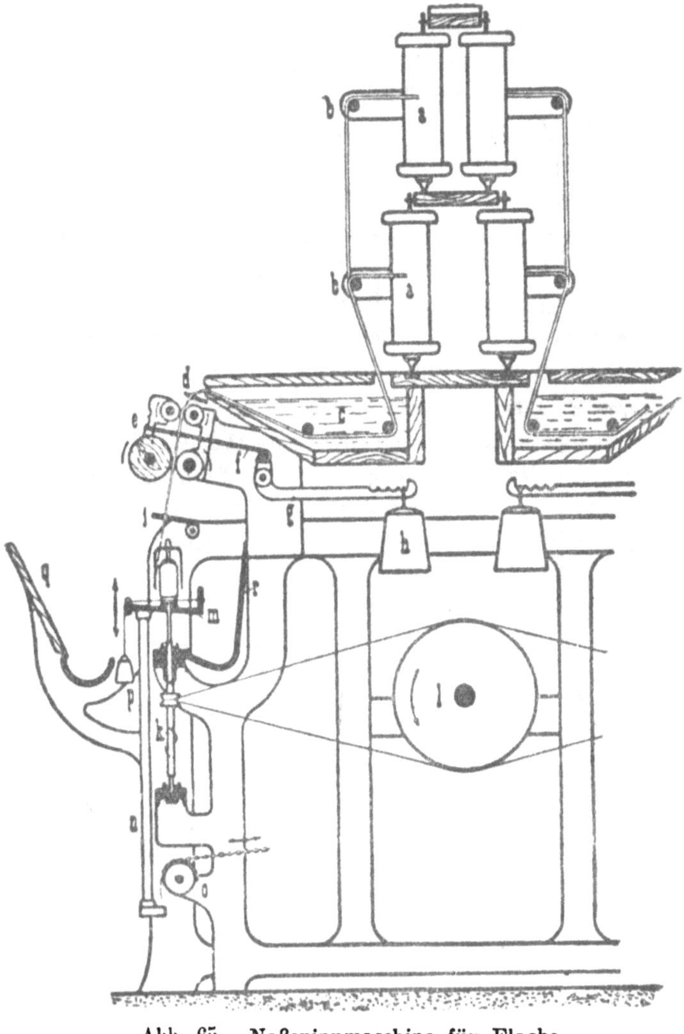

Abb. 65. Naßspinnmaschine für Flachs.

Nadelstabstrecken sog. Igelstrecken: Zwischen zwei Streckwalzenpaaren befindet sich eine Nadelwalze zum Auskämmen und Verstrecken des Faserbandes.

Die englische Nummer für Werg- (Tow-) garn gibt die Anzahl Strähne zu 3000 yards auf 1 engl. Pfund an.

Die Kotonisierung des wertvollen Flachswergs, d. h. die Zerlegung in kurze baumwollähnliche Fasern, ist schon 1850 von Peter Claussen in dem E. P. 13 224 vorgeschlagen worden (W. Schewelin, Ch. Ztg. **1911**, 268), hat aber erst durch die Baumwollnot während des Krieges erhöhte Bedeutung erlangt.

Die Verbaumwollung der Flachsfaser ist ein chemisches Verfahren: Die Verwendung von Chlorgas lehnt sich an die Cellulosebestimmung nach Cross und Bevan in verholzter Faser an (P. Waentig, Text. Forsch. **1920**, 69) D. R. P. 328 034 von W. Gierisch, P. Krais und P. Wäntig in Dresden; D. R. P. 370 212 und 371 429 von Wäntig.

Das D. R. P. 327 912 von G. Odrich in Berlin-Wilmersdorf benutzt saure Sulfitlaugen wie bei der Sulfitzellstoffbereitung, das D. R. P. 328 596 der Nesselanbaugesellschaft Natronlauge 5—6° Bé und 1—1½% Öl, womit 5 Stunden bei 8 Atm. gekocht wird.

Nach dem D. R. P. 331 802 von B. Possanner von Ehrenthal (Wochenbl. f. Papierf. **1921**, 2102) in Köthen werden die Inkrusten zunächst mit ½—2%iger Säure bei 40—50° C hydrolysiert, dann schwach alkalisch gekocht und schließlich mit Seife oder Ölemulsion getränkt.

Die Verspinnung der kotonisierten Faser (O. Johannsen, T. **1922**, 149) geschieht wohl heute an drei Stellen: Werdauer Textilwerke in Langenhessen bei Werdau (D. R. P. 198 064), Weisweiler Textilwerke in Weisweiler im Rheinland (Kunststoffe **1918**, 245) und Ulrich Gminder in Reutlingen.

Die Garne sind als „Linofil" und „Linolana" im Handel.

2. Hanf.

Die Hanfpflanze.

Die Stammpflanze heißt cannabis sativa (Abb. 66).

Sie verlangt etwas feuchteres und wärmeres Klima wie der Flachs. Die etwa 2 m hohe Pflanze ist zweigeschlechtlich, d. h. einzelne Stämme tragen nur traubenartige, männliche, andere nur kätzchenartige, weibliche Blüten. Die männlichen Pflanzen liefern den Sommerhanf, die weiblichen den Winter- oder Saathanf. Letzterer reift später mit Rücksicht auf die Samengewinnung; dafür liefert er eine minderwertige Faser. Aus dem Hanfsamen wird das gleichen Zwecken wie das Leinöl dienende Hanföl ausgepreßt. Außerdem verwendet man den Samen als Nahrungsmittel in Rußland unter dem Namen „Haschisch" mit narkotischen Eigenschaften.

Abb. 66. Hanfpflanze.

Gewinnung des Hanfes.

Sobald die Spitzen der Stengel gelb werden — bei den männlichen im August, bei den weiblichen Ende September — werden die Pflanzen ausgerauft. Die männlichen werden sofort gerefft, gerade wie beim Flachs, die weiblichen werden zur Nachreife in Bündeln auf dem Felde ausgesetzt. Die weitere Gewinnung ist ganz ähnlich wie beim Flachs: dem Brechen der Flachsstengel entspricht hier das Knitschen, dem Klopfen das Boken oder Bocken. Letzteres macht die Faser geschmeidiger durch das Reiben unter zwei in einer Art Kollergang rollenden Reibbirnen. Der so gewonnene „Reinhanf" wird in der Mitte durchgerissen, „gestoßen"; dann wird er oberflächlich geschwungen („Strähnhanf") und gehechelt („Stein- oder Spinnhanf"). Da die Hanfpflanze bedeutend länger ist als der Flachs, so läßt sich auch ohne Röste der zusammenhängende Bast von der frischen Pflanze losschälen. Man erhält dann den geschätzten „Schleißhanf", aus dem die Faser durch die gleiche mechanische Bearbeitung wie bei dem gerösteten Hanf gewonnen wird.

Wirtschaftliches.

Die wichtigsten Länder für den Hanfhandel sind ihrer Erzeugung entsprechend:

Rußland: 100 000 t, grob, aber fest; Italien (Bologna): 90 918 t, fein, weich und glänzend; Ungarn: 70 000—90 000 t; Holland: 88 591 t; Frankreich (Grenoble): 64 150 t, dem Bologneser nahestehend; Österreich: 20 630 t. In Deutschland wird Hanf im Elsaß und südlichen Baden angebaut. Algier liefert den 3 m langen „Riesenhanf" von Boufarik. Die gesamte Welterzeugung dürfte sich auf 500 000 t, also nahezu ebensoviel wie Flachs belaufen.

In Deutschland wurden ha Anbaufläche bestellt (1 ha = 1—1,2 t Hanf)

1878	1883	1893	1900	1913	1914	1917
21 181	15 255	7931	3538	614	30	3000

(O. Heusser, Der deutsche Hanf bei S. Hirzel, Leipzig, 1924.)

P. Martell, Hanf und Hanfanbau (L. M. f. T. **1924**, Sondern. IV, 74).

Physikalisches Verhalten.

Die physikalischen Eigenschaften ähneln denen des Flachses.

Die Länge der Elementarfaser ist 5—55 mm, meist 25—30 mm.

Abb. 67. Hanffaser. (300fach vergrößert.)

Die Dicke ist 16—50 μ, meist 22 μ. Die metrische Nummer der Einzelfaser beträgt nach Herzog 2370.

Die Reißfestigkeit ist etwas größer als die des Flachses.

Das mikroskopische Bild (Abb. 67) zeigt Querspalten und Verschiebungen wie beim Flachs, aber abgerundete, fingerförmige Zellenden; auch die polygonalen Querschnitte haben abgerundete Kanten; sie zeigen ein beträchtliches Lumen.

Chemische Zusammensetzung.

Chemisch besteht der Hanf aus weitgehend verholzter, mit „Bastose" vermischter Cellulose. Er wird daher im Gegensatz zu Flachs durch Anilinsalz gelb gefärbt.

Nach M. Pontio (Chim. et ind., **1922**, 664; Text. Forsch. **1922**, 115) färbt sich Hanf mit Jod und Schwefelsäure blau bis bräunlich grau und gibt eine graue Asche mit 2—6% Eisenoxyd. Nach R. Haller (Deutsche Faserst. und Spinnfl. **1919**, 229) quillt Hanf mit konz. Kalilauge nur schwach, Flachs dagegen stark.

Hanfverarbeitung.

Die Hanfspinnerei gleicht durchaus der Flachsspinnerei.

Die Haspelung und Benummerung ist ebenfalls wie bei Flachs.

Die Verwendung des Hanfes gründet sich auf seine hervorragende Festigkeit. Die langen Fasern dienen zu Transmissionsseilen und Tauen, die kürzeren zu Bindfäden. Aus Hanfgarnen fertigt man Segeltuch und Gurte. Aus Hanfwerg („Tors") werden Garne für Schuhe, Säcke und Packleinen hergestellt.

3. Jute.

Die Jute (seit 1795 in Europa bekannt, seit 1830 als Spinnstoff verwandt) hat sich erst infolge des Mangels an russischem Flachs und Hanf während des Krimkrieges 1854/55 und an Baumwolle während des amerikanischen Bürgerkrieges 1861—65 den europäischen Markt erobert. Diese Tatsache kennzeichnet ihre Stellung unter den übrigen pflanzlichen Gespinstfasern. Sie gilt als ein Ersatz und ihr Verbrauch steigt und fällt je nach dem Angebot an edlerem Faserstoff.

Die Faserpflanze.

Sie wird aus dem Bast von Corchorus capsularis gewonnen, aus der Familie der Gemüselinden oder Tiliaceen (Abb. 68). Der 4—5 m hohe Strauch wird in Indien angebaut. Die Eingeborenen benutzen Blätter und Schoten als Nahrungsmittel. Jute, auf der gleichen Bodenfläche gepflanzt, gibt 10 mal mehr Faser als Flachs oder Hanf.

Abb. 68. Jutepflanze.

Gewinnung der Jute.

Die Fasergewinnung ist verhältnismäßig einfach. Wenn die Pflanze in Blüte steht, wird sie mit der Sichel knapp über dem Boden abgeschnitten. Sie wird „gerefft", d. h. von Blättern und Nebenzweigen befreit und 8 Tage gerottet. Dadurch ist der Splint so weich geworden, daß der Bast sich ähnlich wie beim Schleißhanf mit dem Finger vom Stengel abschälen läßt. Über das Verrotten der Jute auf dem Lager hat W. Schepmann, L. M. f. Textilind. **1927**, 162, gearbeitet.

Die getrocknete hellgelbe bis graugelbe Faser ist etwa 2 m lang. Das dunkle, harte Wurzelende wird abgeschnitten und in der Fabrikation billiger Papiere verwandt (Juteenden, cuttings).

Wirtschaftliches.

An wirtschaftlicher Bedeutung wird die Jute nur von der Baumwolle übertroffen. Die Welterzeugung betrug nach Kertesz (Die Textilindustrie sämtlicher Staaten, **1917**, S. 23) im Jahre 1912/13 1 725 350 t im ungefähren Wert von 724 Millionen Mk. Der Handel liegt gänzlich in englischen Händen. Mehr als die Hälfte der Rohjute wird von den billigen indischen Arbeitskräften verarbeitet, so daß 1912/13 für 311,1 Millionen Mk. Jutewaren ausgeführt werden konnten. Während des Krieges 1916/17 betrug der Weltverbrauch an Jute in Ballen (Z. angew. Ch. **1917**, III, 542): England 1 245 000, Frankreich 400 000, Spanien 150 000, Holland 60 000, Schweden und Norwegen 90 000, Rußland 100 000, Italien 300 000, Amerika 750 000, andere Länder 50 000, indische Fabriken 5 800 000, indischer Heimbedarf 500 000, zusammen 9 445 000. Der Preis der Jute ist seit 1893 um 120% gestiegen! Daher sind die Aussichten für ihre Verdrängung durch Papiergarn günstig.

Literatur: Jutespinnerei und -weberei Bremen. Jubiläumsschrift, 1913. — E. Pfuhl, Die Jute und ihre Verarbeitung. Berlin 1888—1892.

Physikalisches Verhalten.

Unter dem Mikroskop unterscheidet sich die Jute von Flachs und Hanf durch das Fehlen der Querstreifen; auch läßt der Zellkanal, das Lumen, auffallende Verengerungen erkennen (Abb. 69).

Die Urzellen sind nur 1—5 mm lang. Die Kleinheit der Urzellen ist der Grund, warum die Jute mechanischer Abnutzung einen so geringen Widerstand entgegensetzt und so leicht auffasert. Die Festigkeit ist also gering.

Die Dicke der Faser beträgt nur 15—36 μ, die der Urzellen 20 μ. Die metrische Nummer der Einzelfaser beträgt nach Herzog 4857.

Der Glanz der besseren Sorten ist bemerkenswert und ähnelt etwa dem der Mohairwolle.

Die Feuchtigkeit kann bis 24% ansteigen. Die Reprise beträgt 13¾ %.

Chemische Zusammensetzung.

In chemischer Beziehung nimmt die Jute eine Sonderstellung ein. Sie ist stark verholzt, d. h. sie enthält Lignocellulose, von Cross und

Bevan Bastose genannt (B. **1893**, *2570*; **1894**, 1061; A. Lehne, Über die Cellulose der Jute, Z. angew. Ch. **1925**, *93*). Sie gibt daher die auf S. 36 angegebenen Reaktionen auf Holzstoff. Außerdem färbt sie sich mit basischen Farbstoffen direkt an, als ob sie tanniert worden wäre. Leider bringt dieser Holzstoffgehalt den Übelstand mit sich, daß die Faser unter der Einwirkung von Luft, Licht und Feuchtigkeit verrottet und morsch wird. Zugleich dunkelt sie nach.

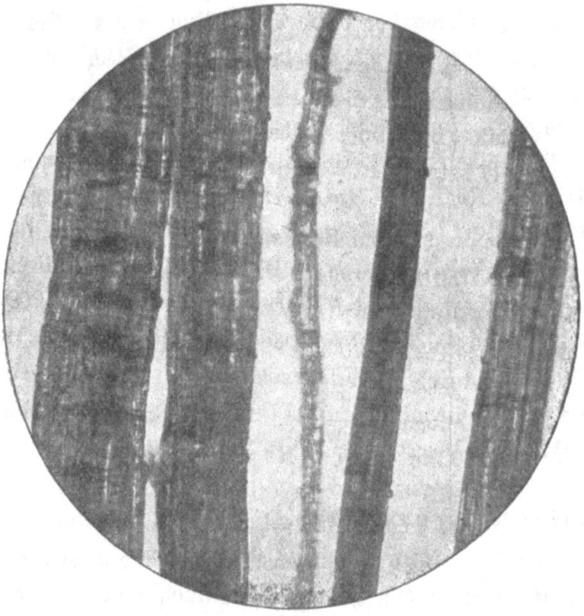

Abb. 69. Jutefaser. (300fach vergrößert.)

Auch gegen sonstige chemische Einwirkung ist sie empfindlich; so wird sie durch Mineralsäuren schon bei gewöhnlicher Temperatur zerstört, ebenso durch Chlorkalk. Da die Zellelemente so außerordentlich kurz sind, so muß die Zwischenzullsubstanz möglichst geschont werden.

Verhalten gegen Alkalien. Eine 20%ige Kali- oder Natronlauge bewirkt nach kurzer Zeit Aufquellung der Faser. Nach F. Mullier und L. Monet in Roubaix (L. Färb.-Ztg. **1890/91**, **51**) wird die Jute durch Behandlung mit Natronlauge 36—40° Bé wollähnlich. Nach dem D. R. P. 113637 von Chr. Knab in Münchberg (L. Färb.-Ztg. **1900**, *325*) wird durch starke Alkalien der Pflanzenleim weggelöst und durch Einverleibung von Öl der Faser Glanz und Weichheit erteilt. Die Jute wird zunächst in

Lauge von 30—45° Bé bei 50—75° C 1 Stunde behandelt, geschleudert und noch 24 Stunden bei 40—50° C gehalten; dann wird mit einer Emulsion von Baumöl und Kalilauge weich gemacht. (Nach D. R. P. 271 731 von L. de Wolf-Wante in St. Nicolas, Waes. wird mit Lauge und Hypochlorit wollig gemacht.)

Verhalten gegen Farbstoffe. Jute läßt sich mit allen Farbstoffen färben. Die von Cross und Bevan beschriebene Blaufärbung mit gleichen Tl. n/10 Ferrichlorid- und Kaliumferricyanidlösung beruht nach R. Haller (L. Färb.-Ztg. **1915**, 157) auf der Reduktion des Kaliumferricyanids, wahrscheinlich durch phenolartige Stoffe; diese Reaktion tritt aber nicht nur bei Jute, sondern auch bei gewissen Baumwollsorten ein.

Verarbeitung der Jute.

Zum Spinnen wird die Jute durch das Batschen und Quetschen vorbereitet.

Das Batschen besteht in einer leichten Gärung. Die gebündelte Jute wird schichtenweise mit einer Tranmilch besprengt. Man verwendet auf 100 kg Jute 3 kg Tran und 17 kg Wasser oder 2¼ kg Tran, 1 kg Mineralöl und 17 kg Wasser. Man läßt zwei Tage liegen. Der Trangeruch haftet häufig noch den fertigen Jutewaren an. Das Wasser erweicht den Pflanzenleim, das Öl macht die Faser schlüpfrig. Eine besondere Bakterienart kommt als Haupterreger bei der Batschgährung nicht in Frage (P. Krais und A. Hopffe, L. M. f. Textilind. **1927**, 211).

Die gebatschten Juteristen laufen dann durch eine Quetschmaschine mit geriffelten Walzen und werden hier gedrückt, gespaltet und weich gemacht.

Die gequetschten Risten werden nun auf der Reißmaschine gedrittelt und wandern in die in der Langflachsspinnerei üblichen Maschinen: Hechelmaschine, Anlege, Strecke, Vor- und Feinspinnmaschine.

Jutewerg wird vor dem Strecken erst auf einen Satz Walzenkrempel genommen.

Der Haspelumfang ist 2½ yards. Die Nummer gibt an die Anzahl Gebinde zu 300 yards, die auf 1 engl. Pfund gehen. Man spinnt Hechelgarn aus Ia Jute in Nr. 16—30, Werggarn in Nr. ¼—10.

Die Jute wird zu Teppichen, Möbelstoffen, Vorhängen und in ganz groben Qualitäten zu Matten und Säcken verwoben. Feinere Sorten werden mit Baumwolle zusammen zu Tisch- und Bettdecken verwandt. Bedenklich ist ihre große Feuergefährlichkeit.

Der Hauptverbraucher der Jute ist Indien. Der Name Jute stammt von dem bengalischen choti = Tuch.

Jutewolle, auch K-Faser, Mohairin oder Plantawolle wird aus Jutelumpen bereitet, indem man diese zunächst zerreißt und durch chemische Behandlung reinigt und entleimt, so, daß sie spinnfähiger, weicher und offener werden (D. R. P. 300 138). Dahin zielende Verfahren sind ferner in den D. R. P. 247 504, 271 731, 273 881, 274 644 und 274 645 beschrieben.

Kosmoswolle wird aus dem Abfall von Jute, Hanf und Flachs gemischt.

4. Sunnhanf.

Die Faserpflanze ist die zu den Papilionaceen gehörige Klapperschote, Crotalaria juncea. Sie ist 1-jährig, in Ostindien und auf den Sundainseln heimisch und wird 1 m hoch.

Die Fasergewinnung geschieht durch Rösten, Brechen und Schwingen.

Die Faser wird zu Packleinwand und Seilerwaren verarbeitet.

5. Ramie.

Ramie (holländisch Rhea) oder Chinagras wird aus der Bastfaser der weißen oder Schneenessel, Böhmeria nivea gewonnen (Abb. 70).

Fasergewinnung.

Der Bast muß von den noch frischen Stengeln losgelöst werden.

Ein Rösten würde die Faser selbst angreifen. Die für das Abschälen der Faser erforderlichen Menschenhände hat Hubert J. Boeken in Düren durch sogenannte Dekortikationsmaschinen oder Ramieentholzer (D. R. P. 175 638; Text. Forsch. 1922, 41) zu ersetzen versucht. Auf die angegebene Weise erhält man die Faser in ihrer ganzen Länge (20 cm).

Abb. 70. Chinagraspflanze.

Man zerlegt die Faser weiter in ihre Elemente durch eine Art Bleiche, „Degommage“ oder „Kotonisation“, indem man die Zwischenzellsubstanz durch Druckkochung mit Seife und Öl auflöste. Die Ramie verliert dabei 25% ihres Gewichtes. Die erhaltenen kurzen Fasern werden als Kammzug auf Schappemaschinen (S. 233) und als Kämmlinge auf

Bourettemaschinen (S. 233) versponnen. (Erste Deutsche Ramie-Gesellschaft in Emmendingen.)

Die Ramienummer gibt an, wieviel m Faden auf 1 g gehen.

Physikalisches Verhalten.

Unter dem Mikroskop fällt die große Breite der einzelnen Fasern auf, 16—126 μ (Abb. 71). Die metrische Nummer der Einzelfaser beträgt nach Herzog 848.

Abb. 71. Chinagras. (300fach vergrößert.)

Die Faser hat einen so hervorragenden Glanz, daß sie zu Effektfäden, Besatzstoffen und Tischwäsche verwandt wird.

Die Festigkeit ist groß; die Faser wird in Rußland zur Herstellung von Papiergeld verwandt.

Die Reprise beträgt 12%.

Chemisches Verhalten.

Die Ramie ist fast reine Cellulose, die Faser ist so weiß, daß eine Bleiche überflüssig ist. Sie färbt sich mit Zinkchloridjod blau und quillt mit Kupferoxydammoniak, ohne sich ganz zu lösen.

Verwendung.

Die Ramie wird unter anderem zu Glühkörpern verwandt; die daraus hergestellten Strümpfe sind beständiger als wie die aus Baumwolle und haben vielleicht infolge einer gewissen oberflächlichen Rauheit eine größere Leuchtkraft.

6. Nessel.

Die Faserpflanze.

Die Nesselfaser ist die hauptsächlich aus der großen Brennessel, Urtica dioica, gewonnene Bastfaser. Die 1 m hohe kleine Brennessel, Urtica urens, kommt weniger, die in Sibirien heimische Hanfnessel, Urtica cannabina, vielleicht später in Betracht.

Die Nesselfaser wurde schon seit den ältesten Zeiten nach dem beim Flachs üblichen Röstverfahren gewonnen, mußte aber wegen der geringen, nur 3—16% der trockenen, entblätterten Stengel betragenden Ausbeute der billigeren Baumwolle weichen. Als es infolge des amerikanischen Bürgerkriegs an Baumwolle mangelte, gründete Professor Reuleux 1877 in Berlin eine Nesselkommission für den Anbau und die Verwertung der Pflanze. 1884 gab der Schriftführer dieser Kommission, Ingenieur H. Grothe, zusammen mit dem Inspektor des botanischen Gartens, C. B. Bouché, das klassische Werk über Ramie, Rhea, Chinagras und Nesselfaser heraus. Am nachhaltigsten hat aber der Weltkrieg mit seiner Knappheit an Spinnrohstoffen das Nesselproblem befruchtet. 1915 begannen in Deutschland einige Fabriken die Gewinnung einer groben Faser für Bindfäden nach Art des Hanfes. Im gleichen Jahr gelang H. Schürhoff und v. Hösslin, M.-Gladbach, die Isolierung der „kotonisierten" Elementarfaser zum Zweck der Verspinnung auf den Maschinen für Baumwolle. Daraufhin wurde 1916 die Nesselfaser-Verwertungs- und 1917 die Nesselanbaugesellschaft G. m. b. H. in Berlin gegründet. Die Schwierigkeiten betreffen einerseits das Einsammeln der auf 60 000 t trockene Stengel geschätzten wildwachsenden Nessel, andererseits den Anbau der mit Bezug auf Bodenbeschaffenheit keineswegs anspruchslosen Pflanze.

Fasergewinnung.

Die abgeschnittenen Stengel werden zu Garben gebunden und auf Horden oder durch Anstellen an Zäune getrocknet. Dann werden mit einem Kamm oder mit Maschinen (D. R. P. 315 992, 315 993 und 319 014) Seitenäste und Blätter abgestreift. Die Blätter werden gern vom Vieh gefressen. Die Stengel werden nun entweder erst auf Walzenbrechen gebrochen und auf Schüttelmaschinen der Bast abgeschält oder sofort naß in Aufweichungsbädern behandelt, bis sich der Bast ablöst. Nach dem letzteren von Louis Hermsdorf in Chemnitz ausgeführten Verfahren (Wochenschrift für Papierfabr. **1917**, 2208), werden die Stengel in offenen Kästen zweimal mit allmählich erwärmtem Wasser und darauf mit 8%

Lauge behandelt. Zwischendurch wird gründlich gespült. Wenn erforderlich, wird auch im Kocher unter Druck mit Lauge behandelt. Der nun nur noch lose an den Holzteilen hängende Bast kann leicht mittels Bürstmaschinen abgestreift werden. Er wird im Holländer gewaschen, durch abermalige Kochung mit Lauge entrindet und degummiert, abermals im Holländer gewaschen, abgesäuert, geseift, getrocknet und auf dem Wolf gerissen. Die so erhaltenen Zotten und Flocken werden erforderlichenfalls mit Chlorkalk gebleicht.

Der Spinnvorgang besteht ganz ähnlich wie bei Baumwolle aus Krempeln, Kämmen, Strecken, Vor- und Feinspinnen.

Von den etwa 30 angemeldeten Patenten zur Nesselfasergewinnung haben sich nur folgende in die Betriebe einzuführen vermocht:

D.R.P. 223·177 von J. E. Pfiel und K. Seibert, Wien; D.R.P. 250 410 von F. Kreissl und K. Seibert, Wien; D.R.P. 284 704 von O. Richter und F. Pick, Wien (L. M. f. T. **1916**, 91); D.R.P. 297 785 von G. Hildenbrand, Göppingen; D.R.P. 299 441 von K. Bockhacker, Gummersbach, Rheinland; D.R.P. 300 527 von Dr. Wagner, Duisburg; D.R.P. 3C0 819 von H. Schneider, Landsberg, Warthe; D.R.P. 312 381 der Nessel-Anbau-Gesellschaft, Berlin.

Vorrichtungen zum Ablösen der Faser beschreiben: D.R.P. 302 044 von A. Hammer, Berlin; D. R. P. 304 606/7 von H. Küchenmeister, Schlachtensee, Berlin.

D. R. P. 305 049, 342 535, 345 504, 345 505, 345 883 von Joh. Elster in Adorf, D. R. P. 305 666 von Wilde in Meerane und L. Hermsdorf in Chemnitz (Ablösen der Faser vom Bast durch Gas entwickelnde Stoffe, z. B. Natriumbikarbonat und Salzsäure); D.R.P. 316 578 der Zschopauer Baumwollspinnerei (Z. f. g. T. **1920**, 158).

Die meisten Patente sind in der Kriegszeit genommen worden. Damals ist auch viel über die Nesselfasergewinnung veröffentlicht worden, so Anweisung für das Einsammeln von Brennesseln durch das Kriegsministerium, Z. f. d. ges. Text. **1916**, 347; R. Rössler, Brennessel und Hopfen, Z. f. d. ges. Text. **1916**, 157; A. Herzfeld, Die Gewinnung der reinen Brennesselfaser, Z. angew. Ch. **1916**, 379 (Ref.); O. Richter, Über die Gewinnung und Verwertung der Nesselfaser, L. Färb.-Ztg. **1916**, 184 Beiträge zur Lösung des Nesselproblems. Ch. Ztg. **1916**, 801; Nesselernte, L. Färb.-Ztg. **1916**, 365; Nesselanbau und Verwertung, L. M. f. T. **1917**, 1; Rasser, Die Brennessel als Ersatzfaserstoff, Z. f. d. ges. Text. **1918**, 192; Nesselbeschaffung, L. M. f. T. **1918**, 314; Axmacher, Die Brennessel und ihre Verwertung als Spinnfaser, L. Färb.-Ztg. **1916**, 162.

Wirtschaftliches.

Deutschland erzeugte 1916 2000 t Stengel, gleich 120 t Fasern. Unter Berücksichtigung des Umstandes, daß die Nessel eine Schatten- und Feuchtpflanze ist, hat man 5 ha am Teltower Kanal zwischen Teltow und Zehlendorf zu einer Versuchsanlage angebaut. Eine weitere Anlage befindet sich bei Stettin. 1 ha Nesselfeld liefert im August-September 3 t Blätterheu als Futter und 6 t Trockenstengel, gleich 550 kg Spinnfasern, gleich 350 kg Garn.

Die Nessel könnte vielleicht aus Skandinavien, wo sie in größeren Mengen wild wuchert, eingeführt werden. Der Preis für 1 kg versponnene Faser dürfte sich nach Rasser (Z. f. d. ges. Text. **1918**, 192) auf 1,6—2 Mk. stellen.

Physikalisches Verhalten.

Die Länge der Elementarfasern beträgt *2—3* cm.

Die Breite geht bis zu 120 μ an der Stengelbasis; in der Mitte ist sie 50 μ, oben 40 μ.

Der Querschnitt der Faser ist rundlich bis elliptisch.

Die Festigkeit soll größer sein als die der Baumwollfaser.

Chemisches Verhalten.

Die Faser besteht aus fast reiner Cellulose wie Baumwolle.

7. Ginster. (Deutsche Faserst. **1919**, *235*; *293*; *295*.)

Die Faserpflanze.

Zu unterscheiden ist zwischen dem heimischen Besenginster Sarothamnus scoparius und dem südeuropäischen Binsenginster oder Pfriemenkraut, Spartium junceum. Die Faser wurde bereits im Mittelalter benutzt.

Fasergewinnung.

Juli bis September werden die Triebe geschnitten, geordnet und gebündelt. Eine Röste würde beim Besenginster wegen des großen Harzgehaltes der Stengel nicht zum Ziele führen, ohne die Faser selbst anzugreifen. Deshalb zieht man die chemische Aufschließung vor. Nach mehrstündigem Dämpfen wird im Kollergang gequetscht und der Bast durch Maschinen vom Stengel abgezogen. Dürre Stengel werden nicht gedämpft, sondern mehrere Tage in Wasser von 30—40° C eingeweicht. Der abgezogene Bast wird in Schüttelwerken von Holzteilchen befreit und mit ½—1% Natronlauge unter Druck gekocht. Die Ausbeute beträgt 5—7% spinnfähiger Faser. 1883 nahm H. Müller in Wien das D. R. P. *22 523*; neuere Patente zur Gewinnung der Faser sind D. R. P. *224 593*, *256 470* und *297 138* von R. Sütterlin und *315 754* der Nesselanbaugesellschaft, Berlin.

Beim Binsenginster ist der Verband der Bastzellen nicht so fest und kann durch eine bloße Röste genügend gelockert werden, um die feine Einzelfaser zu erhalten.

Physikalisches Verhalten.

Die Rohfaser ist 3—12 cm lang, je nach der Art der Aufschließung, und 50—60 μ dick. Die Elementarfasern sind 5—6 mm lang und 15 μ dick.

Die Farbe ist bräunlich. Die Festigkeit ist groß.

Chemisches Verhalten.

Mit Jod und Schwefelsäure färbt sich die Faser blau oder gelblich.

Verarbeitung.

Aus Ginster werden Seile gesponnen und grobe Gewebe hergestellt.

8. Lupine.

Die Faserpflanze ist Lupinus luteus und in Italien und Frankreich heimisch. Seit dem Kriege 1914/18 wird sie zur Fasergewinnung herangezogen.

Die Fasergewinnung geschieht nach den D. R. P. 302 803 der Pflanzenfaser-Patentgesellschaft in Berlin und 306 362 und 306 496 der Hoffmanns Stärkefabriken, A.-G., in Salzuflen. Der Bast wird mit heißer Natronlauge heruntergelöst, ohne daß der Zusammenhang der einzelnen Zellen zerstört wird. Die Ausbeute an Faser beträgt 5—6%.

Die Elementarzellen sind an sich zu kurz zum Verspinnen, halten aber sehr fest zusammen.

Die Faser ist schwach verholzt.

Die Lupine kann die Jute ersetzen.

9. Kartoffelkraut.

Das bei der Kartoffelernte zurückbleibende Kraut liefert nach Herzog (Text. Forsch. **1920**, 8) nur 3,1% Faser.

Die Fasergewinnung ist daher kaum wirtschaftlich. Man röstet wie bei Flachs 3—5 Tage bei 30—35° C.

Die Elementarfaser ist etwa 16 mm lang. Die technische Faser ist nicht viel länger. Die Dicke der Elementarfaser beträgt etwa 25 μ; die metrische Nummer ist 1954.

Die Zellenwandung ist verholzt und färbt sich mit Jod und Schwefelsäure gelb.

10. Hopfen.

Die Faserpflanze ist Humulus lupulus.

Die Gewinnung der Faser geschieht nach den D. R. P. 860 von J. D. Nördlinger in Stuttgart, 3913 von J. Seeger in Stuttgart, 223 177 von J. E. Pfiel und K. Seibert und 250 410 von F. Kreissl und K. Seibert in Wien, 304 387 von E. Reis in Heidelberg, 318 224 von H. Küchenmeister in Berlin und 319 013 von B. Jirotka in Neukölln. Im allgemeinen folgt einer alkalischen Aufschließung eine mechanische Bearbeitung. Der Hopfenstengel liefert etwa 20% Bast, wovon die Hälfte verspinnbar ist.

Die Elementarfasern sind 10 mm lang und durchschnittlich 20 μ dick (W. Massot, L. M. f. T. **1916**, 145).

Die Fasern bestehen aus reiner Cellulose.

11. Sojabohne.

Die Faserpflanze ist Glycine hispida, in Ostasien heimisch, aber auch in Mitteleuropa angebaut. Die Samen werden ihres Eiweiß- und Fettgehaltes wegen gegessen.

Die Fasergewinnung könnte nebenher betrieben werden; allein lohnt sie sich kaum, da nach R. Schwede (Text. Forsch. **1919**, 97) durch Röste nur 6—8,6% Rohfaser und durch nachfolgendes Kochen mit 5%iger Natronlauge nur 4.2—6% Reinfaser gewonnen werden.

Die Faser ist durchschnittlich 1—2½ mm lang und 22—28 μ dick.

Die Faser ist fast reine Cellulose.

12. Weide. (S. 80.)

Die Faserpflanze ist vor allem Salix regalis, die sog. Korbweide. Die Bastbündel liegen in der Rinde, die etwa ⅓ des Gesamtquerschnittes des Zweiges ausmacht.

Die Fasergewinnung geschieht nach dem D. R. P. 146 122 von L. v. Ordody in Budapest, indem die Rinde auf lange spinnbare Fasern und einen Gerbstoff, nach dem D. R. P. 291 072 der Österreichischen Filzkorkwerke in Krasna in Mähren, indem sie auf lange Fasern und kurze, als Isoliermittel und Füllmaterial für Linoleum dienende verarbeitet wird. Die Rinde wird mit Lauge gekocht, wobei der Gerbstoff ausgezogen wird. Weitere hierher gehörige Patente sind D. R. P. 297 569 von Th. Schiefner in Dresden, 307 724 von F. Kniebel in Kühn, 308 566 und 314 954 von E. Schmid und K. Alter in Pludershausen und 312 730 von A. Hammer in Berlin. Die Ausbeute schwankt nach Herzog zwischen 6 und 17% Faser.

In Deutschland gewinnt man etwa 6000 t Weidenrinde.

Die Elementarfasern sind durchschnittlich 1,5 mm lang. Sie sind sehr fein; die metrische Nummer beträgt nach Herzog 5522—10 086. Die Doppelbrechung ist stark.

Mit Zinkchloridjod färbt sich die Faser gelb. In Kupferoxydammoniak quillt sie und löst sich allmählich zum Teil. Auf der Faser sitzen fast immer Kristalle von Kalziumoxalat, die im Polarisationsmikroskop stark leuchten.

13. Linde.

Die Faserpflanze ist vorzugsweise Tilia parvifolia und T. grandifolia. Sie liefert schon lange den aus der Rinde gewonnenen Bast für Bindeseile und Wäscheleinen.

Die Fasergewinnung zerfällt in das Lösen der Rinde vom Holz und das Aufschließen der Rinde.

Wenn die Bäume 30—40 cm dick geworden sind, werden sie gefällt und Mitte Mai die Rinde abgeschält. Die 6—9 cm breiten Rindenstreifen werden bis Ende Oktober geröstet. Nach dem Trocknen läßt sich der Bast in die einzelnen Jahresschichten spalten und wird danach geordnet. Er kommt in den Handel 1—2,5 m lang, 2—5 cm breit und 40—80 μ dick.

Die Aufschließung der Rinde geschieht nach dem D. R. P. 47 023 von O. Brociner und B. Iscovitz in Wien durch Kochen mit Alaun und Kaliumbichromat, ferner nach den D. R. P. 308 566 und 314 954 (unter 12).

Die Bastzellen sind 1,1—2,6 mm lang und nur 15 μ dick.

14. Pappel. (S. 80.)

Die Fasergewinnung geschieht ähnlich wie unter 12 und 13. Nach dem D. R. P. 300 644 von J. Kersting in Weine wird die Rinde von Pappel oder Weide bei 150—180° gedämpft, wobei ein gerbstoffhaltiger Auszug erhalten wird. Nach dem D. R. P. 305 655 von F. Kniebel in Rühn wird die Rinde von den gekochten Pappelzweigen abgezogen, mit Soda gekocht, geschleudert und feucht gekratzt.

15. Maulbeerbaum.

Die Faserpflanze ist morus; ihre Blätter dienen dem Seidenwurm zur Nahrung.

Die Fasergewinnung aus der Rinde beschreibt das D. R. P. 317 043 von G. Mark in Bretnig.

16. Meerrettig.

Die Faserpflanze ist Cochlearia armoracia.

In den Stengeln und Blattstielen befinden sich derbe Fasern, deren Gewinnung das D. R. P. 297 062 von J. Paar in Köln beschreibt.

II. Monokotyle.

1. Binse.

Die Faserpflanze ist die bis zu 90 cm hohe, an feuchten Orten gedeihende Flatterbinse, juncus communis.

Die Fasergewinnung kann wegen des Kieselsäuregehaltes nicht durch Röste, sondern nur durch chemische Aufschließung geschehen.

Außer den unter 2 angegebenen D. R. P. 136 100, 180 396, 189 957, 195 295, 203 855 und 313 344 kommt das D. R. P. 308 564/5 der Deutschen Typhaverwertungsgesellschaft in Charlottenburg in Frage.

2. Schilfrohr.

Die Faserpflanze ist der weitverbreitete Phragmites communis. Rohr wurde früher nur zu Horden, Matten und Stuhlrohr verarbeitet.

Die Fasergewinnung geschieht heute nach den D. R. P. 136 100 und 163 659 von L. v. Ordody in Budapest, 180 396, 189 957, 195 295 und 203 855 von F. Fuchs in Bad Landeck, 285 539 von B. v. Ordody und B. Schottik in Budapest und 301 283 von A. Frohmader in Nürnberg und 313 344 von A. F. W. Brummer in Utrecht.

3. Riedgras.

Die Faserpflanze ist Carex stricta.

Die Fasergewinnung geschieht nach den D. R. P. 203 855, 285 539 und 301 283 unter 2.

4. Seegras. (S. 80.)

Die Fasergewinnung geschieht nach D. R. P. 301 283 unter 2.

5. Stroh.

Als Faserpflanze kommen hauptsächlich der Roggen, Secale cereale, und der Weizen, triticum, in Betracht, seltener Raps- (D. R. P. 320 909) und Reisstroh.

Die Fasergewinnung geschieht nach den D. R. P. 217 159, 258 201 und 284 465 von F. Reichmann in Barmen, 307 552 der Sächsischen Revisions- und Treuhandgesellschaft, A.-G., in Leipzig und 316 109 der Geraer Jute-Spinnerei und -Weberei, A.-G., in Triebes. Zunächst durchläuft das Stroh Walzen, um den Röhrenteil zu zerspalten und die Knoten zu zerquetschen. Dann wird mit Lauge gekocht, gespült und getrocknet. Die spröde Faser wird durch einen dem Jutebatschen ähnlichen Vorgang weich gemacht. Darauf wird gekrempelt und wie Jute fertig gesponnen.

C. Wolf in Schweinsburg und E. Trommer in Crimmitschau erkannten, daß die Fasern in der Nachbarschaft der Wurzel gröber, in der Nähe der Halmspitze aber feiner seien. Sie benutzen daher nach D.R.P. 307 688 nur den oberen Teil des Halmes zur Aufschließung.

Insgesamt enthält das Stroh von Roggen oder Weizen 46—48% Faser. Im Handel ist die Faser unter der Bezeichnung „Stranfa", abgekürzt aus Strohhanffaser (P. Langner, L. M. f. T. **1920**, 102).

6. Holz.

Holz kann als Spinnstoff dienen entweder, nachdem es der Länge nach zu sog. Holzwolle zerteilt ist, oder, indem der Quere nach die Fasern aus ihrem Verband gelöst werden.

Die Holzwolle wird aus weichem Holz gehobelt oder geschält; sie kann zu ganz groben Garnen für sich oder mit Jute zusammen versponnen werden.

Nach den D. R. P. 60 653, 68 600 und 69 217 von A. Mitscherlich in Freiburg wird versucht, den Querverband der Fasern zu lösen.

Nach dem D. R. P. 305 141 von K. Mutter in Triptis sollen die Fasern aus dem Sommerholzteil der aus dem Holzstamm herausgeschälten Jahresringe entnommen werden und dadurch widerstandsfähiger sein. Nach dem D. R. P. 304 252 von R. Kron in Thalheim soll das Holz durch Einweichen, Dämpfen oder Kochen geschmeidig gemacht, geschält und durch ein Walzwerk gelassen werden, dessen Zug quer zur Längsrichtung der Faser verläuft; dadurch sollen möglichst lange weiche Faserstränge erhalten werden. Nach dem D. R. P. 300 419 von A. Kautsch in Drennsteinfurt wird die Holzfaser durch Frierenlassen, Trocknen und Walzen oder Schlagen von der Zellmembran geschieden.

Eigenschaften.

Holz ist ein Gemenge von Cellulose, Lignin und Zuckern.

In frischem Zustande enthält es 40—60% Wasser, lufttrocken noch 10—20%. Sein spez. Gew. ist dann etwa 0,5. In feuchter Luft quillt es wieder, um so mehr, je frischer es ist. Altes Holz „arbeitet“, „schwindet“ und „reißt“ nicht mehr.

Heißes Wasser löst bis zu 12% (Xylose, Mannose, Galaktose).

Wasser über 100° spaltet Ameisensäure, Essigsäure, Methylalkohol und Furfurol ab. Dabei bräunt sich das Holz.

Gleichzeitige Einwirkung von Wasser und Luft läßt das Holz modern, zu sog. Humusstoffen.

Cellulose enthält das lufttrockene Holz durchschnittlich 50%.

Lignin (S. 36) wird durch kochende Alkalien unter Druck in Alkalisalze von sog. Ligninsäuren übergeführt, deren wässrige Lösung durch Säuren teilweise gefällt wird.

Kochende Säuren erzeugen Ameisensäure, Essigsäure, Methylalkohol und Furfurol.

Das Lignin ist charakterisiert durch seinen Gehalt an Methyl- und Methoxygruppen. Durch Jodwasserstoff läßt sich das Methyl herausspalten. Die „Methylzahl" ist daher ein Maß der Verholzung; z. B. liefert Fichtenholz 2½% Methyl.

Das Lignin vermag ferner große Mengen Chlor zu binden. Nach P. Wäntig (Textilchem. u. Kol. **1922**, 77) greift Chlor nur das Lignin (die Inkrusten) an, Hypochlorit dagegen auch die Cellulose selbst.

Dem Lignin eigentümlich sind weiter die Rotfärbung mit Phloroglucin (S. 36), die Gelbfärbung mit Anilinsalz, allgemein die Farbreaktionen mit aromatischen Phenolen und Aminen. C. Schwalbe hat jedoch gezeigt, daß diese Reaktionen leicht ausbleiben, wenn z. B. das Holz mit Chlor und nachfolgendem Natriumsulfit behandelt wurde. Sehr charakteristisch ist auch die Bräunung des Lignins durch 70%ige Schwefelsäure im Gegensatz zu Cellulose.

Lignin geht beim Erhitzen mit schwefliger Säure unter Druck in Gegenwart von Sulfiten in Lösung, wahrscheinlich als Calcium- oder Natriumsalz einer durch Anlagerung von schwefliger Säure an ungesättigte Kohlenstoffatome entstehenden Ligninsulfosäure.

Oxydationsmittel verbrennen das Lignin zu Ameisen-, Essig-, Butter-, Oxal- und Kohlensäure.

Lignin ist in Kupferoxydammoniak unlöslich und in Ätznatron und Schwefelkohlenstoff nur quellbar.

Die Zuckerstoffe des Holzes werden als Hexosane und Pentosane bezeichnet. Sie sind Anhydride der Hexosen und Pentosen. Die Pentosane bilden den sog. Holzgummi.

Die Holzgummibestandteile lösen sich bereits in kalten verdünnten Alkalien und werden aus der Lösung beim Ansäuern als schleimiger Niederschlag — im wesentlichen Xylan, die Muttersubstanz der Xylose — gefällt (E. Heuser, Beiträge zur Kenntnis der Pentosane, J. f. prakt. Chem. **1921**, 69; Text. Forsch. **1922**, 113).

Durch verdünnte Säuren werden die Zuckerstoffe hydrolytisch abgebaut.

7. Papier.

Geschichte. Papier wird als Spinnstoff schon seit mehr als 100 Jahren gebraucht. Damals wurden in Japan flache, gefalzte und gedrehte Streifen aus einem besonders zähen und geschmeidigen Bastfasernpapier verflochten und verwebt. Später haben die Amerikaner Papiergarn hergestellt (1862 A. Robinson, A. P. 30484; 1864 J. P. Tize, A. P. 43864; 1865 E. B. Bingham, A. P. 46208 (Wasserfestmachen) und 1881 J. N. Perkins, A.P. 245395 (Umspinnen von Textilfäden mit Papierbändern). 1893 hat Steward die A. P. 500 627 und 568 299 auf die Herstellung starker Bindfäden genommen. Erst 1895 hat in Deutschland E. Claviez in Leipzig Papiergarn, sog. Xylolin, nach D. R. P. 93 324 hergestellt. Daraus gewebte Säcke, Teppiche und Wandbekleidungsstoffe führte er 1897 auf der Sächsisch-Thüringischen Industrie-Ausstellung in Leipzig vor.

Außer dem fertigen Papier wird auch der unfertige Papierstoff versponnen. Die ersten Versuche rühren von A. Mitscherlich her (D. R. P. 60 653 aus dem Jahre 1890, S. 53). C. Pieper in Berlin teilte 1891 nach dem D. R. P. 73 601 den Papierstoff auf dem Sieb der Papiermaschine in Streifen ab und würgelte auf den Sieben selber. G. Türk in Lend-Gastein rundete nach D. R. P. 79 272 die nassen Papierbreistreifen durch Nitscheln zwischen besonderen flach laufenden Gummihosen. Das Verfahren wurde von der Patentspinnerei Altdamm bei Stettin gekauft. Zu seiner Verbesserung wurden noch folgende Patente genommen: D. R. P. 142 678, 149 444, 193 049 von Kron, 185 133, 185 893 und 187 673 von C. Kellner in Hallein, 209 952 von L. König in Berlin, 140 011, 262 112, 278 994 von A. Leinweber in Hilbersdorf und 294 180 von Türk. Kron nannte sein Erzeugnis Silvalin (Waldleinen). Heute nennt man Papierstoffgarne Cellulon- oder Cello- oder Zellstoffgarne.

Das Claviezsche Verfahren ist örtlich unabhängig von der Papierfabrik. Jede Spinnerei kann leicht darauf umgestellt werden. Die Zellstoffgarnerzeugung dagegen erspart das Trocknen des Papiers und das weiterhin nötige Anfeuchten und Schneiden. Das Claviezsche Verfahren hat sich bis in die jüngste Zeit als überlegen erwiesen, aber auch die Zellstoffgarne sind lebensfähig geblieben und haben wohl noch eine bedeutendere Zukunft.

Gewinnung. Papier wird entweder aus Holzschliff oder aus Zellstoff oder aus Hadern gemacht.

Holzschliff.

Holzschliff oder Holzstoff nennt man das Gemenge von Faserbündeln, Fasern und Fasertrümmern, das beim Anpressen von Holz an umlaufende Schleifsteine bei Gegenwart von Wasser entsteht. Man unterscheidet Weißschliff und Braunschliff, je nachdem, ob das natürliche oder vorher unter Druck gedämpfte Holz geschliffen wird.

Die Herstellung von Holzschliff läßt sich zergliedern in das Entrinden und Putzen, das Schleifen, das Sortieren und Entwässern.

Möglichst gerade gewachsene 40—80jährige Fichten (Abies excelsa), Tannen (Abies pectinata), Kiefern (Pinus silvestris, besonders für Braunschliff) oder Aspen (Populus tremula) von 7—20 cm Durchmesser werden in Rollen von

½—1 m Länge zersägt, je nach der Breite der Schleifsteine. Darauf wird geschält auf Maschinen, z. B. von A. Bezner, Ravensburg, wobei etwa 18% an Gewicht und 15% an Raum verloren gehen. Die Äste werden zum Schluß möglichst ausgebohrt.

Das Schleifen geschieht auf Quarzsandsteinen von 0,1—2 mm Korngröße, bis zu 170 cm Breite und bis zu 250 cm Durchmesser. Betriebssicherer sind Kunstsandsteine, z. B. Herkulessteine von O. Schmidt, Dresden infolge der eingelegten Eisenbänder. Der Kaltschliff wird mit viel Wasser, etwa der 150fachen Menge, der Heißschliff nur mit der 20—40fachen Menge ausgeführt.

Der Flächendruck beträgt 0,3—3 kg auf den qcm. 100 kg Holzschliff brauchen stündlich etwa 0,2—0,3 PS, wovon etwa die Hälfte in Reibungswärme verwandelt wird. Der Kraftverbrauch ist am geringsten, wenn die Holzrollen mit ihrer Achse parallel zur Schleifsteinachse angepreßt („quergeschliffen") werden. Die Steine drehen sich in der Sekunde 2½—4 mal herum, so, daß die Umfangsgeschwindigkeit 7—18 m beträgt. Das Holz schiebt sich in der Minute höchstens 5 mm vor. Aus 1 Festmeter Fichtenholz (536 kg) erhält man bei einem Druck von 3—4 kg auf 1 qcm 360 kg Holzschliff. Ein Großkraftschleifer mit drei Pressen und 1 m Schleifbreite, z. B. von der A.-G. Amme, Giesecke & Konegen, Braunschweig, liefert stündlich 500 kg Holzschliff.

Das Sortieren trennt den groben Stoff vom feinen. Splitterfänger, Bleche mit Schlitzen, halten zunächst losgerissene Splitter zurück. Darauf tritt der gehörig verdünnte Stoff in das Innere der Schleudersortierer, umlaufender Siebzylinder. Der feine Stoff tritt durch das Sieb nach Außen, der grobe läuft weiter zu den Raffineuren, Mahlgängen mit einem festen und einem sich drehenden Stein, zu weiterer Zerkleinerung, um darauf zum Sortierer zurückzukehren.

Entwässert wird meist auf Zylindersiebmaschinen, z. B. der Maschinenbau-A.-G. vorm. Starke & Hoffmann, Hirschberg. Ein mit Drahtgaze bespannter Zylinder läuft in dem Stoffbrei um. Das Wasser läuft in das Innere des Zylinders und von da aus ab. Die auf dem Umfang zurückbleibende Faserschicht wird von einem Filz ohne Ende abgestreift und durch ein Walzenpaar bis auf etwa 33% Trockengehalt abgepreßt.

Braunschliff verliert durch das Dämpfen 5—8% (Zuckerstoffe) unter Verringerung des spez. Gewichtes. Beim nachherigen Schleifen gehen weitere 10—12% verloren. Der Kraftaufwand ist größer als beim Weißschliff, nämlich stündlich 0,33—0,37 PS für 100 kg Schliff. Auch die Ausbeute ist geringer. Dafür ist Pappe aus Braunschliff fester.

Der Wassergehalt des Holzschliffs wird durch Trocknen bei 100° ermittelt. Zum Trockengewicht werden 12% hinzugeschlagen, um das Handelsgewicht zu erhalten.

Wirtschaftliches. Deutschland stellte 1914 aus etwa 2 Millionen Festmeter Holz 720 000 t Holzschliff her.

Verwendung. Weißschliff zu Kartons und als Füllstoff für andere Faserstoffe, insbesondere Zellstoff zu Papier. So enthält Zeitungspapier 20% Zellstoff und 80% Holzschliff. Solche Papiere vergilben am Licht und werden brüchig.

Braunschliff kann allein zu Papieren verarbeitet werden.

Zellstoff.

Zellstoff oder Holzzellstoff nennt man den Faserstoff, der beim Kochen mit chemischen Hilfsstoffen unter Druck aus dem Holz übrig bleibt. Man unterscheidet Natron- und Sulfitzellstoff, je nachdem, ob alkalisch oder mit sauren Sulfiten gekocht wird.

a) Natronzellstoff.

Die Herstellung von Natronzellstoff läßt sich zergliedern in das Zerkleinern des Holzes, das Kochen, das Auswaschen, das Quirlen, das Sortieren, das Entwässern, das Formen zu Pappen und das Trocknen.

Die Zerkleinerung des Holzes muß ziemlich weit gehen und möglichst gleichmäßig sein, damit die Osmose der Lauge durch die Zellmenbranen überall schnell von statten geht. 1—2 m lange und 15—35 cm dicke Holzstücke werden auf der Hackmaschine zu 2—3 cm langen und 1—2 cm breiten und ½—1 cm dicken Spänen zerlegt; sie werden auf Hackmaschinen zerhackt, auf Desintegratoren aufgebrochen, in Trommeln gesiebt und in die stehenden Kocher eingestampft, so, daß in 1 cbm 0,4 Festmeter (214 kg) Holz untergebracht werden.

Das Kochen geschieht in bis zu 70 cbm fassenden eisernen Kesseln bei 8—10 Atm. bei 170° C mit 2,1 cbm 6—8%iger Natronlauge auf 1 Festmeter Kiefernholz (550 kg) während 4—6 Stunden. Die Alkalimenge betrage mindestens 20% vom Holzgewicht für die Aufschließung und 7—9% Überschuß, der am Ende der Kochung noch vorhanden sein soll. Gegen das Ende der Kochung von Nadelholz (Kiefernholz) bläst man das mit dem Dampf flüchtige Terpentinöl (11 g auf 1 kg Zellstoff) ab; es verdichtet sich in einer Rohrschlange in einem Kühlbottich.

Das Auswaschen geschieht in den sog. „Diffuseuren" mit möglichst wenig Frischwasser, damit die Laugen nicht zu verdünnt werden. Die Ablauge wird im Vakuum bis zu 30° Bé eingedampft, in Scheibenverdampfern bis 40—50° Bé eingedickt, im Drehofen gesintert und im Schmelzofen mit Gebläseluft verascht. Sie muß schließlich mit 36—45 kg Ätzkalk auf 100 kg Zellstoff wieder ätzend gemacht werden, nachdem der Verlust von 10—15% Alkali durch Sodazusatz wieder ausgeglichen wurde. Vor der Rückgewinnung läßt man die Ablaugen längere Zeit stehen. Dann scheidet sich auf der Oberfläche das „flüssige Harz" (in Schweden „Tallöl") ab. Dieses wird abgeschöpft und zur Papierleimung benutzt.

Das Quirlen trennt die Fasern vollends voneinander; die bereits zerfetzten Hackspäne werden in Trommeln („Separatoren") aufgeschlagen.

Das Sortieren trennt noch unaufgeschlossene Faserbündel und andere störende Beimengungen mittels Sandfängen, Astfängern und Sieben ab .

Entwässert wird auf Maschinen ähnlich denen der Papiererzeugung. Die entstandene Pappe kann feucht in die Papierfabrik wandern.

G e t r o c k n e t wird für den Verkauf auf Zylindertrockenmaschinen bis zu einem Feuchtigkeitsgehalt von 12%.

Eine Abart des Natronzellstoffs ist der S u l f a t - oder K r a f t z e l l s t o f f. Die Kochlauge enthält 2% Natriumsulfid, außerdem 8% Ätznatron, 3—4% Soda und 2% Natriumsulfat. Natriumsulfid und Ätznatron werden nicht als solche zugesetzt, sondern in Gestalt von Natriumsulfat (13—30 kg auf 100 kg Zellstoff). Im Dreh- oder Schmelzofen reduziert die organische Substanz das Sulfat zu Sulfid; dieses wird beim Ätzendmachen mit Kalk teilweise in Ätznatron übergeführt.

Die A u s b e u t e an Sulfatzellstoff beträgt 40—50% gegen nur 30—40% an Natronzellstoff. Die Fasern des Sulfatzellstoffs sind länger und geschmeidiger. Dafür entsteht bei der Kochung anstatt Methylalkohol Methylmercaptan (Sp. 5°) und Methylsulfid (Sp. 37°), die namentlich in großer Verdünnung die Luft mit unerträglichen Düften nach faulendem Weißkohl schwängern. Deshalb hat sich der bessere und billigere Sulfatzellstoff in Deutschland nicht einbürgern können. In Schweden werden die entweichenden Merkaptane möglichst mit Generatorgas verbrannt.

b) S u l f i t z e l l s t o f f.

Die H e r s t e l l u n g d e s S u l f i t z e l l s t o f f e s läßt sich zergliedern in das Zerkleinern des Holzes, das Kochen, das Quirlen, das Auswaschen und das Trocknen.

Das Z e r k l e i n e r n geschieht wie oben, jedoch muß die Rinde vorher bis zu einem Holzverlust von 12—18% sorgfältig abgeschält werden, da sie beim sauren Verfahren nicht zerstört wird. Aus ähnlichen Rücksichten darf harzreiches Kiefernkernholz nicht gekocht werden. Harzarmes Kiefernsplintholz ist zulässig. Hauptsächlich wird Fichte, Tanne und Aspe gekocht. Die Hackspäne werden in die 200—300 cbm fassenden Kocher eingestampft.

G e k o c h t wird mit sog. Sulfitlauge. Die Sulfitlauge wird bereitet, indem Schwefeldioxyd aus Schwefelkies oder Schwefel von unten in 30 m hohe Türme geleitet wird, in denen Wasser über grobe Kalksteinbrocken auf Rosten herabrieselt. Während aus den Türmen oben Kohlendioxyd entweicht, fließt unten eine 4—4½° Bé starke Lauge ab mit 2,4—2,9% SO_2 (frei und an Kalk gebunden). Zu 2 Teilen dieser „Turmlauge" fügt man gewöhnlich 1 Tl. „Übertreiblauge", d. i. das Kondensat der Abgase, die während des Kochens abgeblasen werden.

Die M i t s c h e r l i c h - K o c h u n g arbeitet mit Lauge von 2,8% Gesamt-SO_2, 1,7% freier SO_2 und 1% Kalk. Der Kocher ist mit säurefesten Steinen ausgemauert. Die indirekte Heizung geschieht mit Schlangen aus Hartblei oder Kupfer. Vor dem Auffüllen der Lauge wird das Holz gedämpft, um die Luft auszutreiben. Man kocht 24—50 Stunden bei 135° C.

Die R i t t e r - K e l l n e r - K o c h u n g arbeitet mit Lauge von 4—5% Gesamt-SO_2, 2,8—3,8% freier SO_2 und ebenfalls 1% Kalk. Die direkte Heizung mit offenem Dampf verdünnt die Lauge zunehmend. Man kocht 10—20 Stunden bei 145—150° C.

Während der Kochung muß zur Aufrechterhaltung des vorgeschriebenen Druckes häufig abgegast werden. Man gewinnt dadurch 30—40% des SO_2 zurück.

Die Ablauge von der Kochung enthält 12% organische Substanz; davon 1—1½% zu ¾ vergärbaren Zucker. Die Mitscherlich-Kochung liefert 8, die Ritter-Kellner-Kochung 10 l Ablauge auf 1 kg Zellstoff. 1 l Ablauge liefert 10 ccm Alkohol (R. Sieber, Z. angew. Ch., Ref. **1917**, 343). Andere Verwendungen der Ablauge sind die als Klebmittel, nach der Eindickung als „Zellpech" zum Binden des Formsandes, nach der Entkalkung als „Protektol" (A) (T. **1921**, 353), Dekol (BASF) als kolloider Schutz der Wolle gegen alkalischen Angriff, als „Celluloseextrakt" zum „Füllen" des Leders.

Das Quirlen des Kochgutes geschieht wie bei Natronzellstoff durch Aufschlagen.

Beim Waschen braucht auf die Verdünnung der Ablauge nicht so große Rücksicht genommen zu werden.

Die Ausbeute an Sulfitzellstoff beträgt 37—50% vom Holzgewicht.

Eigenschaften. Holzzellstoff enthält 88—94% Cellulose, außerdem Pentosane bei Natronzellstoff 6,5—7,6%, bei Sulfitzellstoff 3,4—4,6%; ferner Ligninreste — der Methylgehalt der ungebleichten Holzzellstoffe beträgt etwa 3%, derjenige der gebleichten 0,7—1,2% (s. a. Schwalbe, Ein Analysenschema für die Untersuchung pflanzlicher Rohfaserstoffe und daraus abgeschiedener Zellstoffe, Z. angew. Ch. **1919**, 125).

Äther- bzw. alkohol-lösliches (Harze) enthält

Natronzellstoff 0,1—0,25% bzw. 0,1—0,27%
Kraftzellstoff 0,1—0,24% bzw. 0,45—0,6%
Sulfitzellstoff 0,6—1% bzw. 0,4—0,8%.

Der Aschegehalt der Holzzellstoffe beträgt 0,5—1,5%.

Wirtschaftliches. Deutschland stellte 1913 aus 3 659 000 Festmetern Holz 791 000 t Zellstoff her. Dazu mußten 2,2 Millionen Festmeter eingeführt werden. 179 463 t Zellstoff wurden aus-, 51 319 t eingeführt.

Verwendung. Hauptsächlich zu Papier. Natronzellstoff für Viskose. Kraftzellstoffe, neuerdings auch Natron- und Sulfitzellstoff vermischt, für Papiergarn. Sulfitzellstoff geht, im Holländer mit stumpfem Basaltlavageschirr gemahlen, alsbald in einen Schleim über, der sog. Pergamentersatz und nach der Satinierung „Pergamyn" zum Einwickeln fettiger Stoffe ergibt.

Die Unterscheidung von Natron- und Sulfitzellstoff nach C. Schwalbe beruht auf dem verschiedenen Harzgehalt. Der Kohlenstofftetrachloridauszug wird mit einigen Tropfen Essigsäureanhydrid versetzt und mit konz. Schwefelsäure unterschichtet. Bei höherem Harzgehalt (Sulfitzellstoff) tritt Rosa- und dann Grünfärbung auf.

Hadern.

Hadern oder Lumpen nennt man Faserabfälle, sei es in unfertigem Zustande aus der Spinnerei, sei es in fertigem, abgenutzten und abgetragenem Zustande. Hadern sind der beste Rohstoff für Papier und sind da, wo es auf Haltbarkeit ankommt, wie z. B. bei Urkunden, allein verwendbar.

Die Herstellung des Hadernbreis, des sog. „Halbstoffs", läßt sich zergliedern in Sortieren, Dreschen, Zerkleinern, Abkochen, Waschen, Zerfasern im Holländer und Entwässern.

Das Sortieren geschieht nach Faser und Farbe. Tierische Faserstoffe müssen ausgesondert, Gummi, Schnallen und Knöpfe abgetrennt werden.

Das Dreschen geht häufig voraus. Auf dem sog. Haderndrescher werden Sand und Staub durch mit Zähnen besetzte Trommeln herausgeschlagen.

Das Zerkleinern geschieht auf dem Hadernschneider. Zuweilen schließt sich eine abermalige Entstäubung auf einem Siebtrommelentstäuber oder auf einem Wolf an.

Gekocht wird mit Lauge 4—12 Stunden bei 3—5 Atm. im sog. Kugelkocher. Dadurch werden die Fette verseift und die Farbstoffe größtenteils heruntergezogen.

Gewaschen wird auf Holländern mit Schaufelrädern oder auf gewöhnlichen Halbzeugmahlholländern.

Das Zerfasern zu „Halbzeug" geschieht im Holländer. Der Holländer ist ein eiförmiger Bottich, der durch eine nicht bis zu den Wänden reichende Scheidewand in eine „Arbeitsseite" und die „Laufseite" geschieden wird. Auf der Arbeitsseite befindet sich die Zerfaserungsvorrichtung, eine mit Messern besetzte, schnell umlaufende Walze und ein darunter liegendes Grundwerk, ebenfalls mit Messern. Zwischen beide gerät die zu zerfasernde Masse, wenn sie mit 96—98% Wasser in den Bottich gebracht und im Rundlauf herumgeführt wird. Die Entfernung zwischen Messerwalze und Grundwerk kann verschieden eingestellt werden.

Das Entwässern geschieht in den Abtropfkästen des Stoffkellers. Vorher wird nötigenfalls im Holländer gebleicht.

Papierbereitung. Aus dem aus Holzschliff, Zellstoff oder Hadern bereiteten „Halbzeug" wird nun der Papierbrei, das „Ganzzeug" gemahlen, indem Messer und Grundwerk näher aneinander gerückt sind. Stehen die Messer sehr nahe, so wird der Stoff „rösch" gemahlen, d. h. die Fasern werden ohne Querschnittsänderung gekürzt und haben scharfe Schnittenden. Bei weiter Stellung wird „schmierig" gemahlen, d. h. die Fasern behalten ihre Länge; der Querschnitt wird aber stark verquetscht; die Enden sind zerfasert, was die Filzbildung auf der Papiermaschine begünstigt. Wird dagegen zu lange rösch gemahlen, so filzt der „totgemahlene" Stoff nicht mehr; die Stückchen sind zu kurz geworden. Die kurzen Fasern des Zellstoffes sollen nicht rösch und überhaupt nur 1 Stunde gemahlen werden; Lumpenhalbzeuge dagegen 12—20 Stunden.

Durch andauerndes schmieriges Mahlen im Holländer mit stumpfen Messern erhält man eine schleimige Masse, die zu Pergamentersatzpapier oder Pergamyn verarbeitet wird und nur halb so teuer ist wie Pergament; sie wird nicht durch Jod-Kaliumjodid gebläut.

Durch weiteres, 40—150stündiges Mahlen erhält man einen formlosen Brei, der abtropfen und verdunsten gelassen das hornartige Cellulith zurückläßt; dieses läßt sich wie Horn und Ebonit bearbeiten.

Der Stoff muß nun für Schreibpapier geleimt werden, damit er seine Saugfähigkeit gegenüber Tinte verliert. Man setzt dem Stoffbrei im Holländer Harzseife zu und danach zur Zersetzung der Harzseife Aluminiumsulfat. Es wird also dem Stoff harzsaure Tonerde einverleibt. 2 bis 5% Harz genügen. Die Harzseife bereitet man sich durch Kochen von 100 Tl. Harz mit 165 Tl. Soda calc; man hält sich eine Vorratslösung mit 20—40 g Harz im Liter. Aluminiumsulfat soll im Überschuß vorhanden sein.

Häufig wird auch mit Stärke geleimt.

Papiere, bei denen es nicht auf Saugfähigkeit ankommt, sondern nur auf Verkittung der Fasern, können auch durch mineralische Füllungen geleimt werden. Solche Füllmittel sind Kaolin, Talkum, Magnesiumkarbonat, Barium- oder Calciumsulfat.

Für helle Papiere wird das Halbzeug mit Hypochlorit gebleicht und das Ganzzeug gebläut. In erster Linie kommt Berliner Blau in Frage. Ultramarin ist nicht säureecht und Indanthrenblau ist teuer. Bei dieser sog. „Büttenfärbung" kann man auch saure Farbstoffe verwenden, da die beim Leimen ausfallende harzsaure Tonerde den Farbstoff als Lack mit auf die Faser niederreißt, so daß das Abwasser ganz hell wird.

Das Ganzzeug wird schließlich zum Papierblatt geformt. Mit Bezug auf die Formgebung unterscheidet man Bütten- und Maschinenpapier.

Das Büttenpapier entsteht aus dem Faserbrei in Bogenform durch Handarbeit. Der Ganzstoff wird in den Stoffbütten auf etwa 1% verdünnt und durch Rührflügel vor der Entmischung bewahrt. Die Handform, einen mit einem feinen Sieb bespannten Holzrahmen mit einem zweiten beweglichen Aufsatzrahmen als erhöhten Rand taucht man in den Stoffbrei und schöpft die durch den Rahmen begrenzte Menge heraus. Unter Schütteln läßt man das Wasser durch das Sieb abfließen und preßt den nassen Faserfilz auf einen feuchten Wollfilz, der ihn ansaugt, so daß er vom Drahtsieb abgehoben werden kann. Auf den Faserfilz legt man einen zweiten Wollfilz, auf diesen kommt ein zweiter Faserfilz usw. Ein derartiger Stoß von 10—20 Bogen (Pauscht) wird hydraulisch abgepreßt. Danach kann man die verdichteten Filze abheben und an Klammern zum Trocknen aufhängen.

Das Maschinenpapier wird meist auf der Langsiebpapiermaschine hergestellt. Sie besteht aus der Einführung, der Siebpartie, der Naß- oder Preßpartie, der Trockenpartie und dem Kalander.

Die Einführung besteht aus Sand- und Knotenfängen. Die Sandfänge sind lange flache Kanäle mit niederen Querrippen am Boden. Der durchfließende Papierbrei setzt hier Sand und andere Fremdkörper ab. Die Knotenfänge sind Siebtische mit vielfach geschlitzten und lebhaft geschüttelten Kupferblechen (Planknotenfänge) oder Siebzylinder mit sich drehenden geschlitzten Kupferblechen (Drehknotenfänge). Nur die gut aufgeschlossenen Fasern treten durch die Schlitze hindurch; die noch zu groben Knoten werden zurückgehalten.

Der gereinigte Stoffbrei fließt auf das endlose, seitlich durch die Deckelriemen, endlose Kautschukbänder, begrenzte und während der Vorwärtsbewegung geschüttelte Sieb. Am Ende der mehrere Meter langen Siebpartie befinden sich unter dem Sieb Saugkästen und schließlich die Gautschpresse. Die Siebbahn läuft um die untere Walze der Presse; die obere Walze ist mit einem Wollfilz bespannt.

Die Papierbahn ist nun soweit verdichtet, daß sie vom Sieb gelöst und einige Zentimeter frei schwebend zu dem endlosen Filztuch gelangen kann, das sie der ersten von drei Naßpressen zuführt.

Nach der dritten Presse hat die Papierbahn noch 40—50% Wasser, die in der Trockenpartie bis auf 12% entfernt werden müssen. Dazu dienen Zylindertrockenmaschinen von bis zu 30 Zylindern. Die feuchte Papierbahn wird mit Hilfe von Leitfilzen an die Zylinder angelegt und bewegt sich in 3—4 m Breite mit einer Geschwindigkeit von bis zu 3,3 m in der Sekunde.

Das auf den Trockenzylindern und angeschlossenen Glättwalzen schon etwas geglättete Papier wird auf dem Kalander vollends geglättet (satiniert). Die Kalander ähneln den in der Veredlung von Geweben gebrauchten. Zum Schluß wird das Papier aufgerollt oder auf die gewünschte Form geschnitten.

Zur Vereinfachung der vielfachen Papierformate hat W. Ostwald als wissenschaftliche Grundlage das Seitenverhältnis $1:\sqrt{2}$ vorgeschlagen. Dieses Seitenverhältnis bleibt beim Hälfteln der Bogen immer bestehen.

Außer der beschriebenen Langsiebpapiermaschine braucht man auch Rundsiebmaschinen von der unter Holzschliff beschriebenen Art.

Einteilung der Papiere.

Das Materialprüfungsamt in Groß-Lichterfelde bei Berlin unterscheidet vier Stoffklassen von sog. Normalpapieren:

I. (für Urkunden) aus Hadern — Asche $< 3\%$.

II. (für länger als 10 Jahre aufzubewahrende Schriftstücke) aus Hadern mit 25% Zellstoff — Asche $< 5\%$;

III. (für kürzere Aufbewahrungsfrist) aus Zellstoff — Asche $< 15\%$;

IV. (für Drucksachen und schlechtes Schreibpapier) aus Zellstoff mit Holzschliff.

Papierprüfung.

a) Die sog. Räumigkeit ist das Gewicht von 1 l Papier in g. Sie ergibt sich aus dem Quotienten Q : D, wo Q das Quadratmetergewicht in g und D die Dicke des Papiers in mm bedeutet.

b) Die Gleichmäßigkeit der Verfilzung prüft man im durchfallenden Licht.

c) Die Festigkeit ist größer in der Maschinenlaufrichtung. Die Laufrichtung erkennt man folgendermaßen: Man taucht das Papier mit einer Kante 1 cm tief in Wasser und zieht nach einiger Zeit wieder heraus. Wellt sich die Kante, so entspricht sie der Laufrichtung, bleibt sie glatt, so steht sie quer dazu. Die Reißfestigkeit und die bei der Zerreißung stattfindende Dehnung ermittelt man mit dem bekannten Schopperschen Apparat. Der Prüfungsraum soll 65% Luftfeuchtigkeit haben. Man zerreißt gewöhnlich 15 mm breite Streifen; die Einspannlänge beträgt 18 cm.

Von besonderer Wichtigkeit ist der Widerstand gegen Zerknittern, namentlich bei Einwickelpapieren. Er wird gemessen durch die Zahl der Doppelfalzungen, die das Papier im Schopperschen Falzapparat aushält, ohne zu brechen.

d) Die Faserzusammensetzung läßt sich unter einem Mikroskop bei schwacher Vergrößerung erkennen, nachdem man durch Erwärmen mit 5%iger Natronlauge und Aufkochen mit Wasser das Papier in einen Faserbrei verwandelt hat.

Die Untersuchung wird erleichtert durch Anfärbung der Fasern mit Kaliumjodidjodlösung — 20 ccm Wasser, 2 g Kaliumjodid, 1,15 g Jod und 2 ccm Glyzerin — oder Zinkchloridjodlösung — 20 g Zinkchlorid in 10 ccm Wasser, dazu 2,1 g Kaliumjodid und 0,1 g Jod in 5 ccm Wasser. Erstere Lösung färbt Holzschliff gelbbraun, Zellstoff grau, Hadern braun, letztere färbt Holzschliff gelb, Zellstoff blau, Hadern weinrot. Holzschliff zeigt noch Tüpfeln oder behöfte Poren, Strohzellstoff dickwandige Oberhautzellen mit wellenförmigen Rändern.

e) Den Gehalt an Füllstoff ergibt die Veraschung.

f) Die Harzleimung läßt sich nach verschiedenen Proben erkennen:

Kocht man einige g Papier mit abs. Alkohol und einigen Tropfen Essigsäure und gießt die Lösung in dest. Wasser, so entsteht eine Trübung.

Setzt man einen Tropfen Äther auf das Papier, so bleibt nach dem Verdunsten ein durchscheinender Rand. Wiegt man den Rückstand des Ätherauszuges, so kann man die Menge des Harzleims bestimmen.

Setzt man einen Tropfen geschmolzenen Stearins auf das Papier, so dringt das Stearin durch das Papier hindurch; bei Tierleimung nicht.

g) Die Tierleimung erkennt man durch die Schmidtsche Ammonmolybdatprobe. Wird der wässrige Auszug des Papiers mit Ammonmolybdat und etwas verdünnter Salpetersäure versetzt, so scheiden sich weiße Flocken aus. Bei Gegenwart von Casein entsteht diese Fällung schon mit Salpetersäure allein. Die Menge des Tierleims ermittelt man am besten durch eine Stickstoffbestimmung nach Kjeldahl.

Man kann auch 10 g Papier mit wenig Wasser auskochen, abfiltern, eindampfen und mit Tanninlösung den Leim fällen.

h) Stärke weist man durch die Bläuung beim Einlegen des Papiers in dünne Jodlösung nach.

i) Die Leimfestigkeit prüft man, indem man 1 Tropfen 1,53%iges Eisenchlorid soviel Sekunden auf die eine Seite des Papieres einwirken läßt, wie der qm Papier g wiegt und nach dem Trocknen auf die andere Seite einen Tropfen Tanninlösung bringt. Das Papier muß farblos bleiben.

k) Die Gleichmäßigkeit der Leimung prüft man nach der Schwimmethode von Klemm. Man läßt das Papier 10 Minuten auf Tinte schwimmen.

l) Die Fettdichtigkeit prüft man, indem man Terpentinöl oder Schweineschmalz auf dem Papier über einem untergelegten Blatt Schreibpapier verreibt.

m) Chlor oder Säure weist man nach, indem man den wässrigen Papierauszug mit Kaliumjodid-Stärkelösung bzw. Kongorotlösung versetzt. In beiden Fällen bläut sich die Lösung.

n) Die Saugfähigkeit mißt man an der Höhe, bis zu der Wasser in 10 Minuten in einem in Wasser eintauchenden 15 mm breiten und 18 cm langen Streifen emporsteigt.

Verarbeitung zu Papiergarn.

Die Papiergarnherstellung läßt sich in zwei Abschnitte zerlegen: das Schneiden und das Verspinnen der Papierstreifen.

Das Schneiden der Papierstreifen, das für die Herstellung der Telegraphenbänder schon lange bekannt war, muß für die Papiergarnerzeugung besonders sorgfältig geschehen. Man benutzt Kreisscheibenmesser, die in die Ringspuren einer Unterwalze eintreten, mit dieser also gleichsam Scheren bilden. Die Messer sitzen auf einer Achse mit Zwischenringen von der Breite der gewünschten Streifen 2—10 mm. Zwischen diesem Walzenpaar wird die Papierbahn hindurchgeführt (D. R. P. 75 245, 87 283, 95 387, 97 201 und 108 893 der Gandenbergerschen Maschinenfabrik G. Göbel, Darmstadt, und 215 842 von Voith, Heidenheim). Nach dem D. R. P. 224 420 von Claviez werden sog. Textilosegarne durch ein- oder beidseitige Auflage von Textilfasern auf das Papier und nachheriges Zusammendrehen der daraus erhaltenen Streifen hergestellt.

Das Verspinnen bedingt ein vorheriges Anfeuchten des Papiers, damit es geschmeidig genug wird, um ein rundes, volles Garn zu ergeben. Damit andererseits die Festigkeit nicht zu sehr leidet, soll die Feuchtigkeit etwa 40% nicht übersteigen. Spinnereien, die sich die Streifen selber schneiden, feuchten vor dem Schneiden an, indem die Papierbahn besprüht, genetzt oder unter Wasser geleitet wird, oder nach dem Schneiden (D. R. P. 269 283, 270 921, 279 241, 293 491 und 302 449 der Jagenberg-Werke A. G. in Düsseldorf). Für eine dritte Art der Anfeuchtung, nämlich erst auf der Spinnmaschine selber zwischen Lieferwalze und Spindel, sind ebenfalls viele Vorrichtungen patentiert worden, z. B. D. R. P. 232 266 und 253 208 von Klein, Hundt & Co., Düsseldorf. Der zu einer Rolle, „Teller“, aufgewickelte feuchte Papierstreifen wird entweder auf der in der Baumwollspinnerei üblichen Flügel- und Ring- oder auf der von Claviez eigens für Papiergarne erfundenen Tellerspinnmaschine zum Faden gedreht (D. R. P. 101 034 und 181 585). Bei den Tellerspinnmaschinen ist die drahterteilende Spindel als Teller geformt. Sie nimmt die Papierstreifenrollen auf. Das Band wird entweder von außen ab nach D. R. P. 194 761 von C. Hamel A. G., Schönau bei Chemnitz, oder von innen heraus aus dem Teller gezogen und den Abzugwalzen zugeführt.

Den durch das Verdrehen erhaltenen Papierrundgarnen stehen die ebenfalls als Kett- oder Schußfaden verwobenen Papierflachgarne gegenüber. Hier wird der Papierstreifen nicht gedreht, sondern nur gefalzt (E. P. 16 022/89 von Deering und D. R. P. 294 080 von A. und J. Funke, Goslar). Das „Textilin“ von Kron ist 4fach gefalztes Papierband (D. R. P. 295 802). Zur Faltung wird das Papierband durch einen entsprechend geformten Trichter geführt. Papierflachgarn verringert bei gleicher Festigkeit das Flächengewicht eines Gewebes.

Während demnach die Drehung für die Reißfestigkeit des Papiergarns in trockenem Zustand ganz belanglos ist, hat L. Ubbelohde, Leiter des deutschen Forschungsinstituts für Textilersatzstoffe in Karlsruhe angegeben, daß die Reißfestigkeit des Garnes im nassen Zustand mit steigender Drehung bis zu einem gewissen Punkt zunehme. Die größte Naßreißfestigkeit soll ein mittelstarker Faden bei einem Drall von 36—42 Drehungen auf 10 cm Garn („optimaler“ Drall) erhalten. Diese Angabe ist anzuzweifeln in Anbetracht der Kürze der Fasern. Ubbelohde will mit dem richtigen Drall versehene Papiergarne und daraus hergestellte Gewebe durch alkalische Kochung entleimen, ohne daß ihre Festigkeit Einbuße erleidet; zugleich sollen sie durch die Entleimung den weichen Griff und das geschmeidige Gefühl der klassischen Fasern erlangen.

Die Güte des Garnes hängt in erster Linie von dem verwandten Ausgangsstoff ab; je fester das Papier, umso fester auch das Garn. Natronpapier mit einer Reißlänge von 11—12 km ist dem Sulfitpapier mit 9 km vorzuziehen; ebenso aus skandinavischem Fichtenholz hergestelltes „Kraftpapier" dem einheimischen. Andererseits läßt sich Sulfitpapier besser bleichen.

Die Spinnerei liefert das Garn in Form von Kreuzspulen mit einem Wassergehalt von 25—40, ja noch mehr Prozent. Zur Berechnung des Handelsgewichts werden zum Trockengewicht, das durch Trocknen und Wiegen bei 105° ermittelt wird, 15% hinzugeschlagen. Der zu hohe Feuchtigkeitsgehalt ist aber der Haltbarkeit der Papiergarne nachteilig, indem sie leicht schimmeln. Wo daher nicht eine baldige Verarbeitung des Garnes vorgesehen ist, müssen die Spulen künstlich getrocknet werden.

Die Garnnummer gibt an, wieviel m auf 1 g Handelsgewicht des Garnes gehen; die Lauflänge ist der tausendfache Betrag.

In Form der Kreuzspule wird das Papiergarn auch gebleicht und gefärbt, entweder in entsprechenden Apparaten nach dem Pack- oder Aufstecksystem (Bd. III, 357) oder im Schaum (Bd. III, 363). Das letztere Verfahren hat den Vorzug der Einfachheit und besseren Durchfärbung. Als schaumbildendes Mittel empfiehlt die BASF ihr Solvenol O. 60—80 kg Spulen werden in ein Lattengestell verpackt und mit diesem in die Schaumzone eingehängt. Die Färbedauer hängt von der Festigkeit der Spulenwicklung ab. Zwei Stunden dürften durchschnittlich genügen. Man verwendet vornehmlich substantive und Schwefelfarbstoffe.

Gebleicht wird in Anlehnung an die Baumwollbleiche folgendermaßen: Man kocht mit Soda ab, bleicht mit Chlorkalk 2—4° Bé lauwarm, säuert ab, spült gut und gibt 2—5 g Blankit (Bd. I, 158) auf den l lauwarm. Die Stärke der Bäder richtet sich nach der Reinheit der Rohware. Eine gute Aufhellung erzielt man auch durch bloßes ½stündiges Kochen mit 4—5 g Decrolin (Bd. I, 158) und 3 g Ameisensäure auf den l, wovon man besonders für Gewebe Gebrauch macht.

Die Behandlung von Papiergarnen in Strahnform wird durch die starke Ringelung beim Einbringen in das Bad erschwert. Das Garn läßt sich nicht umziehen und wird auch ungleichmäßig. Man hat versucht, dem Ringeln vorzubeugen, indem man die Stränge auf Holzhorden legt und diese mit einem genügenden Abstand von der Dampfheizschlange übereinander schichtet. Auf Strahn kann man auch basische Farbstoffe verwenden, wenn lebhafte Töne verlangt werden. Vorheriges Tannieren ist überflüssig.

Gewebe färbt und bleicht man auf dem Jigger oder der Klotzmaschine (Bd. III, 409). S. a. Bd. IV. S. 238.

Die Druckerei bedient sich im allgemeinen der im Kattundruck üblichen Verfahren. Hervorgehoben sei der Blaudruckartikel für Schürzen und Kleider durch Vorfärben mit direkt ziehenden Farbstoffen, z. B. Oxamindunkelblau BRR und Aufdruck weißer oder bunter Rongalitätzen, ferner der direkte Druck mit basischen Farbstoffen für Möbel-, Wandbekleidungs-, Tischdecken- und Vorhangstoffe, wofür sich der Handdruck im Kleingewerbe gut eingeführt hat. Auch der Spritzdruck erzeugt schöne Muster.

Mit dem Färben, Bleichen und Drucken ist häufig das Weichmachen, Wasserdichtmachen und Festermachen verknüpft.

Das Weichmachen bezweckt, den Papiergeweben und -gewirken den unangenehmen harten Griff zu nehmen. Dieser wird, wie oben erwähnt, hauptsächlich durch die Gegenwart des Leimes bewirkt. Die Entleimung ist eine Grundbedingung für das Weichmachen. Weiter kann man in das letzte Behandlungsbad Seifenlösungen geben, denen man noch Fette, Türkischrotöl u. dgl. beigemischt hat. Von gutem Erfolg ist auch die mechanische Behandlung auf der Brechmaschine und dem Kalander (Bd. III, 409).

Das Wasserdichtmachen wird nach den Bd. IV beschriebenen Verfahren vorgenommen.

Das Festermachen beruht auf einer Leim-Gerbstoff- oder Leim-Formaldehyd-Nachbehandlung. So empfehlen Cassella für Sackstoffe das trockene Gewebe bei 50° mit 10 g Leim, 1½ g Tannin und 1½ g Wasserglas 37° Bé auf den l zu tränken; meist folgt unmittelbar ohne vorherige Trocknung ein Bad von basischem Aluminiumformiat 6° Bé, um gleichzeitig wasserabstoßend zu machen.

Den klassischen Gespinstfasern steht das Papiergarn an Festigkeit und noch mehr an Dehnbahrkeit nach. Während die Reißlänge für Schafwollfaser 8,3, für Baumwolle 25, Jute 20, Flachs 24 und Hanf 30 km beträgt, dürfen wir für Papiergarn nur 9—12 km annehmen, die sich im nassen Zustand noch um mindestens 25% erniedrigen. Daraus ergeben sich die schon gestreiften beschränkten Verwendungsmöglichkeiten.

Der Kriegsausschuß für Textilersatzstoffe verlangte 4½ km. Nach 24stündiger Bewässerung darf die Reißfestigkeit höchstens um 55% nachlassen und muß wieder auf 90% zurückkehren (Sandsackstoffe).

Als Anlagebedürfnisse einer Papierspinnerei gibt Rohn an, daß die kleinste Anlage wenigstens die Leistung einer Schneidemaschine, d. s. bis 1000 kg in 10 Stunden, verarbeiten muß. Dafür sind bei einer mittleren Garnnummer 5—6 Tellerspinnmaschinen zu je 80 Spindeln nötig. Diese erfordern mindestens 350 qm Platz, 40—50 PS Betriebskraft, 2 Mann an der Schneidemaschine, 30 Mädchen an den Spinnmaschinen und 1 Aufseher.

Die Papiergarnerzeugung verdankte ihren Aufschwung der durch die Einkreisung Deutschlands im Weltkrieg 1914—1918 geschaffenen Notlage. Das Papiergarn hat im Bekleidungs- und Wäschegewerbe, wo es auf Haltbarkeit ankommt, den klassischen Fasern wieder weichen müssen; dagegen wird es auf anderen Gebieten das eroberte Feld wohl dauernd behaupten. Über Versuche mit Zellstofftreibriemen s. M. Rudeloff, Z. V. d. Ing. **1922**, 466; Ref. Text. Forsch. **1922**, 120.

Nach K. Leonhardt, Wochenbl. für Papierf. **1922**, 1514 versprechen nur die groben Nummern — bis Nr. 9 — des Papiergarns Erfolg.

Literatur: Elbers, Die Cellulose des Holzes als Ersatzfaser. Westf. Verlagsanstalt, Dohanys Erben, Hagen 1918. — Heinke, Handbuch der Papiergarnspinnerei und -weberei. Berg & Schoch, Berlin 1917. — Heinke & Rasser, Handbuch der Papier-Textilindustrie. O. Hörisch, Dresden 1919. — Rohn, Papiergarn, seine Herstellung und Verarbeitung. Theodor Martins Textilverlag 1918. — Lage der Papiergarnindustrie 1921. Deutsche Faserstoffe **1922**, 2.

c) Die Blattfasern.

Die großen Blätter einzelner, hauptsächlich tropischer Pflanzen, liefern Fasern nach Gewinnungsmethoden, die denen der Flachsbereitung ähneln; sie werden meist am Ort der Gewinnung zu Seilen, Tauen und Segeltuch verarbeitet. Dahin gehören:

1. Neuseeländischer Flachs

aus den Blättern der Flachslilie Phormium tenax. Die Blätter sind 1½—2 m lang und 7 cm breit. Welterzeugung 30 000 t jährlich.

2. Manilahanf

Manilahanf ist die Faser der Banane, Musa textilis. Sie ähnelt der fruchttragenden Banane. Außer der auf den Philippinen heimischen, später auch in Indien und im Malaiischen Archipel angebauten Musa textilis werden noch andere Musaarten auf Manilahanf verarbeitet, besonders die in Deutschostafrika heimische Musa ensete.

Fasergewinnung. Die Musastämme werden am Ende des dritten Jahres, zur Zeit der Reife (Erscheinen der Blüten) abgehauen und die die Fasern enthaltenden Blattscheiden von dem „Scheinstamm" abgelöst. Die Blätter werden in 8—10 cm breite Längsstreifen zerschnitten und diese auf einem Holzblock unter einem sägeblattförmigen Eisen durchgezogen. Dadurch wird das schwammige Parenchymgewebe entfernt, und man erhält aus einem ausgewachsenen Stamm 0,5—0,75 kg Faser (Ballen zu 110—120 kg). Aus den Wurzelstöcken treiben neue Schöße, die sich zu faserliefernden Stämmen entwickeln. Das Feld braucht erst nach 10—12 Jahren neu bepflanzt zu werden. Die H. Bökensche Entfaserungsmaschine Victor der F. Krupp A. G. (D. R. P. 171 237) und der Defibreur portatif Duchemin (D. R. P. 197 658 und 199 082) suchen die Faserausbeute zu vermehren. Jetzt sind noch 20—30 % Faserverlust.

Eigenschaften. Die technische Faser ist 1—2 m lang, sehr fest, glänzend und gelblich- bis bräunlich-weiß. Die Fasern nach dem Innern des Stammes sind weicher und weißer (Tupoz) als die äußern (Bandala oder Lupis). Ihre Widerstandsfähigkeit gegen Witterungseinflüsse macht sie für Schiffstaue und Netze geeignet, ohne erst zu Fäden versponnen zu werden. Die einzelnen Bastzellen sind 3—12 mm lang und 16—32 μ breit. Müller gibt folgende Zusammensetzung an: Asche 1,02, Wasser 11,85, Wasserextrakt 0,97, Fett und Wachs 0,63, Cellulose 64,72, inkrustierende und pectoseartige Körper (aus dem Verlust) 21,83.

Wirtschaftliches. Die Menge in 1000 t und der Wert in 1000 $ des aus Manila ausgeführten Hanfes betrug nach Leipz. Monatsschrift f. Textil. 1910, Spez.-Nr. 1, 25:

1899	1902	1905	1908	1911
69	112	128	129	170
7994	19 291	21 757	16 502	30 000

3. Sisal

Pita und Sisal, spanisch Henequen, sind Agavefasern, u. zw. Pita von der Agave americana, Sisal von A. rigida. Die Heimat dieser Agaven ist Yukatan. Von der dortigen Stadt Sisal wurde bis vor wenig Jahren fast die ganze Menge ausgeführt.

Fasergewinnung. Frühestens drei Jahre nach der Anpflanzung mittels Wurzelschößlingen beginnt die Ernte, indem die Blätter in bestimmten Zeitabschnitten abgehackt werden. Die 1—2 kg schweren Blätter werden auf Schlagtrommeln, sog. Raspadoren, entfasert, indem das Fleisch abgeschlagen und abgestreift wird. Zu dicke Blätter müssen vor dem Entfleischen zwischen Walzen gequetscht werden (D. R. P. 186 012, 191 314, 196 467, 221 570, 233 815, 256 813, 258 115, 271 586, 271 702). Die Fasern werden gewaschen und getrocknet, auf Maschinen gebürstet und in Ballen zu 250 kg gepreßt.

Die Einzelfasern haben weites Lumen und verdickte, abgestumpfte, gegabelte Enden.

Die Verwendung ist die gleiche wie die des teureren Manilahanfs; die gröberen Fasern dienen auch für Bürsten.

Wirtschaftliches. Der Anbau in Yukatan befindet sich in lebhaftem Aufschwung (Leipz. Mon. f. Textilind. 1908, III, Spezialnummer):

1880	1890	1900	1905	1907
112 911	279 906	499 634	597 289	682 188 Ballen

Die Ausfuhr betrug 1914 171 250 t.

1893 wurde der erste Sisalhanf auf Kikogwe in Deutschostafrika angepflanzt, 1898 zuerst geerntet und von da ab in steigenden Mengen auf den Markt gebracht:

1903	1905	1906	1907	1910	1913
422 t	1396 t	1820 t	2830 t	7228 t	20 834 t

Vor dem Krieg betrieben 18 Gesellschaften auf ihren Pflanzungen in Deutschostafrika die Kultur der Agave.

4. Magueyfaser

von der Agave cantala auf den Philippinen. 1 Blatt = 700 g enthält 23 g Faser Die Farbe ist gelblich, aber weißer wie Sisal.

Verwendung. Für Bindegarn in den U. S. Auf den Philippinen für Kleiderstoff („Nipis") und Taschentücher.

5. Ananasfaser

von A. sativus (Südamerika, Philippinen, China).

Fasergewinnung. 1. Abreißen der Blätter. 2. Schaben mit Glas oder stumpfen Messern. 3. Waschen. 4. Trocknen an der Sonne. 5. Kämmen.

Verwendung. Hauptsächlich in der Schweiz verarbeitet zu „Jusi-" und „Pina"-Geweben.

6. Aloehanf

von Aloe perfoliata aus Südafrika, Ost- und Westindien. Die Ausfuhr der Insel Mauritius betrug 1915 1334 t. Die Faser wird ½ m lang und ist verholzt.

7. Piassavafaser

aus den Blattscheiden der Piassavapalme, dient zur Herstellung von Matten und Besen.

8. Kolbenschilf

Typha angustifolia, liefert außer der bereits S. 80 besprochenen Samenwolle die weit wichtigere Blattfaser. Die Pflanze wächst in Seen, Teichen und Mooren.

Fasergewinnung. Die Blätter werden nahe der Wurzel abgeschnitten, zu Garben gebündelt und getrocknet. Durch alkalische Kochung wird das die Faserstränge umschließende Gewebe gelöst, ohne daß in die kurzen Elementarfasern zerlegt wird. D. R. P. 136 100, 163 659, 180 396, 203 855, 285 539, 300 744, 303 933, 307 063, 308 563, 310 784, 343 340, 348 545 und 355 023. Die Faserausbeute beträgt 25—30% vom trockenen Schilfblatt.

Eigenschaften. Die Elementarzellen sind bis zu 0,7 mm lang. Das Lumen ist bei den einzelnen Fasern von verschiedenem Querschnitt.

Kupferoxydammoniak zerlegt in die Elementarzellen, die dabei ähnlich wie Baumwolle tonnenförmig aufschwellen. Jodschwefelsäure färbt blau, Zinkchloridjod veil, Phlorogluzin-Salzsäure nur schwach rosa, Rutheniumrot stark an (P. Leykum, Neue Faserstoffe 1919, 87).

Verarbeitung. Typha wird für sich und auch gemischt mit Werg von Flachs, Hanf u. a. versponnen (D. R. P. 316 534). Sie dient als Juteersatz und als Streckmittel für Flachs und Hanf.

9. Waldwolle,

hauptsächlich aus den Nadeln der Kiefer, pinus silvestris, durch Auskochung unter hohem Druck gewonnen. Bei der Kochung fällt das Waldwollöl (Fichtennadelextrakt) ab (D. R. P. 62 794, 302 803, 304 213). Die Waldwolle soll mit Wolle vermischt im sog. Gesundheitsflanell gesundheitliche Vorteile bieten.

10. Torffaser,

aus noch nicht ganz verwestem Torf, hauptsächlich aus den Blattscheiden des Wollgrases Eriophorum vaginatum — etwa *2%* der trockenen Masse (D. R. P. 92 265, 102 988, 150 698, 159 284, 162 108, 161 667/68, 167 631, 168 172, 169 381, 180 397, 258 068, 301 394/96, 307 765, 315 755; die chemische Aufschließung beschreiben D. R. P. 50 304, 96 540, 300 868, 302 261, 303 834). Die Faser wird zusammen mit Streichwolle zu grobem Garn für Pferdedecken, Matten und Läufer versponnen (Deutsche Faserstoffe **1919**, *277*; *279*; **1920**, *39*).

d) Die Fruchtfasern.

Die Cocosnußfaser ist die einzige technisch verwendete Fruchtfaser. Sie wird aus der braunen, faserigen Schicht gewonnen, die die Schale der Früchte der Cocospalme (Cocos nucifera) umhüllt. Ihre Heimat ist Vorderindien, besonders Ceylon.

Fasergewinnung. Dort werden die Nüsse gespalten, 30—40 Stunden in heißem Wasser eingeweicht und gequetscht. In einer Art Klopfwolf werden die Fasern von den Schalen gelöst und weiterhin durch Kämmen in die bis 33 cm langen und 0,3 cm dicken steifen „Bristle"- und die kurzen weichen „Kombing"-Fasern geschieden.

Eigenschaften. Von Natur aus ist die Cocosnußfaser rötlichbraun. Sie läßt sich aber leicht färben und verhält sich in dieser Beziehung ähnlich wie Jute.

Die Elementarfasern sind 400—900 μ lang, 12—20 μ breit und verholzt.

Verarbeitung. Die Kombing-Fasern werden an Ort und Stelle zu grobem Garn versponnen, das unter dem Namen Coir nach Europa gelangt und zu Matten, Geflechten und Wandbespannungen verwendet wird. Meist wird Baumwolle mit eingesponnen. Die langen Fasern dienen zur Herstellung von Bürsten.

B. Tierische Gespinstfasern.

Die zweite große Gruppe der Gespinstfasern entstammt dem Tierreiche und zerfällt in die beiden großen Klassen, die Haare und die Seiden.

Die Haare wachsen langsam aus bestimmten Hautdrüsen, den Haarbälgen, heraus; infolge der Zellenanhäufung durchbrechen sie die obere Hornhaut, die Epidermis, und treten als röhrenförmige Gebilde hervor.

Die Seiden werden in verhältnismäßig kurzer Zeit aus den Spinndrüsen gewisser Raupen erzeugt, wenn diese sich bei der Umwandlung zum Schmetterling mit einer dichten Hülle, dem Kokon, umgeben.

a) Die Haare.

Die Haare bilden eine hornartige Masse. Sie wurzeln auf der Unterhaut, der Cutis. Unter der Oberhaut, der Epidermis, liegen viele kleine bluterfüllte Wärzchen, die Papillen, die das Haar ernähren. Erkranken die Papillen, so fallen die Haare aus und wachsen nicht mehr nach. Umgekehrt wird das Haar, so oft es auch durch Ausreißen oder sonstwie entfernt wird, immer wieder von neuem erzeugt. Ist das Haar (des Schafes und einiger verwandter Säugetiere) nicht glatt, sondern gekräuselt, so wird es als Wolle bezeichnet.

I. Wolle.

W o l l e ist eigentlich nur die dem Haarkleid des Schafes entstammende Gespinstfaser.

Im weiteren Sinne rechnet man dazu auch die Haare gewisser Ziegen, namentlich der Angoraziege als Mohair (S. 122), der Kaschmir- und der Tibetziege, ferner gewisser in den Anden heimischer Kamelschafe, Auchenia Huanaco, Lama, Paco und Vicuna, und schließlich des Kameles (S. 123). Doch sind die erzeugten Wollmengen im Vergleich zur eigentlichen Schafwolle nur gering.

1. G e s c h i c h t l i c h e s.

Das Schaf, O v i s a r i e s, ist schon in vorgeschichtlichen Zeiten Haustier geworden. Die Eigenschaften der Wolle hängen in erster Linie von dem Klima ab, unter dem das Schaf lebt. Die feinste, stark gekräuselte Wolle lieferte das M e r i n o s c h a f Spaniens. Diese Tatsache ist wohl auf die Lebensgewohnheiten dieser „Wander"-Merinos zurückzuführen. Im Sommer weideten sie an den Abhängen der Gebirge des Nordens, zu Beginn des Winters wurden sie unter Zurücklegung mehrerer (30—40) Tagereisen nach den Ebenen Südspaniens getrieben. Zur höchsten Blüte gelangte die spanische Schafzucht unter der Herrschaft der Mauren; nach deren Vertreibung verfiel sie. Die Ausfuhr von Merinoschafen war bei Todesstrafe verboten. Wir hören daher erst seit etwa 1723 von der Einfuhr nach andern Ländern. Soweit die Tiere das Klima nicht vertrugen und also nicht rein weitergezüchtet werden konnten, ließen sie sich doch mit den heimischen Schafrassen kreuzen und trugen zur Verfeinerung ihrer Wolle bei. So lieferte die 1765 von dem Kurfürsten F r i e d r i c h A u g u s t v o n S a c h s e n eingeführte Merinozucht die feine, wellige E l e k t o r a l w o l l e. In England konnte das um 1750 herum eingeführte Merinoschaf selbst nicht gedeihen, aber seine Kreuzung mit den heimischen, nach dem schottischen C h e v i o t - gebirge benannten Schafen mit ihren langen, kräftigen, wenig gekräuselten Haaren ergab die wertvolle C r o s s b r e d wolle mit mittleren Eigenschaften.

Die d e u t s c h e W o l l e r z e u g u n g erreichte ihre höchste Blüte um 1860 herum. Damals wurden in Deutschland über 28 000 000 Schafe gezählt, die 34 000 t Wolle lieferten. Von da an ging die Zahl der Schafe von Jahr zu Jahr zurück bis auf 5 448 000 im Jahre 1914 und 5 070 000 im Jahre 1915, da sie sich gegenüber der den Weltmarkt beherrschenden Wollerzeugung des Auslandes, namentlich Australiens, nicht mehr lohnte.

Australien besaß keine einheimischen Schafe, aber schon bei den 1793 aus Indien eingeführten Tieren verwandelten sich die straffen Haare unter dem Einfluß des australischen Klimas bald in weiche Wolle. Kurz darauf wurde mit englischen Schafen und später mit spanischen Merinos gekreuzt. Die seitdem einsetzende Steigerung in der Zahl australischer Schafe ergibt die folgende Übersicht:

Jahr	1800	1810	1820	1840	1850	1860
1000 Schafe	6	50	290	6000	17 000	20 000

Jahr	1870	1880	1890	1900	1908	1913
1000 Schafe	50 000	64 000	102 000	92 000	109 000	109 855

Das günstige Klima findet sich im Südosten des Festlandes und auf Neuseeland. Auf den dortigen ungeheuren Strecken allerbesten Weidelandes halten sich die Tiere das ganze Jahr im Freien auf. Die verringerte Zahl für 1900 erklärt sich aus einer Periode jahrelanger Dürre. Große Herden mußten wegen Futtermangels abgeschlachtet werden. Daraufhin sind viele artesische Brunnen erbohrt und künstliche Tiertränken angelegt worden. Die australische Wolle besteht heute zu ⅔ aus Merino und ⅓ aus Crossbred.

Ähnlich günstiges Klima für die Schafzucht weisen die La-Plata-Staaten, Argentinien und Uruguay auf. Dort wurden 1820 spanische Merinos eingeführt; 1908 zählte man 90 000 000 Schafe. Neuerdings geht die Zucht etwas zurück; sie muß infolge der zunehmenden Bevölkerung dem Ackerbau weichen; auch legt man aus demselben Grunde mehr Gewicht auf die Zucht von Fleischschafen. Die La-Plata-Wolle besteht zu ⅖ aus Merino, zu ⅗ aus Crossbred.

Das dritte für die Schafzucht günstige Land ist Südafrika. Zwar mißglückte der erste Versuch der Einführung spanischer Merinos 1788, doch wurde 1812 der Versuch mit sächsischen Zuchtschafen mit mehr Erfolg wiederholt, und 1913 zählte man in Kapland, Transvaal und Oranjefreistaat 35 710 000 Schafe.

2. Bau des Wollhaares.

Unter der Oberhaut neben den Haarbälgen liegen je 1—2 Talgdrüsen, deren Absonderung das Haar schützen soll und den Hauptbestandteil des sog. Wollschweißes bildet. Bei den meisten veredelten Wollen liegen die Haarbälge in Nestern zusammen. Infolgedessen verkleben die Spitzen der einzelnen Haare beim Heraustritt aus dem Neste durch den Schweiß zu gemeinschaftlich weiterwachsenden Strähnen. Auf den qcm kommen 7—8 Strähnen zu 100 und mehr Haaren. Die Vereinigung mehrerer solcher Strähne bezeichnet man als Stapel und das gesamte Haarkleid des Schafes als Vließ.

Gemeinhin unterscheidet man am vollkommen ausgebildeten Haar drei Zellschichten: 1. in der Mitte den aus rundlichen Zellen bestehenden Markzylinder; 2. die umgebende eigentliche Faserschicht; sie besteht aus spindelförmigen, innig miteinander verbundenen Zellen und verleiht dem Haare Festigkeit und Elastizität; 3. die Epidermis- oder Kutikularschicht, das Schuppenepithel. Die Schuppen liegen wie Dachziegel übereinander und verraten durch ihr eigentümliches Bild die Wolle sofort unter dem Mikroskop.

Von diesen drei Faserelementen ist das erste (und das dritte) bei den verschiedenen Arten von Haaren mehr oder weniger stark entwickelt und kann auch ganz fehlen. Danach unterscheidet man 1. die markfreien Flaum- oder Wollhaare, die im wesentlichen das Kleid des Kulturschafes bilden; 2. die markhaltigen kurzen Stichelhaare, die an Beinen und Gesicht des Kulturschafes, auch am Rumpf des wilden Schafes auftreten; 3. die fast immer markhaltigen langen Grannenhaare, die der englischen Leicesterrasse eigentümlich sind. Die Grannen- ebenso wie die Stichelhaare lassen sich nur schwer verspinnen und färben, daher wird durch ihr Auftreten der Wert einer Wolle sehr herabgemindert. Sie sind unter dem Mikroskop unschwer durch drei Merkmale zu erkennen: 1. die stark entwickelte Markschicht; 2. die größere Breite; 3. die verhältnismäßig kleinen Schuppen.

Am meisten wird der Charakter einer Wolle durch die Schuppenschicht beeinflußt. Bei den feinen Wollsorten umfaßt meist eine einzige große Schuppe das ganze Haar ringförmig, so als bestünde es aus lauter ineinandergesteckten Bechern; auch steht der obere Rand der

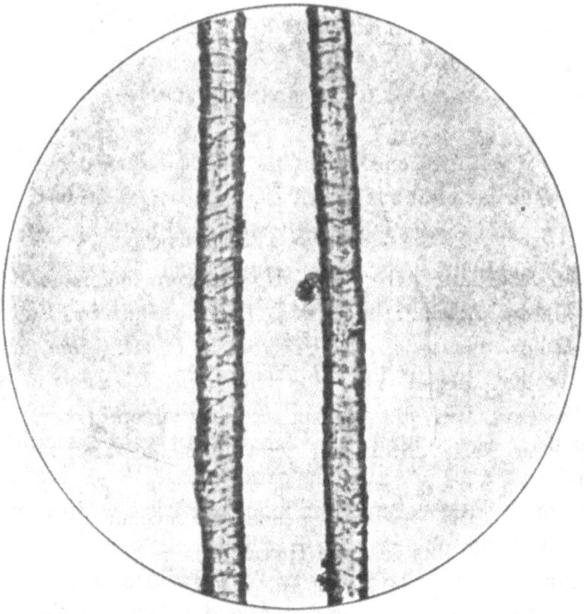

Abb. 72 Merinowolle. Ringförmige Schuppen.
(300fach vergrößert.)

Abb. 73. Crossbredwolle, plattenförmige Schuppen.
Längsstreifen, hervorgerufen durch die Zellzwischenräume.
(300fach vergrößert.)

Schuppen vom Haare ab (Abb. 72). Bei den groben Wollen dagegen erscheinen die Schuppen schmäler, dicker, unklarer, sie greifen nicht mehr so deutlich übereinander, sondern stoßen plattenförmig aneinander. (Abb. 73).

Die Zahl der Schuppen beträgt nach Hanausek (Lehrbuch der technischen Mikroskopie, S. 118) rund 100 auf 1 mm und ist ein Erkennungsmerkmal für das Haar einer bestimmten Tierrasse. Er fand für:

Schafwolle superelektra	100	Angorawolle	53
ordinäre	105	Weiße Alpako	90
Merino, Nadelstapel	114	Vicuña	100
prima sächs. Strichwolle	121	Braune Alpako	150

Auf dem Vorhandensein der Schuppen beruht auch höchstwahrscheinlich die Fähigkeit der Wolle zu filzen (krimpen). Wenn man ein derartiges, mit Wasser, Seife, Säuren oder Alkalien durchtränktes Haar drückt oder reibt, so wird es sich in der Richtung des Wurzelendes fortbewegen. Zwei nebeneinanderliegende Haare, deren Wurzelenden entgegengesetzt sind, können sich nur so lange aneinander entlang bewegen, bis die Schuppenränder sich ineinandergeschoben haben; sie sind dann ohne Verletzung der Schuppen nicht mehr voneinander zu trennen (s. auch Pinagel, Leipz. Monatsschr. f. Textilind. **1908**, 248). Auf diesem Vorgang beruht die Fabrikation von Tuchen durch das Walken Mit dieser Erklärung steht im Einklang, daß Grannen, ferner Wollen, die ihre Schuppen zum Teil eingebüßt haben, wie gechlorte und Gerberwolle, nicht mehr filzen.

3. Wollgewinnung.

Der Verspinnung gehen Arbeiten voran, die teils zu den Obliegenheiten des Schafzüchters, teils zu denen des Wollhändlers gehören: α) Die Schafschur; β) das Sortieren und γ) die Wollwäsche, zuweilen auch δ) die Entklettung.

α) Die Schafschur.

Die Schafschur erfolgte früher allgemein mit der Handschere mit federndem Bügel, später mit der amerikanischen Handkammschere; neuerdings wird letztere auch maschinell betrieben. E. Müller gibt als durchschnittliche Tagesleistung an (Glafey, Die Rohstoffe der Textilindustrie, S. 144): für einen Handscherer in Deutschland 15—20 Schafe oder 8—10 Widder; für einen Maschinenscherer 125 Schafe. Die Wolle wird glatt an der Haut abgeschnitten, das Vließ möglichst zusammengelassen. Die von den Füßen, den Backen, der Stirne und dem Schwanze abfallenden Stücke oder Locken werden meist in das Vließ eingerollt und dieses zusammengebunden und zu Ballen verpackt. Meist wird nur einmal im Jahre geschoren — Einschurwolle, seltener zweimal, im Frühjahr — Winterwolle und Anfang Herbst — Sommerwolle. Als Lammwolle bezeichnet man die Wolle des zum erstenmal geschorenen, noch nicht ein Jahr alten Tieres; sie ist kenntlich an der feinen Spitze, in die das Haar ausläuft, auch ist sie besonders weich und geschmeidig, aber ihre Festigkeit steht hinter der der Mutterwolle zurück. Erstlings- oder Jährlingswolle nennt man die Wolle von über ein Jahr alten, zum erstenmal geschorenen Tieren.

Der Wollertrag eines Schafes, Rückenwäsche und Einschurwolle vorausgesetzt, stellt sich durchschnittlich auf 1—2 kg und schwankt je nach Rasse, Geschlecht, Ernährung und Alter des Tieres. Der Widder gibt das 1½—2fache des Schafes. Bis zum 6. Lebensjahre steigert sich Menge und Güte der Wolle und nimmt vom 7. an ab. Deshalb pflegt man die über 7 Jahre alten Schafe zu mästen und zu schlachten (Merz- oder Brackschafe).

Die Wolle von geschlachteten Tieren heißt Sterblingswolle, wenn die Tiere an einer Krankheit zugrunde gegangen sind, infolge deren natürlich auch die Haare entartet sind, Gerberwolle, wenn in den Gerbereien die auf dem Schabebock von Fleischteilen befreite Innenseite der Haut mit Grünkalk (Natriumsulfid und Kalk) bestrichen und das so gelockerte Haar herausgerauft wird.

Neuerdings werden aber auch Hautwollen in eigenen Fabriken gewonnen, die auf die möglichste Erhaltung der Wolle Wert legen. Die Haare werden dann gerade wie vom lebenden Tier von den Fellen abgeschoren oder mit elektrisch geheizten Drähten dicht an der Haut abgesengt. Bei dem sog. Schwitzverfahren werden die Felle einige Tage in Wasser eingeweicht, dazwischen mehrmals ausgepreßt, um den Schmutz zu entfernen, und in dunklen warmen Räumen aufgehängt. Auch hierbei lockert sich der Zusammenhang der Haare mit der Haut so weit, daß sie sich herausziehen lassen. Im Gegensatz zur Gerberwolle ist aber solche Hautwolle gar nicht angegriffen und bei sonst gleichen Verhältnissen einer gewöhnlichen Schurwolle durchaus ebenbürtig (Kapff und Mundorf, „Das deutsche Wollengewerbe" **1904**, 1503). Die Gerber- und überhaupt die Raufwollen verraten sich leicht unter dem Mikroskop durch die Gegenwart der Haarwurzeln (Pinagel, Leipz. Monatsschr. f. Textilind. **1909**, 289.

Über Kunstwolle s. S. 218.

β) Das Sortieren.

Das Sortieren bezweckt die Vereinigung gleichgearteter Teile des Vließes, damit die daraus bereitete Spinnpartie in sich möglichst gleichmäßig und für die Erzeugung einer bestimmten Warengattung geeignet, zusammengesetzt ist. Dadurch wird unnötigem Spinnereiabfall vorgebeugt. Für Streichgarnspinnereien genügen meist drei Sorten, Kammgarnspinnereien dagegen erfordern oft bis zu acht. Mit Bezug auf Feinheit und Güte der Wolle ordnen sich die Körperteile des Schafes folgendermaßen:

a) Schulterblätter	e) Nacken	i) Oberhals	m) Stirn
b) Flanken	f) Rückgrat	k) Oberschenkel	n) Scheitel
c) Halsseiten	g) Kreuz	l) Schwanzwurzel und Wolfsbiß	o) Unterfuß
d) Keule	h) Kehle und Brust		

Bei zusammenhängendem Vließ sind die einzelnen Teile leicht zu erkennen. a—d bilden die sog. edlen Vließteile. Als Beispiel sei das Ergebnis der Sortierung deutscher Schweißwolle in einer Kammgarnspinnerei angeführt:

Wolle	AA	3,0%
„	Al	46,4%
„	A	8,1%
„	B I	29,9%
„	B II	2,8%
„	C	0,9%
„	D	0,1%
„	E 1	7,2%
„	E II	0,9%
Futterstücke		0,1%
Fußlocken		0,6%
		100,0%

Selten wird eine Wollsorte für sich versponnen; sie wird vielmehr entweder mit verschiedenen gleichfarbigen Sorten vermischt oder mit verschiedenfarbigen zu Mischelungen (Melangen) gemischelt (meliert). Im letzteren Falle unterscheidet man die in größeren Mengen verwendete Grundfarbe von der oder den Stichfarben, die nur abtönen sollen. Die Stichfarbe soll sich gleichmäßig über die Grundfarbe verteilen; man verwendet deshalb gröbere, wenig gekräuselte und kurzstapelige Wollen dazu, die sich auf der Krempel leicht auflösen lassen.

γ) Die Wollwäsche.

Die rohe Schurwolle besteht aus der eigentlichen **Wollsubstanz**, verunreinigt durch den **Wollschweiß**, und wird daher auch Schweiß- oder Schmutzwolle genannt. Der Wollschweiß kann bis zu 80% betragen und setzt sich aus 20—40% von außen in das Vließ gelangten **Fremdkörpern** wie Sand, Kot und Pflanzenteilen und 20—40% sog. **Fettschweiß** zusammen. Den Gehalt an reiner Wolle, das sog. **Rendement**, auf Grund einer bloßen Prüfung mit Auge und Hand zu schätzen, setzt große Übung voraus.

Der **Fettschweiß** besteht aus **Wollfett** (Lanolin, Smp. 40 bis 42° C) und **Wollschweißsalzen**. Ersteres läßt sich leicht mit Schwefelkohlenstoff, Benzin oder Äther, letztere durch Wasser ausziehen und für sich erhalten. Über die Zusammensetzung, Gewinnung und Verwendung des Wollfettes s. S. 168. Die **Wollschweißsalze** bestehen hauptsächlich aus den Kalisalzen von Fettsäuren (Essig- bis Stearin- und Ölsäure), Oxysäuren (Glykol- und Milchsäure), Aminosäuren (Glykokoll und Leucin), zweibasischen Säuren (Oxalsäure, Bernsteinsäure, Äpfel- und Weinsäure), Harnsäure, Benzoesäure, Hippursäure u. a. Von anorganischen Säuren sind nachgewiesen worden: Schwefelsäure, Salzsäure, Phosphorsäure, Kieselsäure und Kohlensäure, von sonstigen Basen Ammoniak, Mono- und Trimethylamin, Natron, Kalk, Magnesia, Tonerde, Eisen und oft Arsen. Über die Verarbeitung auf Pottasche s. S. 151.

Die **Fremdkörper** werden zugleich mit dem Fettschweiß beim Waschen der losen Wolle entfernt; nur die pflanzlichen Verunreinigungen (Kletten, Stroh und Futterteile) werden entweder mechanisch im Klopf- oder Klettenwolf (S. 206) oder chemisch durch Karbonisieren (S. 173) beseitigt.

Eine **Rohwolluntersuchung** kann in folgender Weise ausgeführt werden:

1. Durch Trocknen bei 105° bestimmt man die **Feuchtigkeit**.
2. Durch Ausziehen derselben Probe mit Schwefelkohlenstoff und Abdestillieren des Lösungsmittels erhält man als Rückstand das **Wollfett**.
3. Durch Auswaschen derselben Probe mit kaltem Wasser und Eindampfen der Lösung zur Trockne erhält man die **fettsauren Alkalien**.

4. Dieselbe Probe wird zur Zersetzung der noch unlöslich gebliebenen Oleate mit verdünnter Salzsäure gekocht, gewaschen, getrocknet und mit Äther ausgezogen. Nach Abdestillieren des Äthers gibt das Gewicht des Rückstandes die Menge unlöslicher fettsaurer Salze als freie Fettsäure an.
5. Die Wolle wird nun bei 105° gewogen, gut ausgeschüttelt und so von Staub usw. befreit und wieder gewogen. Der Unterschied gibt die unlöslichen mechanischen Verunreinigungen an.

In den unter 3) angeführten Proben können durch Veraschen und Untersuchen des Rückstandes die im Wollschweiß vorhandenen anorganischen Bestandteile festgestellt werden. Der trockene ausgezogene Wollschweiß enthält 40% mineralische Bestandteile.

Märker und Schulze (J. f. prakt. Ch. 108, 193) fanden darin Kali: 58,94, Natron: 2,76, Kalk: 2,44, Magnesia: 1,07, Eisenoxyd: Spur, Chlor: 4,25, Schwefelsäure: 3,13, Phosphorsäure: 0,73, Kieselsäure: 1,39, Kohlensäure 25,79%.

Neben der Menge des Wollschweißes ist für die Wäsche seine Leicht- oder Schwerlöslichkeit von größter Wichtigkeit.

Der gutartige Schweiß überzieht das Haar mit einem milden öligen Fette, verteilt sich gleichmäßig durch die ganze Masse der Wolle und ist leicht auswaschbar. Die Farbe ist in der Regel hellgelb, zuweilen rostgelb oder braun.

Der bösartige Schweiß ist durch kalte Wäsche gar nicht zu entfernen und widersteht mehr oder weniger sogar alkalischen Waschflüssigkeiten. Man unterscheidet gelben Schweiß, den mildesten von den schwerlöslichen Schweißarten, wobei die Strähnchen sich nicht ölig, sondern klebrig anfühlen, ferner harzigen Schweiß, schmutzig gelb oder rotgelb, zäher und schwerer löslich als der vorige, und wachs- oder pechartigen Schweiß, im kalten Wasser ganz unlöslich und selbst mit heißen alkalischen Lösungen nur schwer zu entfernen. Die Art des Schweißes ist meistens dem Tiere vererbt und kann durch Auswahl bei der Aufzucht verbessert werden.

Die Entfernung des Wollschweißes ist Aufgabe der Wollwäschereien. Früher nahm man zunächst auf dem Rücken des Tieres im Heimatlande die sogenannte Pelzwäsche vor. Diese beseitigte die 20—30% des Wollgewichtes betragenden Kaliseifen und erniedrigte mithin die Fracht bei der Ausfuhr. Heute geht man auf eine völlige Ausnutzung des Wollschweißes aus; man wäscht daher nach der Schur in der Fabrik.

Die Reinigungsmittel zum Entfernen des Wollschweißes sind nach Art und Menge verschieden, je nach der Beschaffenheit der Schweißwolle; sie müssen durch praktische Versuche bestimmt werden.

Warmes Wasser dient zur Vorwäsche der nicht auf dem Tier vor der Schur gewaschenen Wolle. Hierbei werden die fettsauren

Salze des Schweißes nebst mechanisch anhaftenden Verunreinigungen entfernt.

Schwach alkalische Mittel wie Seife, Soda, Pottasche, Ammoniak, Ammonkarbonat dienen zu der darauf folgenden eigentlichen Wäsche. Hierbei werden die fettigen Bestandteile des Wollschweißes entfernt.

Hierhin gehört auch der gefaulte Urin, der seit den ältesten Zeiten vermöge seines Gehalts an Ammonkarbonat als Waschmittel dient. Man arbeitet in 5facher Verdünnung bei 40—50° C.

Ein zwar teurer, aber sehr wirksamer Zusatz bei der Wollwäsche ist Leonil S (M) oder Nekal (B), das Natriumsalz einer Naphtalinsulfosäure. Es ist in Wasser, selbst in hartem Wasser, schwachen Alkalien und verdünnten Säuren löslich (Broschüre 1035 von M. L. B. und 1089 der J. G.).

Leonil S und SB wirkt in der Wollwäscherei in dreifacher Beziehung:

a) durch seine gute Netzwirkung; Wolle bleibt lockerer, so daß die Waschflüssigkeit besser eindringen kann;

b) durch seine Fähigkeit, Fette und Öle leicht zu emulgieren; die Wolle wird rascher rein;

c) durch seine Gerbwirkung; die Wollfaser wird gegen den schädigenden Einfluß des Alkalis geschützt.

Auf den Liter Waschflüssigkeit, die im übrigen wie üblich angesetzt wird, kommen 1½—3 g Leonil S oder 1—2 g SB. Beim Weiterarbeiten auf dem alten Waschbade setzt man soviel Leonil zu, als der zu ersetzenden Menge Bad entspricht; wenn man also z. B. 50 l frisches Wasser beigeben muß, so fügt man $50 \times 1{,}5 = 75$ g Leonil S hinzu.

Ganz besonders günstig wirkt Leonil S beim Waschen von sehr kalkhaltigen Gerberwollen, die man vor dem eigentlichen Waschen durch verdünnte Salzsäure nimmt, um den Kalk zu entfernen und dadurch weichere Wolle zu bekommen. In dem salzsauren Bade wird eine bessere Durchnetzung durch den Zusatz von Leonil S herbeigeführt, so daß die Salzsäure besser einwirken kann.

Leonit SB wirkt besonders günstig da, wo es sich um Netzwirkung handelt.

Als milde Reinigungsmittel dienen bei besserer Wolle, besonders für Kammwolle, die Kali- und Natronseifen. Um die Reinigungswirkung zu vergrößern, setzt man häufig Ammoniak zu. Bei Verwendung von Seife als Waschmittel sei das Wasser möglichst weich (s. Bd. I, S. 22). Am meisten in Anwendung ist gegenwärtig Soda, ein Mittel, das bei richtiger Handhabung die Wolle nicht angreift. Die Lösung wird in einer

Stärke von ½—1½° Bé gebraucht und die Temperatur möglichst niedrig, zwischen 40—50° C, gehalten.

Häufig wird in den Wollwäschereien selbst als Waschmittel eine Soda-Seifenlauge bereitet durch Verkochen von Olëin mit Soda.

Wasserglas ist als Wollwaschmittel angepriesen worden, ist aber nicht zu gebrauchen, da es die Wolle durch Abscheidung von Kieselsäure hart macht und auch leicht Fleckenbildung beim späteren Färben verursachen kann.

Abb. 74. Zupf- und Schlagmaschine von J. Bernhardt in Leisnig.

Bei höherer Temperatur als 45° C nimmt die Wolle leicht eine bleibende gelbe Färbung an. Um sie gegen die Einwirkung des in Soda und Seifen immer etwas enthaltenen ätzenden Alkalis zu schützen, setzt man dem Waschbade Protektol Agfa II, und zwar etwa die Hälfte der angewandten Sodamenge, zu. Dadurch wird die Wolle weicher, geschmeidiger und spinnfähiger. Protektol wird aus entkalkter Sulfitablauge (S. 121) gewonnen. Seine schützende Wirkung beruht jedenfalls auf der Anwesenheit der gelösten Pentosane und Hexosane.

Die Wolle darf aber auch in den alkalischen Bädern nur so wenig wie möglich bewegt werden, damit sie nicht verfilzt.

Damit die Waschlaugen möglichst vollkommen auf die Wolle einwirken können, werden in einer Zupf- und Schlagmaschine die Stapel vorher geöffnet und Schmutz, Steine, Futterteile usw. beseitigt (Abb. 74). Dadurch wird die Schlammbildung im Waschbottich verringert und die Spinnereimaschinen werden entlastet.

Vorwäsche.

Die Schweißwolle wird nur mit Wasser vorgewaschen. Alle hierzu dienenden Vorrichtungen laufen darauf hinaus, möglichst konzentrierte Lösungen zu erhalten, um daraus Wollschweißasche herzustellen.

Die **einfachste Vorrichtung** zur Vorwäsche besteht aus mehreren eisernen Zylindern mit Siebboden und Ablaßhähnen. Die Wolle

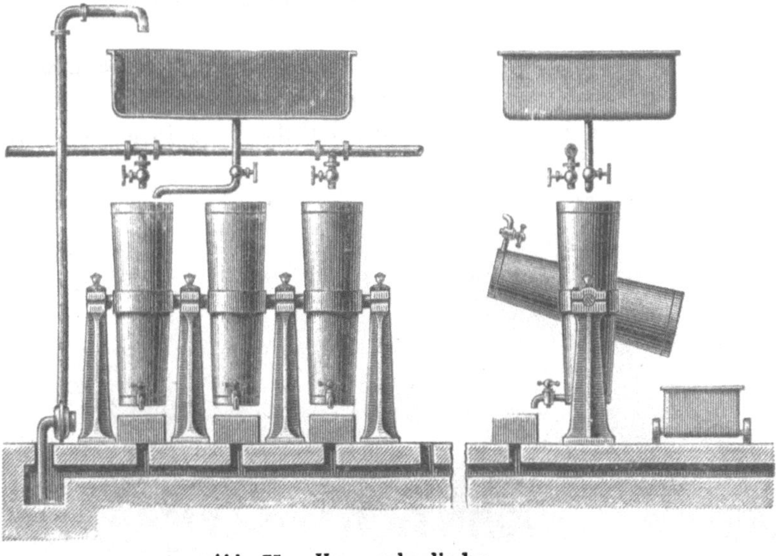

Abb. 75. Vorwaschzylinder.

wird hineingebracht und mit lauwarmem Wasser von ungefähr 45° C übergossen (Abb. 75). Bald sinkt die benetzte Wolle zusammen, worauf neue Wollpartien aufgefüllt werden, bis der Zylinder gefüllt ist. Dann wird der Ablaßhahn geöffnet, die braune Brühe abgelassen und durch eine Zentrifugalpumpe in einen großen Behälter gepumpt, aus dem sie dann wiederum auf die Wolle laufen kann. Der Vorgang wird drei- bis viermal wiederholt. Schließlich läßt man die Wolle abtropfen, kippt den Zylinder um und nimmt die Wolle heraus. Die Waschwässer werden zur weiteren Verarbeitung in einen Bottich abgeführt und gelangen von da in einen Eindampfapparat.

In andern Fabriken wird die Wolle nicht wiederholt mit der gleichen Wassermenge behandelt. Man wendet dort die in der Sodafabrikation zum Auslaugen der Rohsoda dienenden Auslauge-Apparate nach

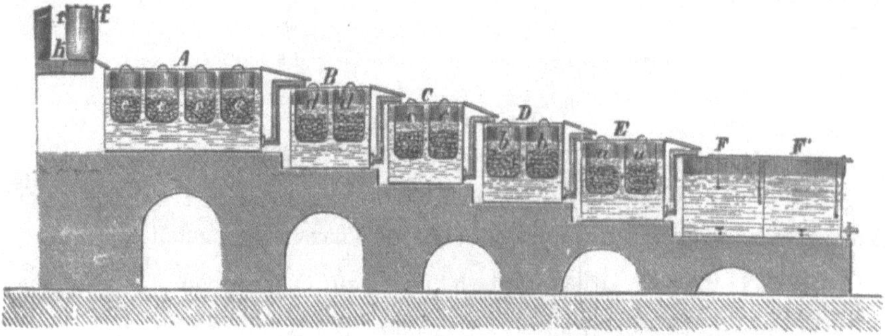

Abb. 76. Auslauge-Apparat nach Clément Desormes.

Clément Desormes (Abb. 76) an. 4—5 stufenweise aufgestellte Kästen aus Eisenblech A—E werden mit der Wolle gefüllt. Das aus einem Behälter h in den ersten Kasten A auf die Wolle fließende Wasser

Abb. 77. Pottasche-Auslaugeapparat.

gelangt durch gebogene Heberohre in die folgenden Kästen, reichert sich allmählich immer mehr mit Wollschweiß an, bis es als konzentrierte Lauge zuletzt in die zum Eindampfen der Schweißwässer dienenden Eindampfpfannen kommt. Die auszulaugende Rohwolle befindet sich in siebartig durchlöcherten Blechgefäßen oder in Körben aus Weidengeflecht, welche in die Kästen eingesetzt sind. Man beginnt mit dem untersten Auslaugekasten und hängt die Blechgefäße oder Körbe einige Zeit ein, während warmes Auslaugewasser zufließt. Das Gefäß wird dann ausgehängt und in den nächst höheren Kasten eingebracht, während man in den andern Kasten neue Wolle einfüllt. Nachdem die Wolle auf diese Weise alle Abteilungen durchlaufen hat, läßt man abtropfen und leert die Gefäße, um sie von neuem mit Wolle gefüllt in den untersten Kasten einzuhängen.

Durch Anwendung des Pottasche-Auslaugapparates D.R.P. 175 421, 177 520 von F. Bernhardt, Leisnig i. Sa. (Abb. 77), wird die Bedienung so vereinfacht, daß nur 1 Mann erforderlich ist, welcher die Rohwolle der Schlagmaschine vorlegt. Von da gelangt sie in die Auslaugmaschine, Waschmaschine usw. ohne jedes weitere Hinzutun des Arbeiters.

Die Wolle wird viel gründlicher entlaugt, als bei Anwendung des Tonnensystems, ohne der Wolle zu schaden, weil der Betrieb genau geregelt und vom Arbeiter ganz unabhängig ist.

In einem oben offenen Kanal, dessen Boden aus durchlochten Platten gebildet ist, wird die Wolle durch in endlose Ketten gelagerte Rechen vorwärts bewegt.

Unterhalb dieses Kanals ist ein System hintereinander befindlicher Behälter angeordnet; darin wird die von den Kanal-Siebboden herniederrieselnde Flüssigkeit aufgefangen und von da immer von neuem durch Pumpen emporgehoben und in Strahlenform auf den im Kanal fortschreitenden Wollstrom gegossen.

Ein am Eingang der Maschine befindlicher Schwimmer betätigt ein am Ausgange angebrachtes Wasserventil, damit also den Wasserzufluß, und regelt gleichzeitig auch die Laugenstärke.

Die Betriebskraft beträgt nur 1½ Pferdestärken. Die Metallteile, welche fortwährend mit der Pottaschelauge in Berührung stehen, sind teils mit Emaille, teils durch Hartgummiüberzug geschützt.

Andere Entschweißungsmaschinen stammen von G. Malardin, Tourcoing nach D. R. P. 218 522, 230 299 und von F. und C. Shuman, Tacony nach D. R. P. 225 669, 229 710.

Verarbeitung der Schweißwässer.

Die konzentrierten Schweißwässer, wie sie durch vorstehende Verfahren gewonnen werden können, werden auf Pottasche verarbeitet. Sie werden auf Abdampfschalen zur Syrupdicke eingeengt und in einen Flammofen gebracht; hier trocknet die Masse, fängt dann Feuer und verbrennt unter leichtem Schäumen und unter Entwicklung bedeutender Wärmemenge. Die abziehenden übelriechenden Schwelgase werden benutzt zur Erwärmung der Abdampfschalen (Abb. 78) (s. a. D. R. P. 206 747 von O. Zahn in Berlin).

Während des Kalzinierens muß gut umgekrükt werden, bis sich keine leuchtenden Flämmchen mehr zeigen und die Masse schmutziggrau geworden ist. Sie wird dann entfernt und in ausgemauerten viereckigen Gruben erkalten gelassen. Die grauen Salzkuchen kommen als Wollschweißpottasche mit einem Gehalt von 80% reiner Pottasche in den Handel. 100 kg Rohwolle liefern durchschnittlich bei der Vorwäsche 3 kg Pottasche.

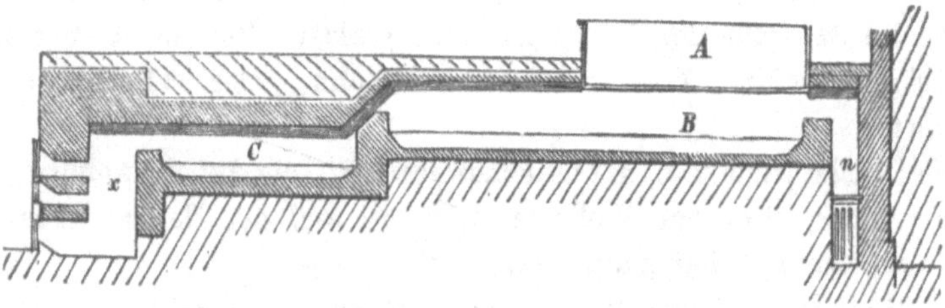

Abb. 78. Längenschnitt eines Ofens zur Gewinnung von Schweißasche.

A. Flüssigkeitsbehälter.
B. Abdampfungskammer.
C. Kalzinierraum.
n. Abzugskanal.
x. Feuerung.

Sie enthält z. B. außer 78,5% K_2CO_3 noch 5,7% KCl, 2,8% K_2SO_4 und 4,6% Na_2SO_4.

Versetzt man das Schweißwasser mit Salz- oder Schwefelsäure, so scheidet sich das Wollfett ab, kann aber nur schwierig von gleichzeitig abgeschiedenen Schmutzteilchen und vom Wasser gereinigt werden. Dieses Fett ist zur Seifenfabrikation nicht zu verwenden, dagegen hat es, nach dem D. R. P. 22 516 von O. Braun in Berlin hergestellt, im gereinigten Zustande nach O. Liebreich Verwendung unter dem Namen Lanolin zu medizinischen Salben gefunden.

Nach neuerem Verfahren von Smith & Sons und W. Leach in Bradford (D. R. P. 113 894) kann das Wollfett von den alkalischen und fettsauren Salzen auch durch Eindampfen der Waschlauge und Schleudern der konzentrierten Lauge getrennt werden.

Wollfett dient u. a. zum Einfetten der Wolle in der Spinnerei an Stelle von pflanzlichen und tierischen Fetten und Ölen. Nach J. Litschütz, Ch. Ztg. 1926, 245, läßt es sich nach Überführung in Trockenseife mittels 55%iger Natronlauge an der Luft bleichen.

Waschen der Wolle mit flüchtigen Lösungsmitteln.

Der Gedanke lag nahe, das Fett der Wolle, wie dies auch sonst bei anderen mit Fett arbeitenden Gewerben üblich ist, durch Lösungsmittel wie Benzin, Benzol, Naphtha, Tetrachlorkohlenstoff u. a. zu entfernen. Man hoffte hierbei die Wolle zu schonen und das Wollfett in einer Form zu gewinnen, die es weiterer Bearbeitung leichter zugänglich macht, als es bei der üblichen Leviathan-Wollwäsche der Fall ist. Die fettsauren Salze des Wollschweißes müssen bei diesem Verfahren nach der Entfettung aus der Wolle durch Wasser entfernt werden. Im Anfang war bei dieser Reinigung der Wolle viel Mißerfolg zu verzeichnen, hervorgerufen durch die Feuergefährlichkeit und Explosivität der Lösungsmittel und durch zu starke Entfettung der Wolle. Die Schwierigkeiten sind aber jetzt größtenteils überwunden. Entfettungsmethoden für Wolle sind ausgearbeitet worden z. B. von Burnell (Dinglers polyt. Jour. **1890**, S. 277 und 541); F. Wislicki, Tubize, D.R.P. 121 093 (Färb.-Ztg. **1901**, S. 204), Max Jacques & Cie, in Salome, D.R.P. 119 718, N. Rousselle in Verviers, D.R.P. 117 727 (Färb.-Ztg. **1901**, 267), Peltzer & Cie., Verviers, D.R.P. 122 800 (Färb.-Ztg. **1901**, 220), Emile Maertens, Providence, D. R. P. 141 430 und F. Koch, Berlin, D. R. P. 282 675.

Die Wollentfettung nach Rousselle (Revue générale de mat. col. **1903**, 105) geschieht z. B. folgendermaßen: Eine durchlochte heizbare Trommel dreht sich in einem äußeren Behälter und ist mit einer Kondensationsvorrichtung durch Röhren verbunden; in diese sind fein zerstäubend wirkende Wasserinjektoren eingelassen. Die Wolle wird in der Trommel mit dem entsprechenden Lösungsmittel, z. B. Benzol, behandelt und durch Drehen eine gute Durchmischung bewirkt. Das verdampfende Lösungsmittel wird durch Einspritzen von Wasser in den Röhren kondensiert. Nach beendeter Reinigung wird das Lösungsmittel durch einen Hahn abgelassen, aus einem die Trommel umgebenden Behälter abdestilliert und wieder frisch verwendet, das Fett aber abgesondert. Der Rest des Lösungsmittels in der Wolle wird durch Erhitzen der Trommel entfernt.

Die erwähnte Gefahr der Explosion wird insofern bei den neueren Konstruktionen fast beseitigt, als in geschlossenen Gefäßen gearbeit wird und das Lösungsmittel durch Kohlensäure bewegt wird. In Deutschland baut solche Anlagen Martini & Hüneke, Berlin.

Von der Fabrik Arlington, Lavrence (Mass.), wurden 1905 nach diesem Verfahren 250 000 kg Wolle in 10 Stunden entfettet (Dyer and Calico Printer 1903, 23). Nach dem D. R. P. 160 375 der Delainage Vervietois Peltzer & Co., Renoupré-Verviers, wird das Kohlenstofftetrachlorid zurückgewonnen.

Eigentliche Wäsche. (Reinigen und Spülen).

Fabrikwäsche.

Die vorgewaschene Wolle, wie auch die rückengewaschene, wird stets noch einer gründlichen Reinigung unterworfen.

In kleineren Fabriken wird die Wolle in hölzernen Bottichen in der lauwarmen alkalischen Waschflüssigkeit eingeweicht, mit Stangen kurze Zeit hin- und hergeführt, zum Abtröpfeln gebracht und in Bottichen mit durchlöchertem Bodeneinsatz mehrere Male gut ausgewaschen.

In größeren Betrieben wird die Wolle in Waschmaschinen gereinigt.

Die erste brauchbare Wasch- und Spülmaschine baute Sehlmacher im Jahre 1832; vollkommener noch war die von Peltzer im Jahre 1855 ersonnene Waschmaschine. Ein ellipsenförmiges Gefäß trägt oben zwei mit gebogenen Zähnen versehene Schaufelräder; diese tauchen die mit dem Wasser um den festen Kern der Maschine laufende Wolle unter. Statt Schaufelräder brachte man später Flügelräder oder Rechen an.

Die Wollspülmaschinen mit ovalem Behälter (Abb. 79 und 80) sind eiserne Bottiche von 3—4 m Länge, 2½ m Breite und 80—90 cm Höhe mit einem mehrteiligen, leicht herausnehmbaren Siebboden a. Der Boden des Bottichs ist mit einer Abflußklappe b für die Reinigung versehen. Der in der Mitte angebrachte Ständer c ist unterhalb des Siebbodens entsprechend dem Querschnitte des Wasserzuströmrohres durchlocht; das schmutzige Wasser steigt demzufolge in dem Ständer auf die Höhe des Wasserspiegels im Behälter, um durch das im Ständer angebrachte Überlaufrohr f abzufließen. Letzteres ist behufs Regulierung der Wasserhöhe mit verstellbarer Klappe g versehen. Die Wolle wird von einer Flügelwalze mit zwei Flügeln, flachen Zinken bearbeitet und in Bewegung versetzt. An der entgegengesetzten Seite strömt das Wasser dicht oberhalb des Siebbodens in etwas schräger Richtung nach oben ein, treibt die von der Schlägerwalze nach unten gedrückte Wolle wieder in die Höhe und befördert so den Kreislauf der Wolle und des Wassers.

Die Wolle kann auch durch Rechen bewegt werden, die mittels Kurbelwellen angetrieben werden.

Vorteilhaft hebt ein Elevator die fertig gespülte Wolle selbsttätig aus der Maschine heraus; dadurch wird an Arbeitslohn gespart und eine

Abb. 79. Ovale Wollspülmaschine mit Kurbelrechen, Schlagzeug und selbsttätigem Ausheber. (H. Krantz, Aachen.)

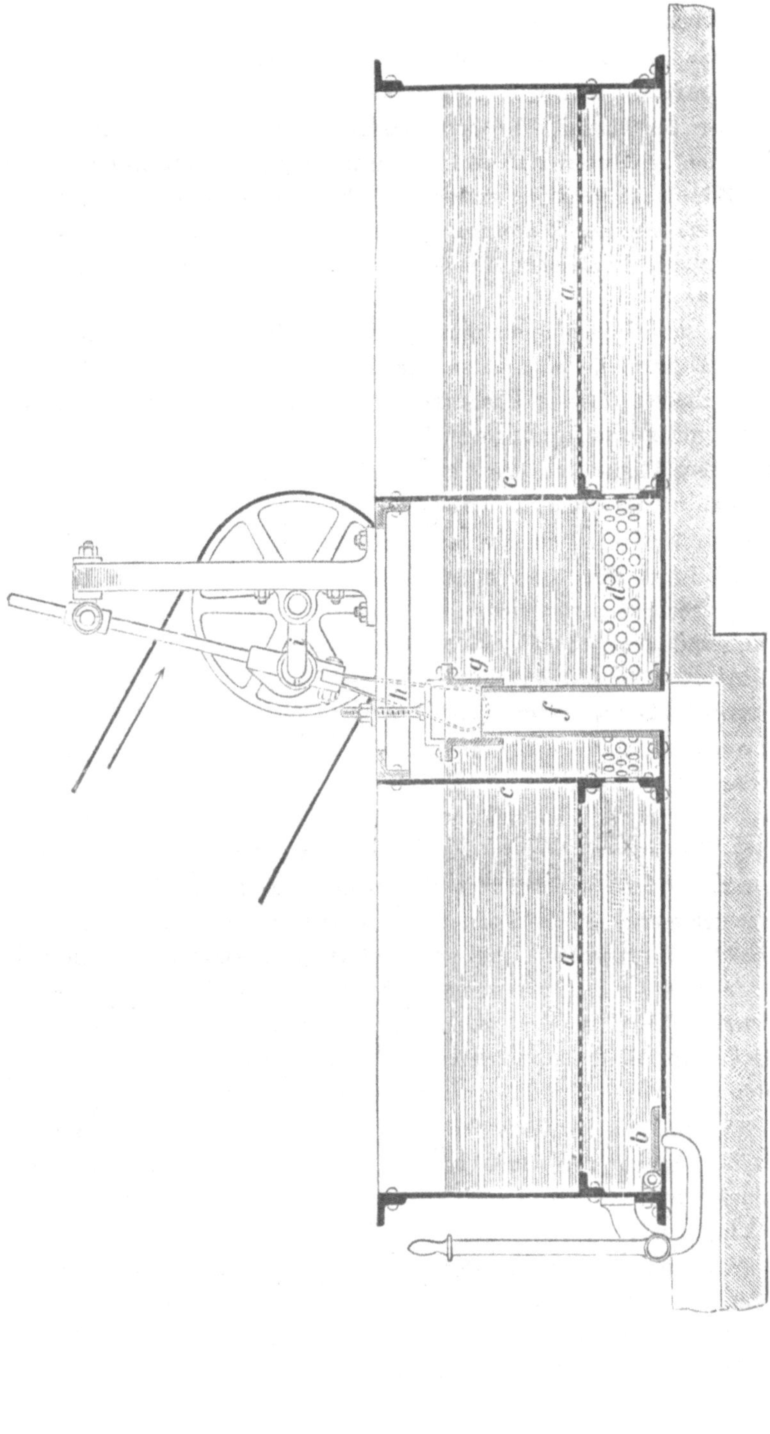

Abb. 80 Wollspülmaschine mit Petschen. (H. Krantz, Aachen.)

offenere Wolle erzielt, als wenn ein Arbeiter die Wolle mittels Knüppel oder Gabel aus der Maschine heben muß.

Vielfach werden auch statt der Rechen sogenannte Petschen bei den Waschmaschinen verwendet, besonders zum Spülen von langer Wolle.

Die von der Kurbel i bewegte Petsche macht einen eine Ellipse beschreibenden, vertikalen Hub, ist von birnförmigem Querschnitt und aus glattem Eisenblech (seitlich geschlossen) hergestellt; durch den starken Kreislauf und heftigen Wellenschlag des Wassers wird vortreffliches und rasches Spülen erzielt, ohne die Wolle dabei zu verwirren oder zu verfilzen.

Bei all den Wollspülmaschinen mit ovalem Behälter ist Gefahr vorhanden, daß durch die wagrechten Kreisbewegungen der Wolle sich leicht Stricke bilden. Dieser Übelstand wird vermieden bei den Wollspülmaschinen mit rechteckigem Behälter.

Wollspülmaschine mit rechteckigem Behälter. (Krantz & Co., Aachen.) (Abb. 81.)

Der rechteckige schmiedeeiserne Behälter hat 4,5 m Länge, 1,8 m Breite und 1,2 m Höhe und ist mit einem mehrteiligen, leicht herausnehmbaren Siebboden versehen. Das Wasser wird an der Kopfseite bei a durch die beiden abgeflachten Rohre h b′ während des Betriebes beständig zugeführt und strömt in der durch Pfeile c c c angedeuteten Richtung. Die zu reinigende Wolle wird bei e partienweise in den Behälter geworfen und dann im Kreislauf einesteils von den nicht tiefgreifenden Kurbelrechen d d′ in der Pfeilrichtung (f f) und andernteils von dem bei b b′ eingeführten Wasserstrahle in der Pfeilrichtung c c c im Spülbehälter bewegt und gewaschen. Das unreine Wasser fließt dabei, von unterhalb des Siebbodens steigend in den mit Schieber zum Regeln des Wasserspiegels versehenen Abflußkasten g ab. Ist die Wolle gereinigt, so wird der Hebel h umgelegt, die Glitsche i eingerückt und der dreiarmige Elevator k in Betrieb gesetzt, welcher die Wolle in wenigen Minuten aus der Maschine in einen bei l bereitzustellenden Korb fallen läßt. Zur bequemen Reinigung des Behälters unterhalb des Siebbodens ist eine Abflußklappe angebracht. Die Maschine wird durch eine Riemenscheibe angetrieben.

Durch ein am Wollwaschbottich angebrachtes Quetschwerk werden der fest in der Wolle sitzende Schmutz und ebenso auch die Waschlauge besser entfernt. Ein solches Quetschwerk ermöglicht also einmal eine bessere Ausnutzung der Waschflüssigkeit, die nicht mit der Wolle weiter geht, sondern in den Behälter zurückfließt, dann aber die Lösung der Schmutzknoten, Schweißspitzen usw.; infolgedessen genügt ein Drittel der gewöhnlich dazu erforderlichen Zeit; das ist für die Erzielung einer offenen, nicht verfilzten Wolle von größtem Einfluß.

Je besser die Wolle durch Auspressen von der schmutzigen Seifenlösung befreit ist, desto reiner läßt sie sich auch in kaltem Wasser waschen, denn dieses würde die mit Schmutz beladene Seifenlauge beim Spülen so verdünnen, daß sie den Schmutz nicht mehr in Lösung halten, sondern großenteils wieder auf der Wolle abscheiden würde.

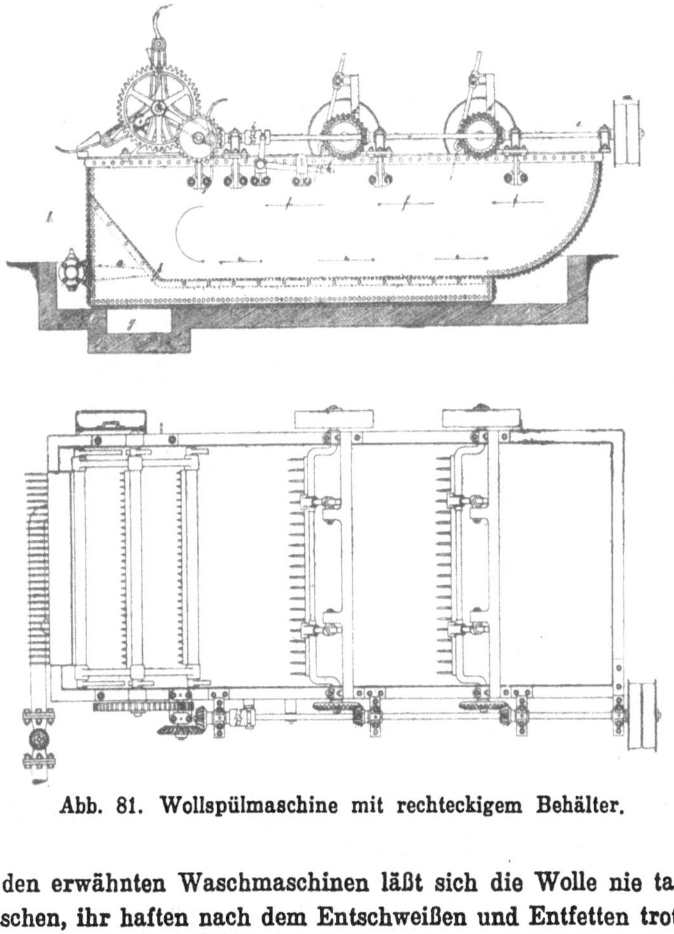

Abb. 81. Wollspülmaschine mit rechteckigem Behälter.

In den erwähnten Waschmaschinen läßt sich die Wolle nie tadellos rein waschen, ihr haften nach dem Entschweißen und Entfetten trotz der schärfsten Auspressung noch viel Waschlauge und sonstige Unreinigkeiten an, welche gründlich entfernt werden müssen. Das geschieht am besten durch Spülen in ganz kaltem Wasser. Durch warmes Wasser werden nämlich die noch vorhandenen fettigen Verunreinigungen zäh und klebrig und haften fest an der Wolle, während sie bei Verwendung von kaltem Wasser hart und spröde werden und sich leicht entfernen lassen.

Als man anfing, die Wolle im Schweiße zu verarbeiten, entstand die heute in mittleren und größeren Fabriken zu allgemeiner Einführung ge-

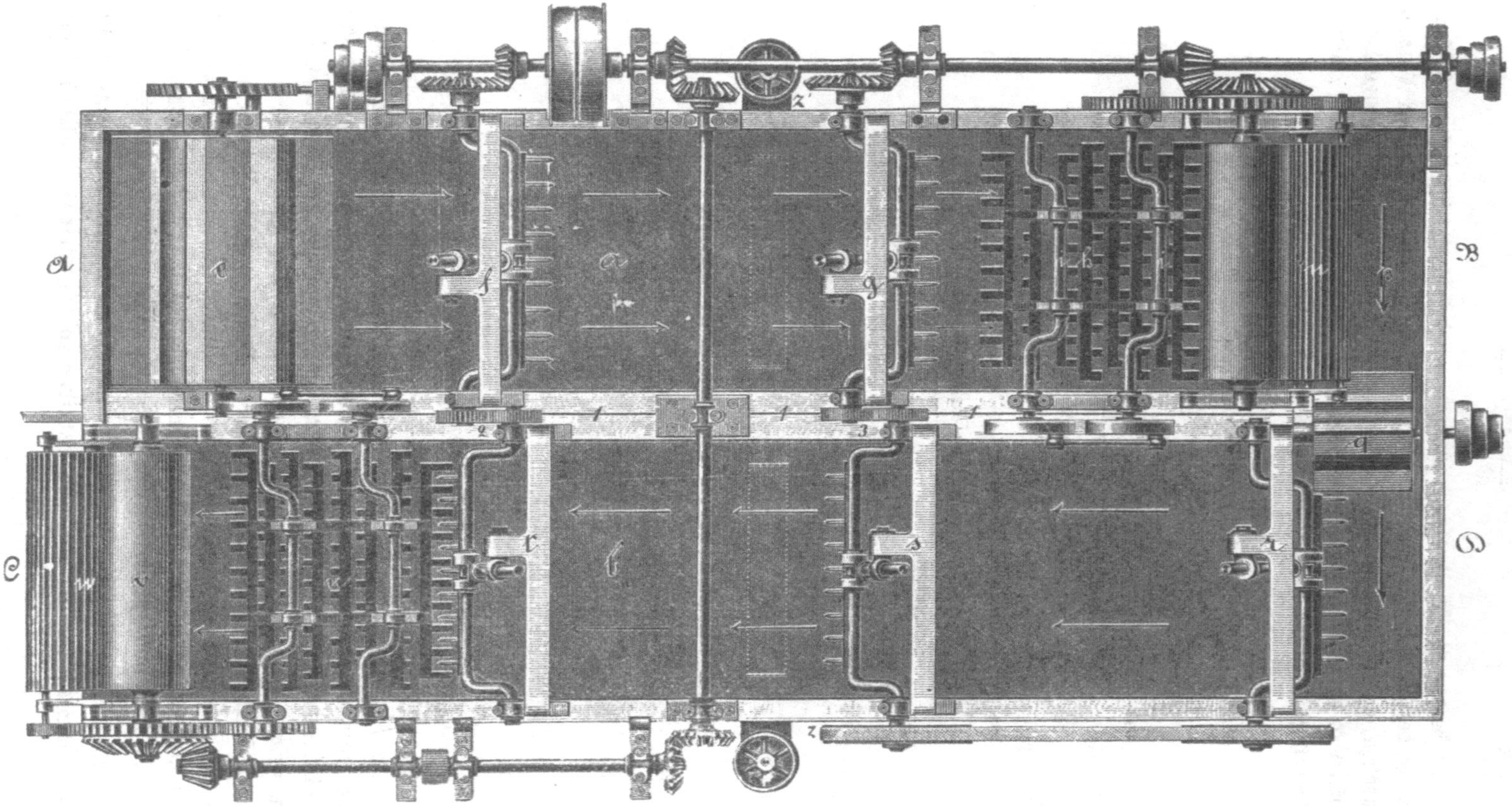

Abb. 82. Automatische Wollwaschmaschine für Mittel- und Kleinbetriebe von Krantz, Aachen.

langte, aus Einweich-, Wasch- und Spülbottich bestehende Leviathan-Waschmaschine.

Der Erbauer der ersten derartigen Maschine, die so außerordentlich große Dienste der gesamten Wollindustrie leistet, war Grand Rye-Kaivers in Verviers im Jahre 1864; nach einer anderen Mitteilung hatte Eugen Mélen in Verviers schon 1863 um ein Patent nachgesucht.

Die automatische Leviathan-Wollwaschmaschine für Mittel- und Kleinbetriebe von Krantz. Aachen (Abb. 82, 83 und 84) bildet eine Nachbildung des Leviathans für größere Fabrikwäsche; die zu waschende Schmutzwolle muß mindestens zwei Bäder und zwei Pressen durchlaufen, um fettrein gewaschen zu werden. Die beiden getrennten Behälter sind der Raumersparnis wegen nebeneinander angeordnet, die Abteilung AB ist für das Einweichbad, die Abteilung CD für das Entfettungsbad bestimmt.

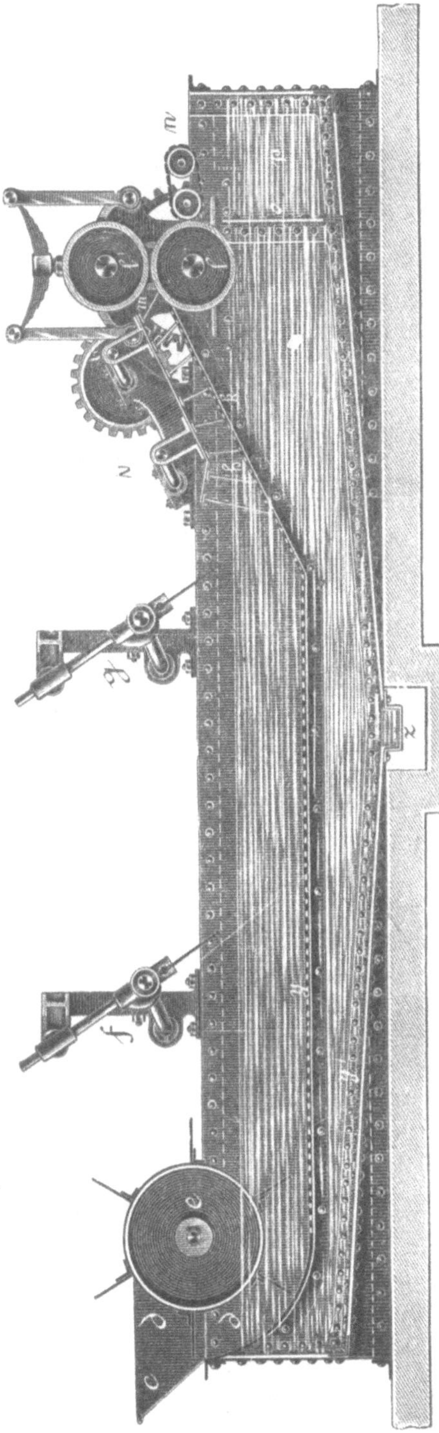

Abb. 83. Schnitt AB.

Die zu waschende Wolle wird in den Füllkasten c der Einweichmaschine

Abb. 84. Schnitt C D.

(Abb. 83, Schnitt A B) geworfen und fällt in die Zwischenräume d der Eintauchwalze e; diese taucht, sich langsam drehend, die Wolle selbsttätig unter und regelt auch die Beschickung; durch eine Stufenscheibe können ihr verschiedene Geschwindigkeiten erteilt werden. Die eingetauchte, völlig durchnäßte Wolle wird nun von dem Kurbelrechen f (Abbild. I und II) erfaßt, sanft gehoben, so daß sich die der Wolle anhaftenden erdigen Beimengungen ausscheiden können, und weitergeführt zu dem Kurbelrechen g, welcher sie dem eggenartigen, von den beiden Kurbeln i i′ bewegten Aufrücker h zuschiebt. Dieser schiebt sie über das schräge, durchlochte Siebblech k zwischen die Druckwalzen l l′; ist der Aufrücker am Punkte m angelangt, so heben die Kurbeln ihn hoch und führen ihn, sich zurückbewegend und senkend, wieder in die vom Kurbelrechen g inzwischen wieder herangebrachte Wolle, welche also in sich aneinanderreihenden Hüben in durchaus gleichmäßiger Schicht und offen, wie sie herangeschwommen kommt, zur Auspressung und Zerquetschung der Schmutzknoten und Schweißspitzen zwischen die Druckwalzen gelangt. Die ausgepreßte Wolle wird von dem Tisch n in die mit dem Einweich- und Entfettungsbehälter zwar verbundene, vom Bade des Einweichbehälters aber durch die Scheidewand o getrennte Abteilung p geführt, welche mit dem Bade der Entfettungsmaschine zusammenhängt.

In dieser Abteilung o ist unterhalb des Tisches n ein nach dem Entfettungsbehälter hin schräg abfallendes Blech angebracht, über welches die Wolle, von der Flügelwalze q noch befördert, in die Entfettungsmaschine (Abb. 84, Schnitt C D) bis zur Angriffslinie des Kurbelrechens r gleitet. Die Kurbelrechen r. s und t greifen, heben und führen nun die Wolle in der oben beschriebenen Weise zum Aufrücker u, welcher sie zwischen die Druckwalzen v v′ bringt; von diesen ausgepreßt fällt die Wolle auf den Ausgangstisch w und in einen bei x bereitstehenden Kasten und ist nun fertig zum Spülen.

Beide Behälter-Abteilungen sind mit mehrseitigem, leicht herausnehmbarem Siebboden y versehen. Die festen Böden y′ fallen nach der Mitte hin schräg ab, so daß der durch die Siebböden sinkende Schmutz sich in dem Schlammsammler z ablagern muß; dieser kann vermittels des Ventils z′ abgelassen werden.

Beide Behälter sind durch einen Injektor verbunden, um die von Zeit zu Zeit abzulassende Schmutzbrühe der Einweichmaschine durch die verhältnismäßig reinere des Entfettungsbehälters ersetzen zu können.

Dieser, wie überhaupt alle Leviathane, arbeiten nach dem Gegenstromprinzip, das heißt, das Wasser strömt der Bewegungsrichtung der Wolle entgegengesetzt zu, so daß also stets die reinste Wolle mit der reinsten Waschflüssigkeit, die unreinste Wolle mit der schmutzigsten Lauge zusammen kommt, wodurch das Waschmittel so möglichst ausgenutzt wird.

Infolge der Anordnung der beiden Waschmaschinen nebeneinander nimmt dieser Leviathan nur eine Länge von 6 m ein, während die Wolle den durch die Pfeile angedeuteten Weg von 12 m bei zweimaliger Auspressung zurücklegt; je nach der Breite der Maschine und der Beschaffenheit der Wolle beträgt die Tagesleistung der Maschine 500 bis 1500 kg Schmutzwolle.

Abb. 85 zeigt einen Leviathan-Behälter mit Eintauchwalze mit Zähnen, drei Kurbelrechen, Elevator und mit schwerer Presse und Quetschwalzen.

Eine größere Leistung wird erzielt durch den Leviathan für Fabrikwäsche von H. Krantz, Aachen, Abb. 86. Die Maschine besteht aus drei voneinander getrennten eisernen Bottichen. Der erste Behälter dient zum Einweichen der Wolle in einer Lösung des Waschmittels, der zweite und dritte zum Entfetten mit Hilfe der warmen Waschflüssigkeit. Jeder Behälter hat eine Länge von 4,75 m, eine Breite von 1,5 m und eine Höhe von 0,8 m.

Im Einweichbottich befindet sich der selbsttätige Eintauchapparat. Die zu waschende Wolle wird zwischen die Flügel der Eintauchwalze gelegt und von dieser langsam und gleichmäßig untergetaucht, alsdann von den Kurbelrechen erfaßt und gehoben, so daß sich der Schmutz ausscheiden kann, und sodann weitergeschoben. Die Kurbelrechen bilden

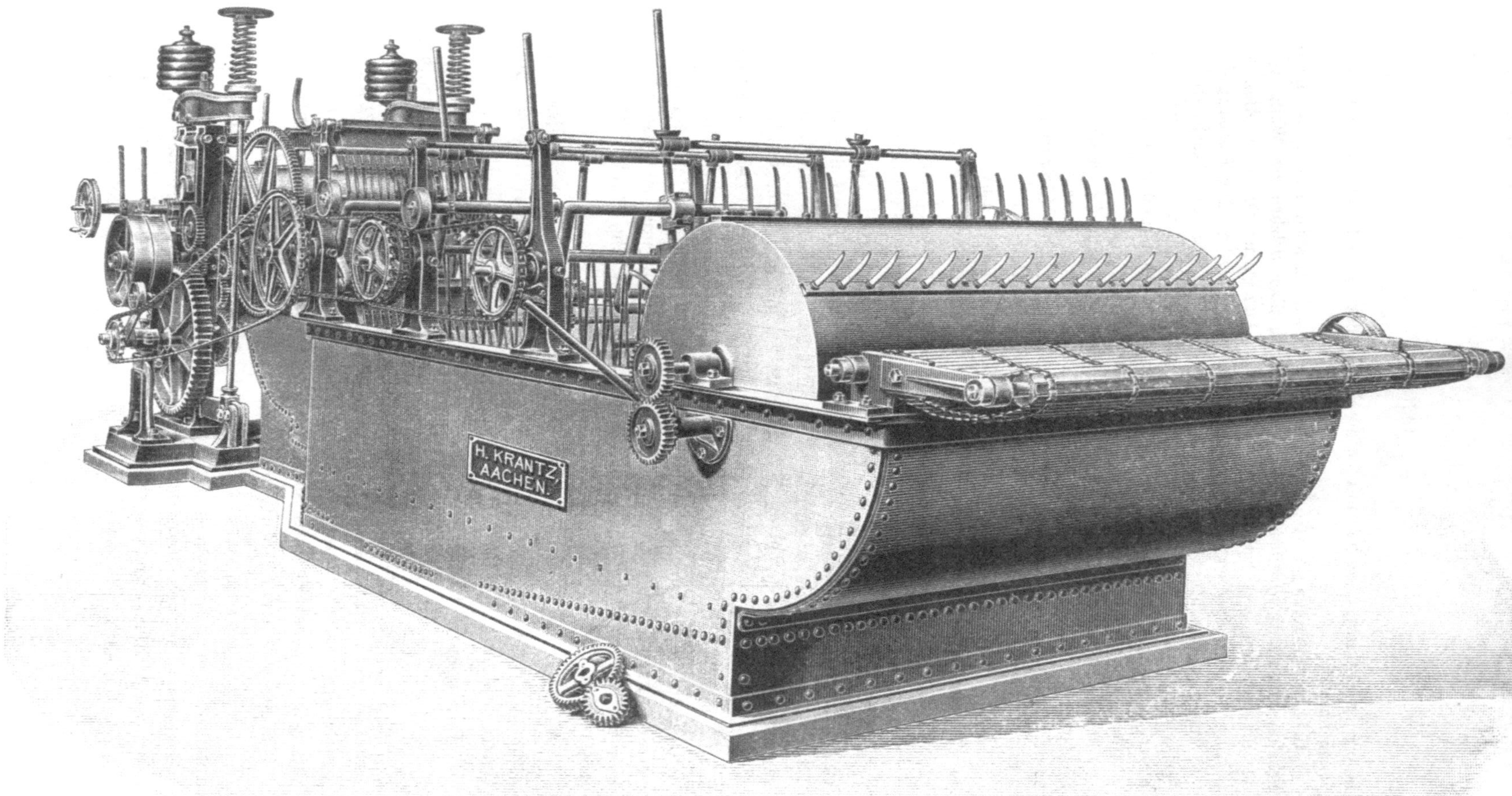
H. KRANTZ
AACHEN.

Abb. 86. Leviathan für Fabrikwäsche.

Die Wolle wird dem Schieb-Elevator übergeben und in gleichmäßiger Schicht dem Druckwalzenpaar zugeschoben. Nach dem Auspressen, wobei die Schmutzbrühe in den Behälter zurückfließt, gelangt die Wolle vermittels des endlosen Ausgangstisches in den ein Doppelsystem von 8 Raffgabeln.

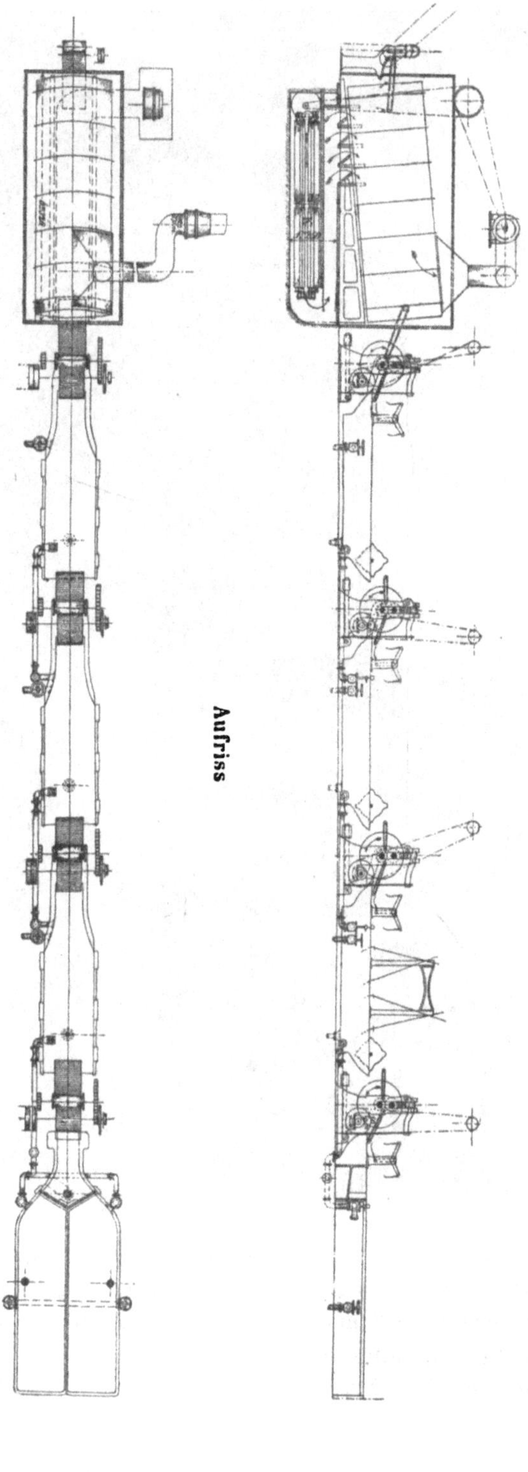

Grundriss

Abb. 87. Leviathan.

ersten Entfettungsbehälter, wird hier vom Rechen erfaßt, gehoben und von dem folgenden Rechen in derselben Weise behandelt, bis zum Schieb-Elevator geführt und über das schräge und durchlochte Blech unter die Druckwalzen gebracht.

Nach dem Auspressen gelangt die Wolle vermittlst Ausgangstisch in den zweiten gleich an den ersten montierten Entfettungsbottich von derselben Bauart, und ist nach dem Verlassen dieses Bottichs zum Spülen fertig.

Der Spülbottich ist meistens als vierter Bottich dazu montiert und ebenfalls mit Rechen zum Durcharbeiten der Wolle und mit Quetschwalzen versehen.

Im ersten Behälter werden die entschweißten Wollen in der Waschflüssigkeit bei 40° eingeweicht, im folgenden Bottich bei 45° gewaschen und im dritten bei 25° gespült.

Der Leviathan Abb. 87 besteht aus

1. einem Paare nebeneinander aufgestellten und miteinander verbundenen Einweichkufen;
2. einer länglichen Entfettungskufe mit drei Vorschiebegabeln;
3. zwei Spülkufen mit je zwei Gabeln;
4. vier Pressen mit 10 000 kg Belastungsvorrichtung;
5. einer Trockentrommel mit unter derselben angeordneter Heizschlange, Verschalung und zwei Ventilatoren für die heiße Luft;
6. einem am Ausgang der Trockentrommel aufgestellten Einöl- oder Schmälz-Apparat.

Die beanspruchte Triebkraft beträgt 17 eff. HP, die Erzeugung etwa 2000 kg in 10½ Arbeitsstunden. Zu ihrer Bedienung sind vier Arbeiter erforderlich.

Verarbeitung der Wollwaschwässer (s. a. Bd. I, 87).

Die aus dem Leviathan kommenden Waschwässer der Hauptwäsche enthalten vorzugsweise Kalisalze organischer Säuren und Wollfett (in Seifenwasser emulgiert), soweit diese nicht bei der Vorwäsche entfernt wurden. Ferner ist Schmutz und Sand darin vorhanden. Zur Abscheidung der mechanischen Verunreinigung durchfließen die Waschwässer zunächst ein System von fünf Klärkufen, welche je drei Scheidewände besitzen. Jede Kufe hat einen Inhalt von ungefähr 5 cbm. Die Verunreinigungen setzen sich am Boden ab und können dort durch Öffnen von Klappen abgelassen werden (Abb. 88).

a) Das Säureverfahren: Die geklärte milchige gelbe Flüssigkeit wird in hölzernen Bottichen solange mit verdünnter Salzsäure oder Schwefelsäure versetzt, bis die Seifen vollständig zerlegt sind. Durch einen Vorversuch ermittelt man die hierzu nötige Menge Säure. Man kann dabei die vom Karbonisieren abfließende Säure verwenden. Zur schnelleren Abscheidung des Fettes erwärmt man mit direktem Dampfe auf 50—60° C. Die Fettsäuren steigen dadurch in abgeschiedenem Zustande in Form einer körnigen, braunen Masse an die Oberfläche. Die unten befindliche Brühe läßt man ablaufen und bringt das Fett zum Abtropfen auf Filter aus Kokosmatten.

Nach 12 Stunden ist der Schlamm soweit erhärtet, daß man ihn pressen kann. Zuerst preßt man das Wasser ab, dann zwischen geheizten Platten das Fett.

Das Fett wird nochmals durch Dampf erhitzt. Das geschmolzene Fett steigt an die Oberfläche, während das saure Wasser durch einen am

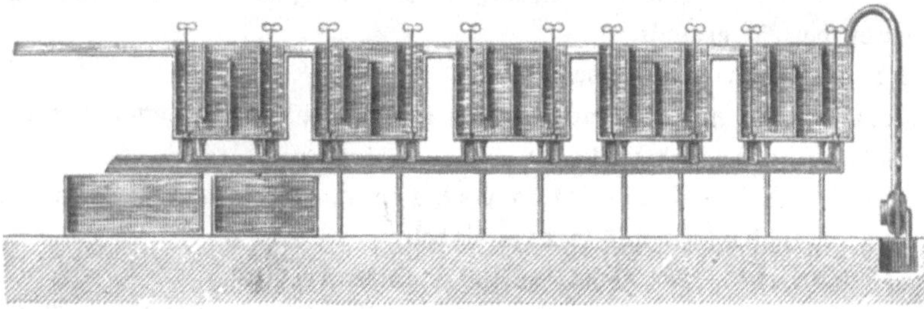

Abb. 88. Klärkufen.

Boden angebrachten Hahn abgelassen wird. Diese Behandlung wird so oft wiederholt, bis alle Mineralsäure entfernt ist und das Wasser klar abläuft.

Um dem Fette ein besseres Aussehen zu geben, wird es vielfach gebleicht. In einem mit Blei ausgeschlagenen Bottich wird das Fett unter Zusatz von Schwefelsäure und einer Lösung von Bichromat mit Dampf auf etwa 60° C erhitzt. Nach einer Stunde wird die Flüssigkeit abgelassen, heißes Wasser zugesetzt, und das Fett durch mehrmalige Behandlung mit reinem Wasser von der grünen chromalaunhaltigen Flüssigkeit befreit.

Das nach diesem Verfahren gewonnene Fett kann zur Seifenfabrikation verwendet werden, im ungebleichten Zustande zur Herstellung geringer Seifensorten. Der Preßrückstand enthält noch 10—15% Fett. Er wird mit Schwefelkohlenstoff ausgezogen oder zur Leuchtgasfabrikation benutzt. Die abfallenden sauren Mutterlaugen werden durch Zusatz von Kalkmilch unschädlich gemacht; den Schlamm läßt man in flachen Gruben absitzen.

b) Das Kalkverfahren: Die Waschwässer werden, nachdem sie sich abgesetzt haben, in einen Behälter abgelassen; gleichzeitig fließt ein dünner Strahl von Kalkmilch ein; Kalkseife scheidet sich ab und schon nach zwei Stunden kann eine klare Lauge abfließen. Das so vom Fett befreite Waschwasser enthält nunmehr wenig organische Substanz, freies Alkali und, was besonders hervorzuheben ist, es hat die Eigenschaft verloren, sehr bald in Fäulnis überzugehen. Es kann daher unbedenklich in die öffentlichen Gewässer abgelassen werden. Durch Zersetzen mit Salzsäure und Einleiten von Wasserdampf kann die Fettsäure aus dem Kalksalze (bis zu 72%) wieder gewonnen, und wie oben beschrieben, gereinigt werden. Die entstehende Calciumchloridlösung kann zum Fällen neuer Mengen Waschwässer verwendet werden. Der eingetrocknete Schlamm, den die Abwässer absetzen, wird wie Lehm ausgestochen, auf Horden an der Luft getrocknet und als Brennstoff verwandt. Auch wird der Schlamm zuweilen mit Steinkohle vermengt und destilliert; er gibt ein vorzügliches Leuchtgas.

Nach dem D. R. P. 24712 von C. Lortzing in Charkow werden die durch Zusatz von Eisenvitriol und Kalk erhaltenen, getrockneten und gepulverten, fetthaltigen Niederschläge (85 Tl.) in geschmolzenes Wollfett (15 Tl.) eingerührt und zu „Asphalt mastix" verarbeitet.

δ) Das Trocknen der losen Wolle.

Die gewaschene Wolle wird unmittelbar nach der Wäsche getrocknet. In den Wolltrockenmaschinen kommt meist das Gegenstromprinzip zur Anwendung: In den geschlossenen Apparat wird von der einen Seite die feuchte Wolle, von der anderen Seite warme Luft zugeführt; Luft und Wolle streichen in umgekehrter Richtung durch den Apparat. Vorteilhaft wird die warme Luft, während sie die Wolle trocknet, immer weiter erwärmt, so daß sie noch Feuchtigkeit aufnehmen kann; sie wird schließlich ohne weitere Erwärmung der frisch aufgelegten feuchten Wolle zugeführt. Eine derartig angewärmte Luft nimmt verhältnismäßig viel Feuchtigkeit aus der nassen Wolle auf; sie trocknet die vorgetrocknete Wolle gut aus, ohne ihr durch allzu hohe Temperatur zu schaden, da die trockenste Wolle mit der am wenigsten vorgewärmten Luft in Berührung kommt.

Nach diesem Grundsatz arbeitet z. B. die Trockenmaschine von P. Klug in Crimmitschau und F. Haas in Lennep.

Der Universal-Trocken-Apparat von Friedr. Haas in Lennep (Abb. 89) wird sowohl zum gleichzeitigen Trocknen von Garnen im Strahn (hängend) als auch von loser Wolle (in Schubladen liegend) gebaut.

Er ist bei fünf Trockenkammern 6,5 m lang, 2,5 m breit und 2,5 m hoch und wird ganz aus Stahl und Eisen durchaus feuerfest hergestellt.

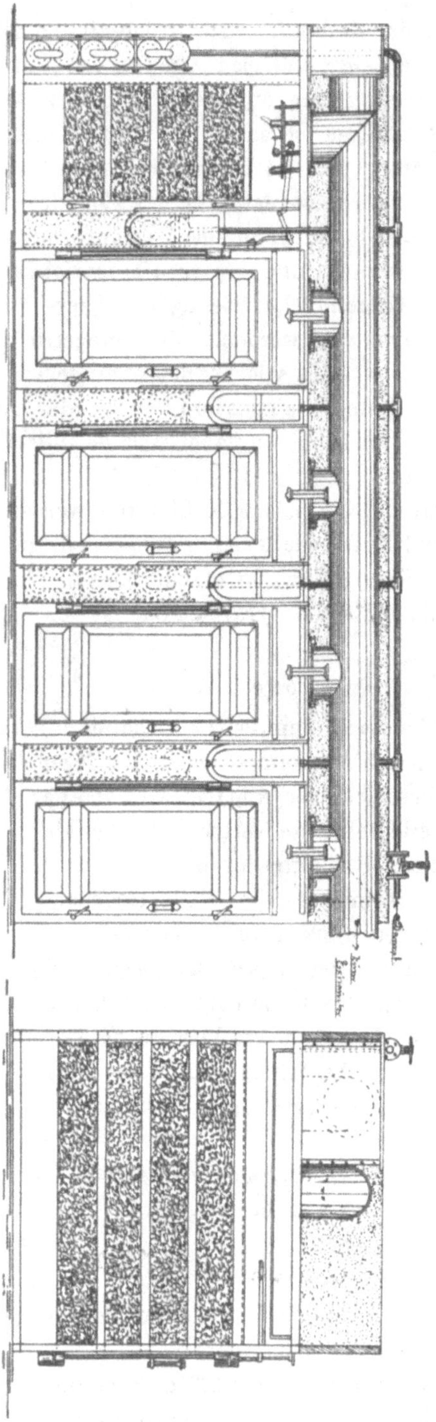

Abb. 89. Universal-Schnell-Trockenapparat von F. Haas in Lennep.

Er wird mit Dampf geheizt und beansprucht 120—150 kg Steinkohlen für 1000 kg Trockengewicht. Die Trockenzeit ist 1—1½ Stunden. Zur Bedienung genügt eine Person; die Leistung des Apparats beträgt in je 10 Arbeitsstunden bis zu 7000 engl. Pfund Baumwollgarne (Trockengewicht) und bis zu 2000 kg (Trockengewicht) Wolle (getrocknet oder getrocknet und karbonisiert).

Der Apparat ist eingeteilt in fünf Trockenkammern und fünf Heizkammern. In den Heizkammern e, a, b, c, d (Abb. 90) streicht die Luft an den Heizkörpern vorbei und nimmt deren Temperatur an. In den Trockenkammern A, B, C, D, E geht die Luft auf genau geregeltem Wege von unten nach oben durch das Trockenmaterial und nimmt die Feuchtigkeit mit fort.

Die Trockenluft wird mittels Exhaustors am Ende des Rohres P abgesogen und durchstreicht alle Trockenkammern und Heizkammern in einem vollkommenen Kreislauf.

Der Lufteintritt ist abwechselnd bei einer der Heizkammern durch eins der Ventile S e, a, b, c, d. Der Luftaustritt ist abwechselnd aus einer der Trockenkammern durch eins der Ventile O a, b, c, d, e. Diese beiden Ventile und dasjenige zwischen ihnen R a, b, c, d, e sind miteinander verbunden und arbeiten automatisch mittels eines einzigen Handgriffes. Wird z. B. Sb geöffnet für den Eintritt der Luft, so öffnet sich Ob zugleich für den Austritt der Luft und Rb schließt die Verbindung zwischen B und b. Der Weg, den die Luft bei diesem Vorgange durcheilt, ist durch die punktierte Linie bezeichnet.

Das Trocknen ist stufenweise geregelt so, daß das nasseste Material stets die ganze Wärme, also hier von fünf Heizkammern, das etwas trocknere die von vier, das noch etwas trocknere die von drei, das folgende

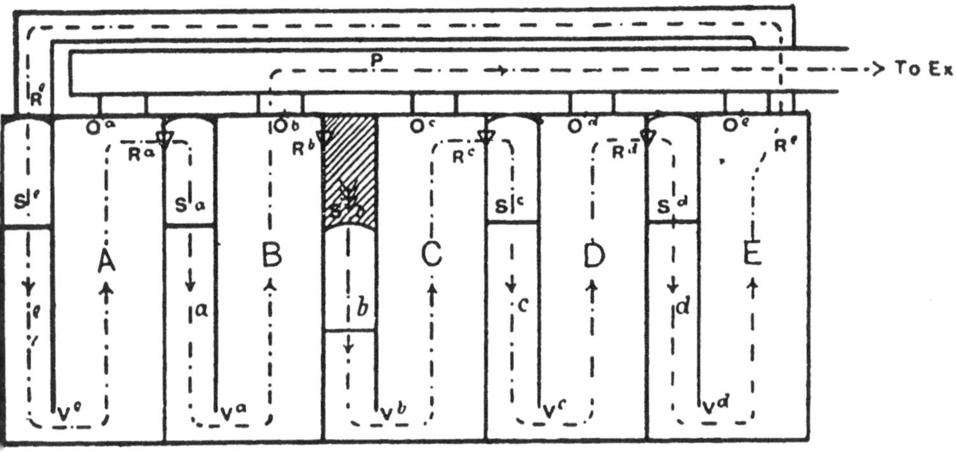

Abb. 90. Arbeitsweise des Universal-Trockenapparates.

die von zwei und das fast ganz trockene die Wärme von einer Heizkammer erhält.

In obiger Skizze ist Kammer C die trockenste. Sie erhält die Warmtrockenluft, welche durch das Ventil Sb in die Heizkammer b eintritt und also nur einmal erwärmt ist. Ehe die Trockenluft in die Kammer D eintritt, wird sie nochmal erwärmt, so daß jetzt zwei Heizkörper auf die nassere Wolle einwirken usw. Kammer E erhält die Wärme von drei Heizkammern, A die von vier, und B die gerade gefüllt worden ist und die nasseste Wolle enthält, erhält die Wärme von fünf Heizkammern.

Die trockene Wolle wird nun herausgenommen und durch nasse ersetzt. Um dieselbe stufenmäßige Trockenweise aufrecht zu erhalten, schließt der Arbeiter Sb und öffnet Sc. Mit Sb schließt sich Ob und öffnet sich zugleich Rb, und mit Sc öffnet sich Oc und schließt sich zugleich Rc. Die Luft tritt bei Sc ein und verläßt die Maschine bei Oc. Kammer D, die jetzt die trockenste ist, erhält jetzt die Wärme von nur einer Kammer, dagegen Kammer C, die jetzt die nasseste ist, die Wärme von allen fünf Heizkammern.

In dieser einfachen Weise arbeitet der Arbeiter den ganzen Tag, leert und füllt die Kammern, schließt das Ventil links und öffnet das Ventil rechts. Das ist seine ganze Arbeit.

Es ist leicht einzusehen, daß durch diese Schnelltrockenmethode die Wolle aufs äußerste geschont wird und andererseits jede Wärmeeinheit auf das Vollkommenste ausgenutzt wird.

ε) Die Entklettung.

Nach der Reinigung kann die Wolle häufig noch nicht gleich zu Streichgarn versponnen werden, da sie noch Bestandteile enthält, welche durch die Wäsche nicht entfernt werden: Klettenteile, die Früchte einer Distelart. Der Faden bricht beim Feinspinnen an der Stelle, wo ein fremder spröder Stoff sich befindet, oder, was noch unangenehmer ist, die Verunreinigung spinnt sich im Faden ein und erzeugt ein „spitzes" Garn. Im gefärbten Gewebe bleiben solche Pflanzenteile ungefärbt und treten als Knötchen hervor.

Die mechanische Entfernung der Klettenteile durch die sogenannten Klettenwölfe (Abb. 95) erfüllt ihre Aufgabe nur zum Teil; bei zu enger Einstellung zerreißt das Wollhaar, bei weiterer Einstellung wird ein Teil der Kletten, namentlich die mit Widerhaken versehenen Futterreste, durchgelassen. Auch kommt es vor, daß die Kletten durch den Wolf statt gelöst, zerrissen werden und die dann entstandenen Teilchen noch schwieriger zu entfernen sind.

Bei Kammwolle wird ein großer Teil der Kletten durch das „Kämmen" entfernt.

Man trennt auch die Pflanzenteile mit der Hand aus dem Gewebe mit Hilfe des Noppeisens und verbindet das Stopfen damit, falls durch das Noppen ein Loch entsteht. (Noppen, Plüssen und Stopfen.) Schließlich kann man die Pflanzenteilchen mit Nopptinkturen überfärben oder man färbt das ganze Stück so, daß auch die Pflanzenteile mitgefärbt werden. (Noppenfärberei.)

Wenn die Rohwolle stärker verunreinigt ist, werden die Pflanzenreste chemisch entfernt (Karbonisation).

Die chemische Entklettung beruht auf der Tatsache, daß alle Pflanzenstoffe durch Einwirkung von Mineralsäuren, wie Salzsäure und Schwefelsäure bei höherer Temperatur durch Verwandlung ihres Hauptbestandteiles, der Cellulose in Hydrocellulose, mürbe werden und bei der geringsten mechanischen Einwirkung wie Reiben, Bürsten oder Klopfen in Staub zerfallen. Die Wolle wird bei richtiger Konzentration der Säure wenig angegriffen. Dies chemische Verfahren der Entklettung nennt man fälschlich „Karbonisieren", zu deutsch „Verkohlung"; denn die entstandene Hydrocellulose ist noch weiß.

Der Erfinder der Karbonisation war Gustav Köber in Kannstadt; er wandte dies Verfahren schon 1852 zur Gewinnung der Extraktwolle (S. 218) aus halbwollenen Lumpen an. Isard in England und Frézon in Frankreich benutzten zuerst das Verfahren (Frézonnage) zum Entkletten der Wolle (1854).

Die gewaschene Wolle wird in ein Schwefelsäurebad von 1—4° Bé, je nach der Beladung der Wolle mit Pflanzenteilen, bis zu drei Stunden eingelegt. Einige Karbonisieranstalten legen in Schwefelsäure von 5—7° Bé zwei Stunden ein. Zur Aufnahme der Säure dienen innen zementierte Behälter oder auch im Innern mit Bleiplatten bekleidete hölzerne Bottiche. Die eingetauchte Wolle wird mit Holzkrücken wiederholt aufgerührt. Man wendet auch Lattenkörbe an, die durch eine Winde in das Bad eingelassen werden. Die Wolle wird dann ausgehoben und ausgeschleudert.

Die Schleudern sind aus Kupfer und innen verbleit. Die Wolle gelangt hierauf in den Trocken- und Karbonisierraum, wo

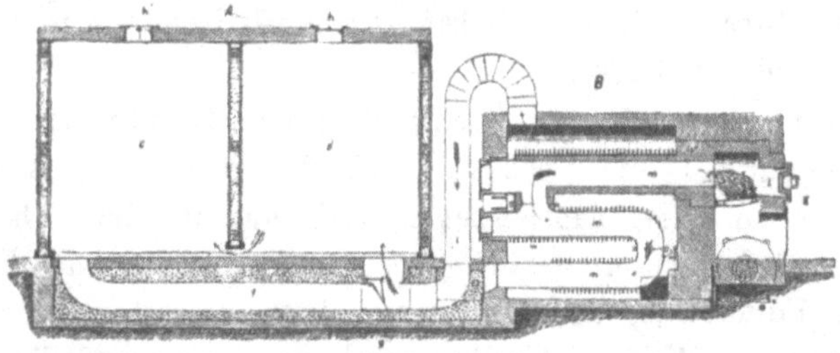

Abb. 91. Schnitt durch Karbonisier- und Heizofen.
A Karbonisierofen, B Heizofen, c u. d die beiden Kammern des Ofens, h Luftabzugsklappen, f Luftzuführungskanal, m Rippenrohre, l Feuerung.

sie bei 30—55° C vorgetrocknet und dann bei 70—100° karbonisiert wird. Würde man die Wolle gleich im feuchten Zustande einem hohen Hitzegrade aussetzen, so würde sie angegriffen werden. Konzentrierte Säure wirkt bei niedriger Temperatur nicht so schädigend, wie verdünnte bei hoher Temperatur.

Salzsäure kommt in Wirkung der Schwefelsäure gleich.

Der Karbonisierapparat von Gebauer, Berlin (Abb. 91 und 92) besteht aus zwei oder drei mit verschließbaren Luftklappen versehenen Kammern, in welche die erhitzte Luft eingeführt wird.

Die Wolle befindet sich auf verzinkten eisernen Drahthorden mäßig dick aufgelegt, je neun Horden sitzen übereinandergelagert in einem Gestelle, das auf einem eisernen, auf Schienen bewegbaren Wagen in die Kammern c und d bequem eingeschoben werden kann. Der Heizofen B wird getrennt aufgestellt; die Feuergase ziehen durch Rippenrohre m ab und erwärmen dabei die umgebende Luftschicht. Bei ununterbrochenem Betriebe der Apparate wird die heiße Luft stets zuerst in die Kammer eingeblasen, in welcher die Wolle karbonisiert werden soll, wo also eine höhere Temperatur erforderlich ist; hierbei muß selbstverständlich die Luftklappe h geschlossen gehalten werden. Aus diesem Raume gelangt dann die heiße Luft durch eine Schlitzöffnung der trennenden Wand in die nebenanliegende zweite Kammer, wo die zum Trocknen bestimmte Wolle inzwischen aufgespeichert worden ist. Die trockene warme Luft entzieht der nassen Wolle die Feuchtigkeit; in verhältnismäßig kurzer Zeit ist die Wolle bei einer Temperatur von 55° C trocken. Die sich bildenden Wasserdämpfe und die sauren Dämpfe entweichen durch die an der Decke offengehaltene Abzugsklappe h. Nach dem vollständigen Trocknen

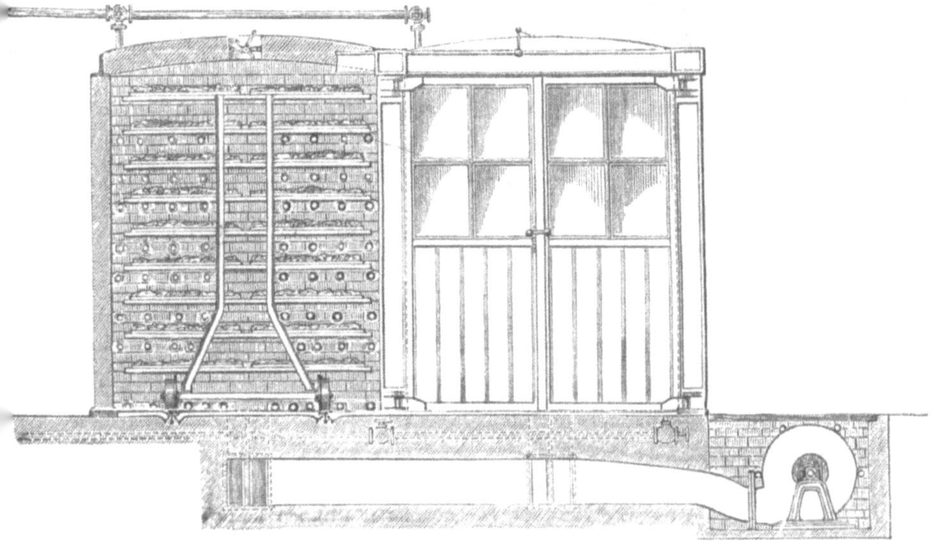

Abb. 92. Karbonisierofen mit Heizrohrsystem für lose Wolle, Kämmlinge, Lumpen.

wird diese Klappe wieder geschlossen und die Wolle durch Einleiten der direkten heißen Luft karbonisiert. Dieses wechselweise Zuführen der Luft bald in die eine, bald in die andere Kammer wird durch die verschiedene Stellung einer Drosselklappe innerhalb des Zuführungskanals der heißen Luft bewirkt.

Die Karbonisiermaschine der Firma H. Krantz & Co. in Aachen, D. R. P. 46018, (Abb. 93) benutzt das Prinzip der Nortonschen Trockenmaschine zu Karbonisationszwecken, wonach die Hitze alle Teilchen gleichmäßig bestreichen kann und nicht einzelne Teile dem Heizkörper zunächst liegen, wodurch sie stärker angegriffen werden. Die Wolle wird während des Karbonisierens bewegt, die Spinnfähigkeit der Faser mehr geschont. Die Wolle wird bei einer bestimmten konstanten Temperatur, also ohne jeden Luftzu- oder Abzug, eine gewisse Zeit lang unter beständigem Wenden in der Maschine belassen. Die auf irgendeiner anderen Einrichtung oder auch auf derselben Maschine vorgetrocknete Wolle wird in den Füllkasten a gelegt, nachdem die Maschine, jedoch ohne Ventilator, in Betrieb gesetzt, der Luftzutritt abgesperrt und der gespannte Dampf zur Erzeugung der Karbonisierungstemperatur in den unterhalb der Maschine befindlichen Heizkörper eingelassen worden ist. Hier wird sie von dem seitlich vorne und hinten geschlossenen, mit Stiften besetzten Zuführbande b erfaßt und in der angezeichneten Richtung bis zur Flügelwalze c geführt. Diese wirft sie auf

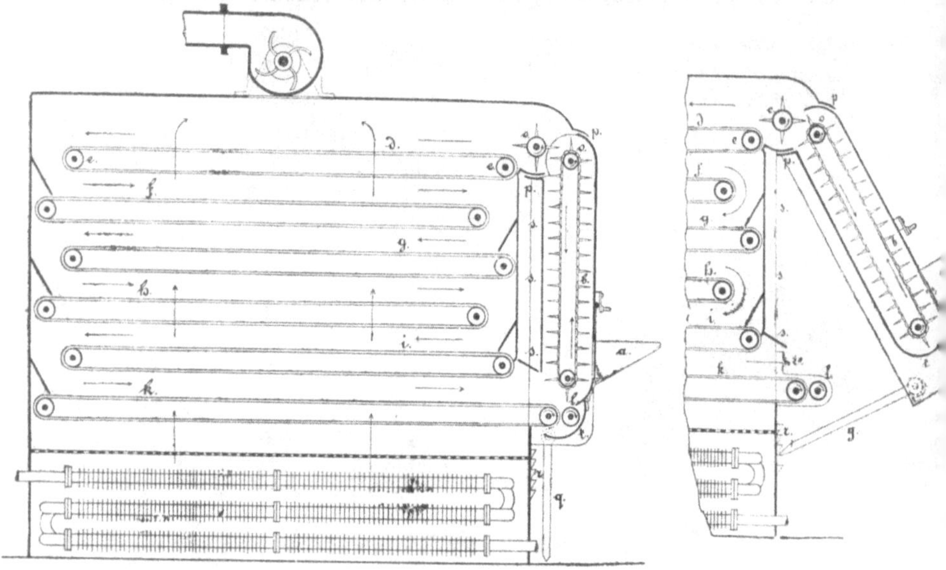

Abb. 93. Karbonisier- und Trockenmaschine für lose Wolle.

den aus durchflochtenen Eisenblechwalzen bestehenden endlosen Tisch d, dessen einzelne Walzen vermittels Schnecke und Schneckenrads bewegt werden. Am Ende des Tisches angekommen, fällt sie, sich wendend, auf den zweiten Tisch f, welcher sich in entgegengesetzter Richtung wie d dreht, von diesem gelangt sie auf g und so fort bis auf k, an jedem Tischende beim Herunterfallen sich drehend und sich bis zur Abnehmerwalze l fortbewegend. Ist sie hier angelangt, die Maschine also gefüllt, so wird mit dem weiteren Beschicken aufgehört, die Füllöffnung vermittels Klappen geschlossen und der Zuführtisch, nach Lösen einer Stützstange q aus der Zahnstange r, heruntergelassen, so daß er sich dicht am Rahmengestell anlegt, wie Abb. 93 zeigt. Der Zuführtisch, jetzt in senkrechter Stellung, nimmt die von dem letzten endlosen Walzentisch k und der Abnehmerwalze l zugebrachte Wolle von diesen Organen ab und führt sie in der angedeuteten Pfeilrichtung wiederum zur Walze c, welche sie auf den endlosen Tisch d schleudert. Durch diese Anordnung ist also eine ununterbrochene Rundführung der Wolle unter öfterem Wenden in der Maschine geschaffen und hierdurch vermieden, daß die Wolle einseitig zu stark gedörrt und nicht in allen Teilen gleichmäßig karbonisiert wird; dies ist um so mehr der Fall, als die rasch umlaufende Walze c die Wolle bei der Abnahme vom Zuführtisch b stets lockert, öffnet und dadurch der Hitze leichter zugänglich macht. Zum Schluß wird der Zuführtisch gehoben und außer Verbindung mit dem endlosen Tische k und der Abnehmerwalze l gebracht. Durch die nun entstandene Öffnung u wird die Maschine entleert. Während des Entleerens kann aber gleichzeitig auch die Maschine neu beschickt werden. Es wird so ein kontinuierlicher Betrieb erreicht, wobei wenig Wärme verlorengeht.

Das Vortrocknen auf dieser Maschine geschieht unter beständigem Luftzutritt unterhalb des Heizkörpers und andauernder Absaugung der feuchten Luft durch den auf der Maschine montierten Ventilator. Die Wolle kann, ohne aus der Maschine entfernt und der Hitze entzogen zu werden, durch Anlegen des Zuführtisches b wie oben beschrieben, wieder auf den endlosen Tisch befördert und so oft durch die Maschine geführt werden, bis sie vollständig trocken ist.

Einfach und billig ist auch das Verfahren, welches von C. F. Gademann in Biebrich 1877 erfunden wurde: Das Karbonisieren der Wolle mit trocknem Salzsäuregas bei einer Temperatur von etwas über 100° C, jedoch nicht über 112°. Die Wolle darf nur wenig feucht sein und muß während der Einwirkung der Dämpfe in einer Siebtrommel häufig gewendet werden, damit die Pflanzenreste schnell und gleichmäßig zerstört werden. Die Trommel, von zwei luftdichten Deckeln geschlossen, ruht auf Zapfen, die durchbohrt sind und als Zu- und Ableitungsrohre für die Gase usw. dienen.

Das Arbeiten mit Siebtrommel und Salzsäuregas ist sehr verbessert worden durch den Schirpschen Karbonisationsapparat mit drehbarer Retorte. Er ist hauptsächlich zur Karbonisation von Lumpen bestimmt.

Der Apparat wird mit durchlochten Wandungen, nur einer einzigen Feuerung, ohne Unterfeuerung unter der Trommel und mit Vortrocknung und Erwärmung des Apparates durch erhitzte Luft gebaut (Abb. 94).

Die Deckplatten der Trommel sind überall durchlocht in entsprechender Anordnung und Lochweite.

Beim Vortrocknen schon fällt der Staub aus der Trommel auf den Fußboden z. Unter der Trommel und in dem die Trommel umgebenden ummauerten Raum befindet sich keine Feuerung und keine durch Feuer, sondern nur durch Durchströmung überhitzter Luft erwärmte Röhren.

Die Trommel wird gefüllt und entleert durch eine Tür in der Trommelwand. Vor dieser Tür befindet sich eine solche im Mauerwerk.

Bevor die Säuregase in die Trommel geleitet werden, muß der Ware ihre Naturnässe entzogen werden. Dieses Vortrocknen geschieht wie folgt:

Bei d wird vorgeheizt, bis der Koks klar brennt; so lange bleibt der Schieber im Schornstein-Kanal geöffnet und der Ventilator außer Tätigkeit, damit der Rauch in den Kamin abgehen kann. Wird dann der Schieber im Kamin-Kanal geschlossen und der Ventilator in Betrieb gesetzt, so wird die Luft vom Ventilator V durch Aschenloch m, Koksfeuerung d und Rohr o angesogen, erhitzt und durch das hinter und über der Trommel angebrachte Röhrensystem p — das Innere der Röhren bildet einen nach außen dicht abgeschlossenen Raum für sich — durch das Rohr q und q^1 und die hohle Trommelaxe r zu der Ware in der Trommel geführt. Danach entweicht sie durch die gelochten Deckplatten der Trommel mit den Wasser-Dämpfen in den die Trommel umgebenden, von Mauerwerk umschlossenen Raum und von da nach außen durch Kanal s unterirdisch in den Schornstein.

An der Ausblaseöffnung des Ventilators befindet sich ein T-Stück mit Schiebern. Der eine Rohrstrang q führt in die hohle Achse r, der andere Rohrstrang x nach dem Kanal k, welcher unterirdisch nach dem Kamin führt.

Ist das Vortrocknen beendigt, so öffnet man den Schieber in der Rohrleitung x und schließt den Schieber der Rohrleitung q. Der Ventilator V treibt dann die Luft statt in die Trommel in den Schornstein oder auch nach außen.

Die Wände des Röhren-Systems q, die durch die im Innern durchgehende überhitzte Luft erwärmt sind, strahlen in den die Trommel umgebenden ummauerten Raum so viel Hitze aus, daß die in dem Raum befindliche Luft für die nachher eintretenden Säure-Gase beliebig und entsprechend hoch erwärmt wird, ohne daß neue Luft hinzukommt, weil das Röhrensystem in seinem Innern einen hohlen, ganz für sich abgeschlossenen Raum bildet.

Man läßt nun nach und nach, ohne irgendwelchen Geruch zu entwickeln, aus dem Tonbehälter w in Behälter h Salzsäure eintröpfeln.

Die runde Retorte B ist an der hohlen Achse der sich drehenden Trommel A befestigt und dreht sich also mit. Unter der Retorte B befindet sich eine Feuerung d. Das Feuer umspült die Retorte sowohl an der zylindrischen Seite, als auch an der Kopfseite, so daß die ganze Retorte vollständig erwärmt ist und dadurch von der Säure nicht angegriffen wird. Ferner bietet sie durch die Drehung eine große Heizfläche. Die Stich-

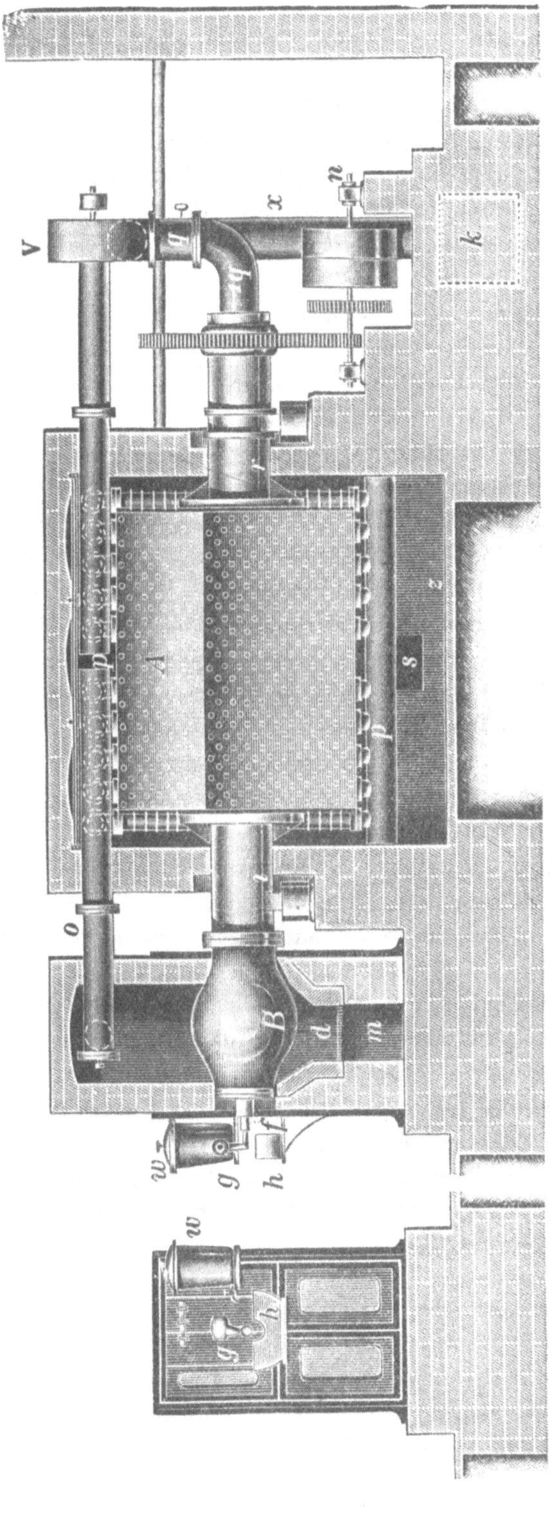

Abb. 94. Karbonisiertrommel mit Vortrocknung und Erwärmung durch erhitzte Luft (Schirp).

flamme findet keinen festen Punkt, wodurch jeder Verschleiß an der Retorte auch durch die Feuerung ausgeschlossen ist.

In die Retorte führt von außen die Röhre f; an ihrem äußeren Ende befindet sich ein Schöpfer g mit Selbstverschluß, welcher beim Drehen der Trommel und Retorte (2½—3 Umdrehungen in der Minute) die Salzsäure aus dem geschlossenen Behälter h schöpft. Befindet sich der Schöpfer über der Höhe der Achse, so läuft die Säure durch die hohle Röhre f langsam in die Retorte B und verdampft. Der Selbstverschluß des Schöpfers verhindert jedes Entweichen der in der heißen Retorte verdampften Gase. Die Gase treten aus der luftdicht verschlossenen gußeisernen Retorte direkt durch die hohle Achse in die Karbonisiertrommel A.

Diese Trommel A ist fünfeckig und inwendig mit Haken versehen, die das Knäuelbilden vermeiden; sie dreht sich langsam und mit geringem Kraftbedarf (½—1 Pferdekraft) auf Rollen durch Riemenbetrieb. Weil die Lumpen fortwährend gehoben werden und zurückfallen, dringen die Salzsäure-Gase in jede Faser ein.

So, wie sich nach und nach Karbonisier-Staub bildet, fällt er aus der Sieb-Trommel A auf den glatten, ganz feuerfreien Fußboden z unter der Trommel. Die Ware bleibt rein; die Gase können also sicherer wirken, da sie stets frische Angriffspunkte finden.

Da sich kein Feuer im Raum um die Trommel befindet und die erforderliche Hitze nur von dem Rohr-System p ausstrahlt, in dem beliebig hoch überhitzte Luft kreist, so entwickelt sich kein Rauch.

Will man sich überzeugen, ob das Vortrocknen oder Karbonisieren beendigt, so nimmt man nach Entfernung des Rohrstückes ^1q mit einem Haken bequem durch die hohle Trommelachse r Proben der Ware aus der Trommel.

Ist das Karbonisieren beendigt, so wird der Schieber im Kanal s geöffnet, aller Schwaden geht in den Schornstein ab, Apparat und Ware werden etwas abgekühlt und genügend entlüftet.

Alsdann wird die Trommel A stillgestellt, die Tür im Mauerwerk geöffnet und die Trommel mit der Hand vermittels einer Krücke am Getriebe n durch einen Mann bequem und handlich für die Entleerung gestellt. Vor dem Öffnen der Trommeltür wird der Staub, der sich am Boden unter der Trommel angesammelt, entfernt.

Zuweilen wird auch das Karbonisieren der Wolle im Schweiß oder besser gesagt im Fett vorgenommen. Es findet zunächst eine Vorwäsche statt, ohne jeglichen Zusatz von Waschmaterial, behufs Entfernung der mechanischen Beimengungen und eines Teiles des Wollschweißes. Hierzu dienen eine Einweich- und Entfettungsmaschine. Nach dieser Vorwäsche wird die Wolle in verdünnter Salzsäure von 4° Bé gesäuert, abgeschleudert, karbonisiert und auf den Reinigungswolf gebracht. Dann wird sie auf einen Leviathan, bestehend aus vier Behältern mit Sodalösung von 3° Bé fertig gewaschen. Die letzte Wäsche bildet wohl den wichtigsten Teil, weil sie gründlich erfolgen muß. Die Verwendung von Kernseife, nach der Neutralisation mit Soda im ersten Behälter, würde das Verfahren durch die zu große, zum Reinigen nötige Menge etwas verteuern, aber auch verbessern. Schließlich wird die Wolle ausgeschleudert und fertig getrocknet.

Die Wolle, welche nach diesem Verfahren behandelt ist, behält sehr gute Spinnfähigkeit bei und wird weniger angegriffen, der natürliche Schweiß

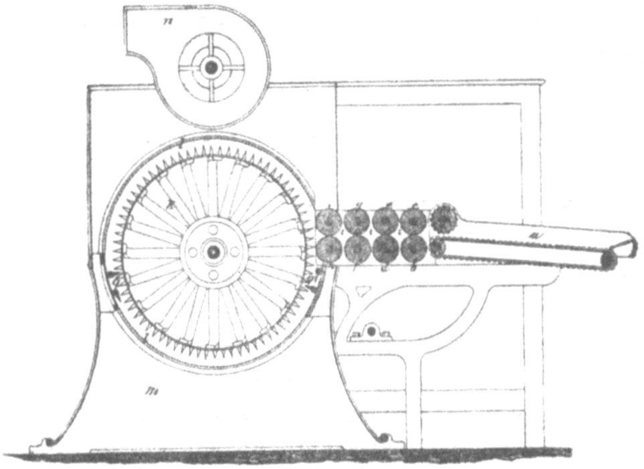

Abb 95. Klopf- oder Reinigungswolf.

gibt eine Art Hülle gegen die Einwirkung der Säure ab. Andererseits bleibt aber auch das Karbonisieren unvollständiger, indem auch einige Pflanzenteilchen von Wollschweiß beladen, mehr oder weniger gegen die Säure geschützt werden, auch das spätere Waschen vollzieht sich nicht so gründlich, wie bei der „fabrikgewaschenen“ Wolle.

Es treten bei der Karbonisation im Schweiß dieselben Übelstände ein, wie bei Karbonisation stark gefetteter Kämmlinge, bei welchen ebenfalls das Öl einen Schutz gegen die Einwirkung der Säure bildet, nicht nur für die Wolle, sondern auch für die darin enthaltenen Pflanzenteile. Der infolge der Einwirkung von Säuren aus Öl gebildete Körper läßt sich durch einfache Sodalösung sehr schwer auswaschen, besser durch gute Seife, was geschehen muß, wenn das Entsäuern und Waschen so vollzogen werden soll, daß vom Spinner und Walker keine Klagen einlaufen.

Nachdem auf vorstehende Weise die Pflanzenteile mürbe gemacht sind, müssen sie nebst vorhandenen Säureresten entfernt werden. Der Klopfwolf oder Reinigungswolf Abb. 95 schlägt sie zu Staub und bläst diesen heraus. Wird diese Arbeit nicht unmittelbar nach dem Erhitzen vorgenommen, so erschwert sich das Entfernen erheblich, da die Kletten beim Kaltwerden wieder fester anhaften.

Die Wolle muß nach beendeter Karbonisation gründlich ausgewaschen werden. Man spült zunächst ½ Stunde lang in kaltem oder auch in warmem Wasser, schleudert aus und bringt dann in ein 5° Bé starkes Sodabad. Nach gutem Durcharbeiten läßt man ¼—½ Stunde stehen, bearbeitet dann nochmals und spült fertig. Das vollständige Entsäuern ist von größter Bedeutung; ob dies geschehen, muß sorgfältig geprüft werden, am einfachsten durch Andrücken von blauem Lackmuspapier gegen die Wolle. Falls das Papier seine Farbe nicht verändert, ist keine Säure mehr vorhanden.

Als Karbonisiermittel hat man neben der Schwefelsäure und Salzsäure noch Säure abgebende Salze empfohlen, um die Wolle und besonders die Farben möglichst vor einer etwaigen nachteiligen Einwirkung der Schwefelsäure zu schützen.

Das von Romain Joly in Elboeuf vorgeschlagene Aluminiumchlorid hat sich einigermaßen eingeführt. Die Wolle wird mit einer 6 bis 7° Bé starken Aluminiumchloridlösung getränkt, geschleudert, getrocknet und etwa eine Stunde bei 125° C erhitzt. Das Lösungsmittel verdampft und aus dem Aluminiumchlorid wird Salzsäure frei, welche die Pflanzenstoffe zersetzt. Mit salzsäurehaltigem Wasser wird gründlich gewaschen und gut gespült. Frank in Charlottenburg schlug vor, eine Magnesiumchlorid-Lösung von 5—6° Bé zu nehmen, und bei einer Temperatur von 100—130° C 1—1½ Stunden zu erhitzen. Das Magnesiumchlorid zersetzt sich mit noch vorhandenem Wasser in freie Salzsäure und Magnesiumoxyd. Zum Schluß wird ebenfalls mit salzsäurehaltigem Wasser gewaschen und wie oben gespült.

4. Wirtschaftliches.

In der geschichtlichen Einleitung wurde bereits der Anteil Deutschlands, Australiens, Argentiniens und Südafrikas an der Wollerzeugung genannt. Hier möge noch der Schafbestand in 1000 Stück anderer Länder nach Kertesz die Textilindustrie sämtlicher Staaten 1917 (S. 8 und 61) Platz finden: Algier 1912 8338, Belgien 1911 185, Britisch-Indien 1913 23 091, Bulgarien 1910 8632, Chile 1912 4567, Dänemark 1914 515, Finnland 1910 1309, Frankreich 1913 16 213, Griechenland 1910 2900, Großbritannien 1913 27 551, Italien 1908 11 163, Kanada 1913 2028, Mexiko 1902 3424, Niederlande 1913 842, Norwegen 1910 1391, Österreich-Ungarn 1911 13 473, Portugal 1906 3072, Rumänien 1911, 5269, Rußland 1912 74 065, Schweden 1913 988, Schweiz 1911 161, Serbien 1910 3819, Spanien 1912, 15 829, Türkei 1912 27 094, Tunis 1912 728, Vereinigte Staaten 1913 35 710. Die gesamte Wollerzeugung betrug 1912/13 ungefähr 1 388 090 t im Gesamtwert von 2290 Millionen Mark.

Deutschlands Einfuhr (Ausfuhr) im Jahre 1913 in t:

Merino- und Kreuzzuchtwolle im Schweiß und Rückenwäsche	178 742	(6 244)
Merino- und Kreuzzuchtwolle gewaschen	20 528	(10 618)
Haare des Schafkamels, Kamels und der Ziegen	1 220	(2 126)
Wollkämmlinge	2 818	(4 702)
Abfälle von gebleichten und anderen bearbeiteten Haaren	7 736	(9 031)
Kunstwolle	3 395	(4 962)
Abfälle von Wolle und Seide; Lumpen und Tuchenden	11 001	(34 101)
Rohstoffe	225 440	(71 784)

Nach L. Krause, T. **1925**, 965, betrug die 1924 zur Verfügung stehende Menge Wolle aus der Schur 1923/24 in 1000 t:

Australien	286
Argentinien	127
Neuseeland	98
Südafrika	82
England	47
Uruguay	39
Übrige Ausfuhr	132
Zusammen	811

Dazu kommt noch im Ursprungslande verbrauchte Erzeugung

Europa	200
Amerika	146
Alles zusammen	1157

Dem steht gegenüber ein Verbrauch von

Vereinigte Staaten	291
England	235
Frankreich	214
Deutschland	160
Italien	64
Belgien	50
Andere europäische Länder	141
Japan und die anderen Länder	61
Zusammen	1216

Die Wollpreise sind von 1893 bis 1913 um 43—44% gestiegen.

5. Physikalische Eigenschaften.

Die physikalischen Eigenschaften der Wolle sind in erster Linie maßgebend für die Beurteilung ihrer Güte.

Die Farbe ist gewöhnlich gelblich, nur die Landschafe und die Heidschnucken der Lüneburger Heide sind auch braun bis schwarz. Diese Naturfarbe wird durchaus nicht geschätzt und bei der Zucht ausgemerzt. Sie unterscheidet sich von einer entsprechenden künstlichen Färbung durch ihre Widerstandsfähigkeit gegen Chemikalien. Auch nach schärfster Behandlung läßt sich in den Faserzellen immer noch die Anwesenheit von Farbkörnerreihen erkennen (Hanausek, Österr. Woll- und Leinen-Ind.

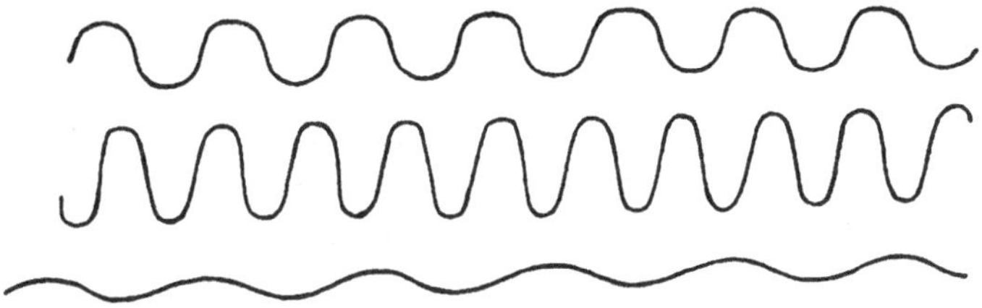

Abb. 96. Normal-, hoch- und flachbogiges Haar.

1906, 749. Solche Wollen lassen sich daher nicht bleichen und müssen für dunkle Stoffe verwendet werden.

Im ultraveilen Licht der Quarzlampe (S. 264) leuchtet Wolle mit lebhafter bläulich-weißer Fluoreszenz auf.

Die Länge der Faser wechselt je nach der Rasse und nach dem Körperteil und reicht bei Streichwolle von 10—15, bei Kammwolle von 10—30, ja 40 und 50 cm. Von dieser Länge des ausgestreckten Haares ist zu unterscheiden die ohne Ausreckung der Kräuselungen gemessene Stapellänge.

Die Kräuselung des Haares wird ausgedrückt durch die Anzahl Wellen, die auf 1 engl. Zoll = 2,54 cm kommen. Man unterscheidet normalbogiges (im Halbkreis), hochbogiges (über den Halbkreis) und flachbogiges (unter dem Halbkreis) aufsteigendes Haar (Abb. 96). Die letzteren beiden sind weniger begehrt. Regelmäßige Bögen deuten auf die Herkunft von gesunden Zuchtschafen. Die feinsten Merinowollen haben die meisten Kräuselungswellen. Die Zahl bestimmt man mit dem von Sorge erfundenen Wollklassifikator (Abb. 97). In einer mit Handgriff versehenen Messinggabel lagert eine Messingscheibe drehbar; ihre 2,6 cm langen Seiten sind mit regelmäßigen Auszähnungen von seitenweise zunehmender Feinheit versehen, nämlich:

SE (Superelekta)	= 6° D(ollond)	hat	32	Auszähnungen
E (Elekta)	= 7° D	„	28	„
P (Prima)	= 8° D	„	24	„
S (Sekunda)	= 9° D	„	20	„
T (Tertia)	= 10° D	„	16	„
Q (Quarta)	= 11° D	„	12	„

Zu diesen 6 Klassen kommen noch 7. Quinta, 8. Sexta, 9. Stücke und 10. Locken.

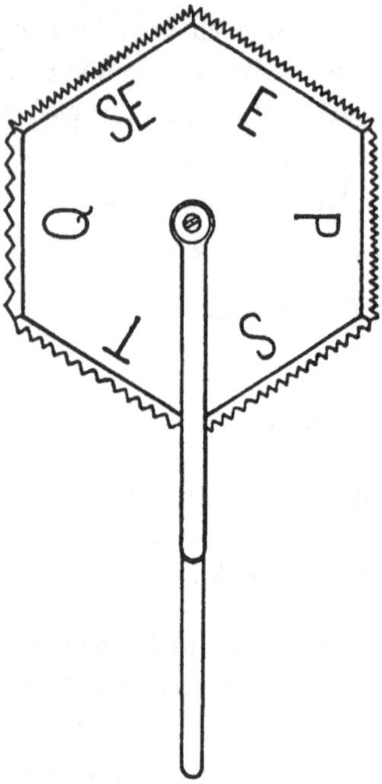

Abb. 97.
Wollklassifikator von Sorge.

Die Kräuselung ist wertvoll, weil sie wollene (S t r e i c h g a r n -) Stoffe porös und lufthaltig und infolgedessen zu Wärmeisolatoren macht. Im Gegensatz zu den vom Merino abstammenden Höhenschafen haben die Niederungsschafe wie das englische C h e v i o t -, das französische R a m b o u i l l e t -, das deutsche M a r s c h -, das ungarische Z a c k e l s c h a f und die H e i d - s c h n u c k e der Lüneburger Heide schlichtes, fast ungekräuseltes Haar und werden zu den glatten K a m m g a r n - s t o f f e n versponnen.

Wolle leitet W ä r m e und E l e k - t r i z i t ä t nicht. Die letztere Eigenschaft hat A. B e r n i n i nach F. P. 554 474 benutzt, um reine Wolle von Mischungen mit Baumwolle oder Kunstseide zu unterscheiden. Der darauf beruhende kleine Apparat „Texl" wird von H a c k l ä n d e r & C o. in Wermelskirchen (Rhld.) in den Handel gebracht.

Die F e i n h e i t der Wolle wird durch den Durchmesser des Haares ausgedrückt, von den Einkäufern aber meist nur durch Auge und Gefühl beurteilt. Sie steht, wie erwähnt, mit der Kräuselung in Zusammenhang. Nach M a r s c h i k (Leipz. Monatsschr. f. Textilind. **1912**, 56 soll die Feinheitsnummer unmittelbar die Faserdicke in Mikron angeben. Die genaue Feinheitsbestimmung geschieht mit dem sog. Eriometer von D o l l o n d.

Vor dem Objektiv eines 50fach vergrößernden Mikroskops ist eine in zwei aneinander verschiebbare Hälften geschnittene Zerstreuungslinse angebracht. Die durch ein feines Zahngetriebe bewirkte Verschiebung kann mittels Nonius bis auf $^1/_{200}$ engl. Zoll $= 127\ \mu$ abgelesen werden. Ein Noniusteil entspricht dann der wirklichen Größe der Verschiebung $^1/_{200} : 50 = {}^1/_{1000}$ engl. Zoll $= 2{,}54\ \mu$ und wird 1 Grad Dollond $= 1^\circ$ D genannt. Das zu messende Wollhaar wird senkrecht zur Schnittlinie eingespannt (Abb. 98) und nach Verschiebung des Bildes um seine eigene Breite abgelesen. So findet man z. B. für eine Streichwolle

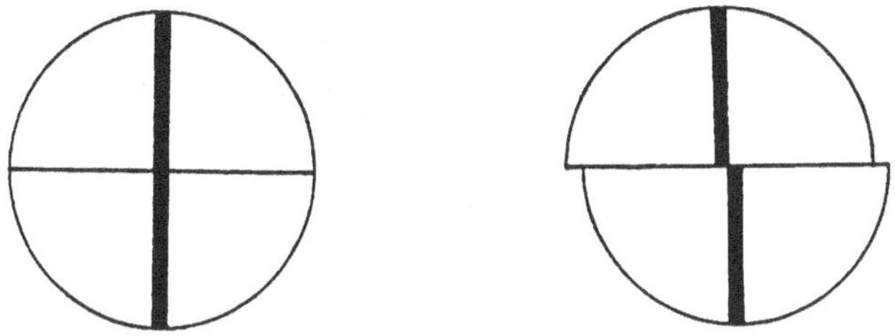

Abb. 98. Einrichtung des Dollondschen Eriometers.

Superelekta 6° D $= 15{,}2\ \mu$ usw. (S. 186). Messungen von Kammwollen ergaben:

Nach Pinagel

Elekta	AAA	15—25 μ
Prima	AA	20—30 „
Sekunda . . .	A	20—40 „
Tertia	B	30—50 „

Nach Marschik

AAA	18 μ	C_2	30,5 μ
AA	20,5 „	C_3	33 „
A	23 „	D_1	35,5 „
B	25,5 „	D_2	38 „
C_1	28 „	D_3	40 „

Je feiner die Faser, um so größer ist ihre Oberfläche im Verhältnis zum Gewicht, mithin auch ihr Farbstoffaufnahmevermögen. Man darf daher nicht von verschiedenen Tiersorten stammende Wollen zusammenverarbeiten; insbesondere sollen Tuche, die zu einem glatten Filz gewalkt und im Stück gefärbt werden sollen, nur möglichst gleichartige Fasern enthalten.

Die Festigkeit eines Wollhaares hängt von seiner Dicke ab und kann von 3—40 g Reißbelastung schwanken. Die Reißlänge ist 8—9 km. Die Dehnbarkeit beträgt 30—40%.

Die Treue, d. i. die Gleichmäßigkeit in der Form des Haares ist eine unentbehrliche Eigenschaft guter Wollen. Alle Teile sollen gleichen Durchmesser und gleiche Anzahl Kräuselungen auf gleiche Längen haben.

Der an sich geringe Glanz der Wolle tritt bei den feineren Sorten noch mehr zurück gegenüber den gröberen; offenbar wird er durch die Häufung der Schuppen beeinträchtigt.

Die Formbarkeit der Wolle, besonders in feuchtem Zustand, bei etwa 100°, hat sie mit anderen Hornsubstanzen gemein. Darauf beruht die heiße Ausrüstung wollener Stückwaren (Krabben, Dekatieren), das Formen der Filzhüte und das Bügeln der Kleider.

Das spez. Gewicht der vollkommen gereinigten Faser ist nur 1,3.

Wolle ist die hygroskopischste Gespinstfaser. Sie kann bis 40% Wasser aufnehmen, ohne sich feucht anzufühlen. Diese Eigenschaft

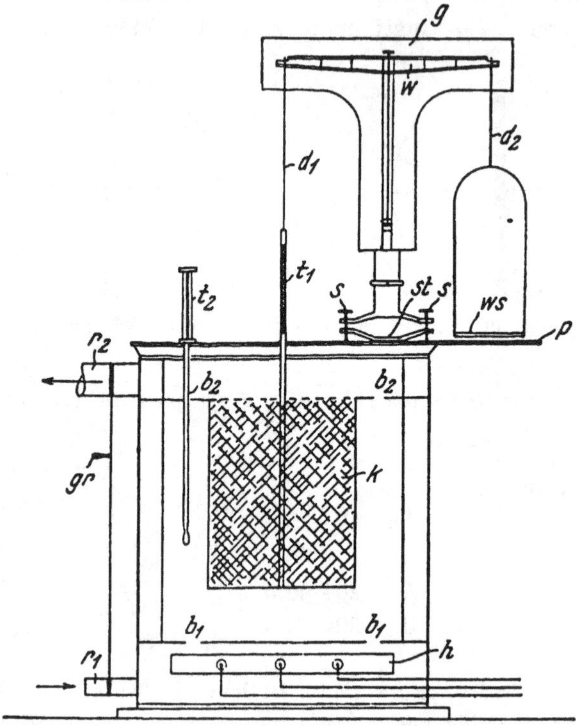

Abb. 99. Konditionierapparat.

erklärt ihre Beliebtheit als Kleidungsstück in Form von Strümpfen, Unterjacken, Normalhemden. Die Anhänger des Systems Prof. Dr. Gustav Jäger gehen von der richtigen Anschauung aus, daß die Wolle den Schweiß aufsaugt. Infolge ihrer feinen Verteilung gibt sie aber die Feuchtigkeit schnell nach außen ab und bleibt so trotz lebhaftesten Schwitzens des Körpers fast immer trocken. Natürlich muß der Feuchtigkeitsgehalt auch beim Einkauf berücksichtigt werden. Das Trockengewicht der Wolle wird in den Konditionieranstalten folgendermaßen bestimmt:

Aus verschiedenen Ballen zu je 150 kg werden Proben zu je 500 g gezogen. Diese werden genau gewogen und in einem mit Gas oder Elektrizität auf 105—110° erhitzten Ofen getrocknet (Abb. 99). Die Wollprobe befindet sich in dem Korbe k, der mittels Thermometer t_1 und Draht d_1 an der Wage w hängt. Der Raum wird durch die elektrische Heizplatte h erhitzt. Die Luft tritt durch den Rohrstutzen r_1 ein, durch die kreisförmig angebrachten Löcher in den Böden b_1 und b_2 hindurch und durch den Rohrstutzen r_2 aus. Das Thermometer t_1 zeigt die Temperatur im Korb, das Thermometer t_2 die Temperatur der umgebenden Luft an. Auf der Deckplatte p ist der Ständer st angebracht mit den Schrauben s zum Einstellen der Wage im Glashause g. Während des Wiegens sind die Klappen bei r_1 und r_2 mittels des Griffes gr zu schließen. Die Anzahl Gewichte, die nach vollzogener Trocknung von der am Draht d_2 hängenden Wagschale ws weggenommen werden muß, um wieder Gleichgewicht herzustellen, ist gleich dem Gewicht der in der Wolle vorhanden gewesenen Feuchtigkeit und die zurückbleibenden Gewichte entsprechen dem Trockengewicht. Dieses wird in Hundertsteln des Rohgewichts berechnet und die sog. „Reprise" hinzugerechnet, nämlich für Streichwolle 17%, Kammwolle 18½%, Halbwollgarn 10%, Wollseidengarn 16%.

Es haben z. B. 15 Proben Streichwolle zu 500 g = 7500 g das Trockengewicht 6300 g = 84% des Rohgewichts ergeben. Diesen 84% dürfen 17% als zulässige Feuchtigkeit zugeschlagen werden. $84 \times \frac{17}{100} = 14{,}28$ zu 84 hinzugefügt gibt 98,28%. Es sind also nur 98,28% des Rohgewichts als „Handelsgewicht" der Wolle zu bezahlen.

Wolle ist empfindlich gegen höhere Temperaturen. Schon bei 130° vergilbt sie unter Abgabe von Ammoniak, bei 140 bis 150° entweichen auch schwefelhaltige Gase. Bei der trockenen Destillation bilden sich unter Verkokung viel Ammoncarbonat und Pyridinbasen. Wolle verbrennt infolge ihres Stickstoffgehaltes sehr eigentümlich, indem sie den Geruch nach verbrannten Haaren verbreitet; zugleich scheint sie zu schmelzen und bildet am Ende des Fadens ein aufgeblähtes Kokkügelchen.

6. Chemische Eigenschaften.

Die gereinigte, eigentliche *Wollsubstanz* hat dieselbe chemische Zusammensetzung wie Horn und Federn und heißt *Keratin*. Die Analyse ergibt einen durchschnittlichen Gehalt von 50% C, 18% N, 7% H, 2—4% S, 22—25% O.

Das Keratin besitzt amphoteren Charakter nach Art der Aminosäuren, jedoch vorwiegend basischen. Ähnlich wie Cellulose unterliegt es der *Hydrolyse*; es wird dabei zu Aminosäuren abgebaut. Diese Hydrolyse geht durch Fermente, Alkalien und Säuren vor sich. *Abderhalden* und *Voitinovici* (Ch. Ztrlbl. **1907**, II, 707) gelang es durch Hydrolyse 50% Spaltungsstoffe von Wolle und 70% von Seidenfibroin zu fassen.

Besonders wichtig ist das *schwefelhaltige Cystin* (Diamino-Dithiomilchsäure)

$$\begin{array}{ccccccccc} & & CH_3 & & & & CH_3 & & \\ & & | & & & & | & & \\ NH_2 & - & C & - & S - S & - & C & - & NH_2 \\ & & | & & & & | & & \\ & & COOH & & & & COOH & & \end{array}$$

aus dem andere schwefelhaltige Abbaustoffe wie das Cystein (Aminothiomilchsäure), Thiomilchsäure und Methylmercaptan wahrscheinlich erst nachträglich entstehen. Der Schwefelgehalt ist für Wolle und alle tierischen Haare ein wichtiges Merkmal zur Unterscheidung von Seide und Pflanzenfasern. Er verrät sich sofort beim Erwärmen mit alkalischer Bleilösung durch die Braun- bis Schwarzfärbung. Er scheint verschieden fest gebunden zu sein (*Raikow*, Ch. Ztg. **1905**, 900; **1907**, 539; *Grandmougin*, Ch. Ztg. **1907**, 139; *Baudisch* **1908**, 620; ein Teil läßt sich besonders leicht, namentlich durch Alkalien, entfernen und tritt gern in Reaktion; er kann zu Fehlern in Wollwaren Veranlassung geben, indem diese bei Berührung mit verbleiten oder verzinnten Tischen und Gerätschaften dunkle Flecken bekommen (*Göhring*, Färb.-Ztg. **1903**, 53).

Auch das menschliche Haar kann man durch bloßes Kämmen mit einem Bleikamm auf die Dauer schwarz färben. Auch bleihaltige Salben werden zu diesem Zwecke angewandt. Beide Verfahren sind natürlich giftig.

Die *Asche* beträgt unter 1%. Sie besteht aus Kalk, Tonerde, Eisen, Kieselsäure, Natron und Kali, letzteres aus den Pflanzen der Weide.

Verhalten gegen Licht.

Gegen Licht ist Wolle empfindlich; die dadurch hervorgerufene Zersetzung macht sie hart und brüchig und ändert ihr Anfärbevermögen (Kertesz, Z. angew. Ch. **1919**, 168; Färb.-Ztg. **1920**, 1; s. auch von Kapff, Färb.-Ztg. **1919**, 273 und Heermann, Ch. Ztg. **1924**, 337, H. Sommer, L. M. f. Textilind. **1927**, 35, Z. f. d. ges. Textilind. **1927**, 465). M. L. B. haben gefunden, daß Wollerzeugnisse durch eine Art Gerbung mit Chrom- und Aluminiumsalzen widerstandsfähiger gegen Luft und Licht werden (D. R. P. 299 772); Cassella halten einen Gehalt von mindestens 1% Chromoxyd für notwendig (D. R. P. 303 231). Nach dem D. R. P. 303 223 von Cassella (Z. f. d. ges. Text. **1920**, 31) wird die Tragfähigkeit von walkecht gefärbten Tuchen durch Tränken mit Gerbstoffen oder Formaldehyd oder beiden zusammen oder Gerbstoff und nachfolgendem Chromacetat erhöht.

In seinen schönen Arbeiten „Die Wollspitzen und ihr Verhalten in der Färberei", T. **1923**, 23 und „Einfluß des Sonnenlichtes auf Wolle", T. **1925**, 745, ferner T. **1926**, 451 hat W. von Bergen, Chemiker der Tuchfabrik Pfenninger & Co., A.-G., in Wädenswil, gezeigt, daß bereits auf dem Körper des lebenden Schafes die Wolle an den Spitzen durch das Licht verändert wird. Naturbraune Wolle wird an den Spitzen, besonders auf dem Rücken des Tieres abgebleicht. An den der Witterung, also dem vereinten Einfluß von Licht, Luft und Regen ausgesetzten Haaren wird die Schuppenschicht mehr oder weniger abgelöst.

Die belichtete Wolle ist leicht löslich in verdünnter, n/10—n/100 Natronlauge. Hat die Belichtung nur auf einer Seite des Haares stattgefunden, so quillt diese beim Einlegen in Natronlauge, die andere aber noch nicht. Infolge der eintretenden Spannung ringelt sich das Haar. Diese Ringelbildung ist ein ausgezeichnetes Kennzeichen belichteter Wolle unter dem Mikroskop.

Belichtete Wolle ist bereits in heißem Wasser löslich und die Löslichkeitszahl nach von Bergen ist ein Maß der Zerstörung durch das Licht. Die Löslichkeitszahl gibt an, wieviel Hundertstel Wolle in 50facher Flottenmenge bei einer zweistündigen Behandlung in destilliertem Wasser auf dem Wasserbade in Lösung gegangen sind.

Belichtete Wolle büßt weiter ihren Fettgehalt zum größten Teil ein.

An einem Württemberger Vließ fand von Bergen die folgenden Werte:

	Löslichkeitszahl		Fettgehalt	
Vließteil	Stapel	Spitzen	Stapel	Spitzen
Bauch	0,12%	0,25%	6,12%	0,37%
Seite	0,25 „	0,75 „	3,83 „	0,90 „
Rücken	0,12 „	4,50 „	1,62 „	0,90 „

Farbstoffe schützen die Wolle gegen das Licht; sie müssen offenbar erst selbst aufgezehrt werden.

An den Rückenteilen eines braunen, grauen und weißen Kapvließes fand von Bergen die folgenden Werte:

	Löslichkeitszahl		Fettgehalt	
Farbe	Stapel	Spitzen	Stapel	Spitzen
Braun	0,24%	2,9%	16,93%	6,64%
Grau	0,19 „	5,2 „	8,5 „	3,41 „
Weiß	0,14 „	9,0 „		

Die schützende Wirkung des Chromoxydes ist bereits erwähnt.

Dagegen beschleunigt Schwefelsäure nach A. Kertesz (Färb.-Ztg. **1919**, 137) die Schädigung durch das Licht. Von Bergen hat gezeigt, daß der Schwefel der Wolle sich am Licht zu Schwefelsäure oxydiert, und daß diese Oxydation durch die Gegenwart von Soda oder Kaliumkarbonat auf der Wolle gehemmt wird.

Belichtete Wolle färbt sich mit Farbstoffen, die vorwiegend Aminogruppen enthalten, dunkler, mit Farbstoffen, die vorwiegend saure, z. B. Sulfogruppen enthalten, heller an, also z. B. dunkler mit Fuchsin und Rhodamin, heller mit Eriochromazurol. Unter den Indigoiden färben die unsymmetrischen, wie Thioindigoscharlach G, dunkler, die symmetrischen, wie Indigo und Thioindigo, heller.

Wolle wird von den Raupen der Motten gefressen; als Mottentötungsmittel ist p-Dichlorbenzol (Agfa) und, um die Wolle für die Raupen ungenießbar zu machen, eine Behandlung mit Eulan (I. G.) vorgeschlagen worden (Kehren, Z. f. d. ges. Text **1923**, 75; **1924**, 10).

Verhalten gegen Chemikalien. Auch gegen Chemikalien ist die Wolle empfindlich.

α. Wasser. Schon durch längeres Kochen mit Wasser wird sie „verbrannt". Es gehen Hydrolysierungsstoffe, die sog. Wollgelatine, in Lösung (Gelmo und Suida, Färb.-Ztg. **1905**, 295) und lassen sich durch die Biuretreaktion nachweisen (T. **1926**, 257).

Die Schädigung der Wolle verrät sich nach Becke (Färb.-Ztg. **1912**, 45) durch die Braunfärbung, die bei ½—¾stündigem Erwärmen mit der 40fachen Lösung von je 10% Zinnsalz und Essigsäure auf 90—95° eintritt. Nach Klaus von Allwörden (Z. angew. Ch. **1916**, 77; Färb.-Ztg. **1919**, 155; Textile Forschung **1919**, 94) gibt gute Wolle die „Elastikum"-Reaktion, geschädigte dagegen nicht mehr: Beim Behandeln mit starkem Chlorwasser treten „Perlen", viscose Bläschen an die Oberfläche der Faser.

Über die Ursachen der Allwördenschen Reaktion s. W. Spöttel, T. **1925**, 359. Sauer (Z. angew. Ch. **1916**, 24) verwandelt den „löslichen" Stickstoff der geschädigten Wolle durch dreitägige Behandlung von 0,5 g Wolle mit 40 ccm Wasser, 50 ccm 1%igem Wasserstoffsuperoxyd und 10 ccm $^{n}/_{2}$-Kalilauge in Ammoniak, das nach dem Abfiltern und Eindampfen mit Schwefelsäure durch Destillation bestimmt wird.

Die Abhängigkeit der Reißfestigkeit von der Kochdauer ergibt sich aus folgendem Versuch:

Je 2 g Kammgarn 2/51 mit der Reißfestigkeit 222 g und der Dehnbarkeit 11% wurden 1, 2, 4 und 8 Stunden mit 40 ccm Wasser am Rückflußkühler gelinde gekocht. Danach wurden die Wollsträhnchen abgequetscht, getrocknet und wieder gewogen, ferner wurde die Reißfestigkeit und Dehnbarkeit wieder ermittelt.

Die folgende Übersicht enthält die Reißfestigkeit R in g und R% in % von R der unbehandelten Wolle, die Dehnbarkeit D in %, den Verlust an Wollsubstanz V in %, die Reißfestigkeit nach dem Erhitzen auf 120° R_{120} in g und $R\%_{120}$ in % von R der unbehandelten Wolle und die Dehnbarkeit nach dem Erhitzen auf 120° D_{120}.

Die Werte bei 120° wurden ermittelt, weil Wolle im Lauf der weiteren Veredlung (Appretur, Bugeln usw.) häufig derartige Temperatur auszuhalten hat.

Kochdauer	R	R%	D	V	R_{120}	$R\%_{120}$	D_{120}
1 Stunde	211	95,2	11,1	1,03	214	96,4	11,8
2 „	206	93,0	11,0	1,19	216	97,4	11,2
4 „	194	87,3	10,6	1,46	206	92,9	11,7
8 „	188	84,5	9,77	1,60	197	89,0	10,1

Die unbehandelte Wolle, auf 120° erhitzt, hat die Reißfestigkeit 226 g, entsprechend 102% und 11,3% Dehnbarkeit.

Die Anwesenheit von Schwefelsäure im Kochbade vermag die Wolle auf die Dauer nicht vor der Beschädigung durch zu langes Kochen zu schützen. Das lehrt folgender Versuch (L. M. f. T. **1926**, 322).

Je 3 g Kammgarn 2/35 (R = 326 g, D = 12%) wurden 1, 2, 4 und 8 Stunden ohne und mit je 5% Schwefelsäure in 20 facher Flotte gekocht. Die gesamte aufgenommene Schwefelsäuremenge S wurde durch Rücktitration ermittelt und in % des Wollgewichts in der nachfolgenden Übersicht angegeben; ferner die Reißfestigkeiten R und Rs ohne und mit

Schwefelsäure in g und in % der ursprünglichen Reißfestigkeit, schließlich die zugehörigen Dehnbarkeiten D und Ds in %:

Kochdauer	R		D	S	Rs		Ds
1 Stunde	301 g	89,6%	12%	3,90%	331 g	95,7%	12%
2 „	287 „	85,5 „	12 „	3,90 „	303 „	91,3 „	10 „
4 „	272 „	80,9 „	12 „	4,05 „	268 „	79,8 „	9 „
8 „	271 „	80,6 „	11 „	4,07 „	198 „	58,9 „	6 „

Abb. 100 = Diagramm I.

5% Schwefelsäure ist ein ungewöhnlich hoher Betrag. Bei längerer Kochdauer beginnt diese Schwefelsäuremenge bereits zu schädigen, anstatt

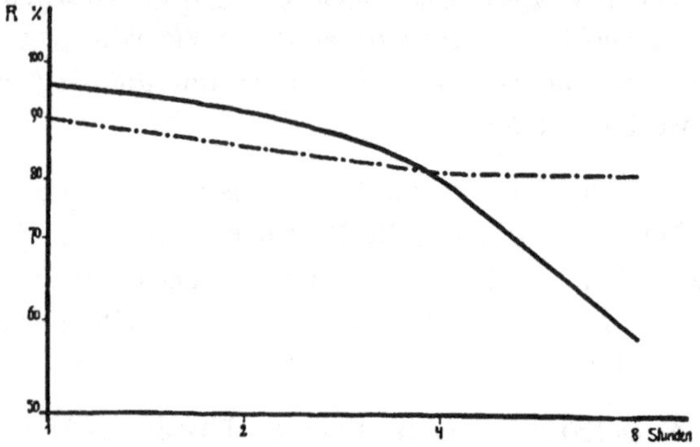

Abb. 100. Diagramm I. Reißfestigkeit der Wolle bei verschieden langer Kochdauer, mit Schwefelsäure (ausgezogen), mit Wasser (gestrich-punktet).

zu nützen. Daß mit geringeren Mengen Schwefelsäure entsprechend länger gekocht werden kann, beweist folgender Versuch (L. M. f. T. **1926**, *323*):

Je 5 g Kammgarn 2/17 (R = 854 g, D = 13%) wurden mit je **1**, 3 und 5% verschieden lange gekocht. In der folgenden Übersicht bezeichnen Rl, R3 und R5 die Reißfestigkeiten mit 1, 3 und 5% Schwefelsäure in % der ursprünglichen Reißfestigkeit, D1, D3, D5 die zugehörigen Dehnbarkeiten in %, VI, V3 und V5 die entsprechenden Verluste an Wollsubstanz:

Kochdauer	R1	R3	R5	D1	D3	D5	V1	V3	V5
1 Stunde	89,4	91,3	89,5	19	19	16	0,12	0,36	1,09
2 „	88,0	87,2	83,9	17	16	14	0,16	0,49	1,31
4 „	86,1	81,9	78,7	16	15	11	0,21	0,78	3,02
8 „	84,4	75,4	63,1	11	9	8	0,43	1,87	5,18
16 „	79,4	69,1	45,8	10	8	5	1,93	4,60	9,94

Abb. 101 = Diagramm II.

Mit 3% Schwefelsäure kann etwa doppelt so lange gekocht werden, wie mit 5% und ähnlich ist das Verhältnis zwischen 1 und 3%.

Durch D ä m p f e n bei 100° wird die Wolle stark angegriffen (S c h e u r e r, Färb.-Ztg. **1893**, 290). Nach 3 Stunden hat sie 18%, nach 6 Stunden 23% an Festigkeit eingebüßt.

Feuchte warme Wolle s c h i m m e l t, sie „s t o c k t", besonders in schlecht gelüfteten Räumen und nach vorhergehender alkalischer Behandlung (K a l m a n, Färb.-Ztg. **1902**, 245; E r b a n, Deutsche Färb.-Ztg. **1914**, 1; G. U l l m a n n, Ch. Ztg. Rep. **1916**, 178). Die Stockbakterien zerstören sowohl das Wollhaar, dessen Spindelzellen bloßgelegt werden,

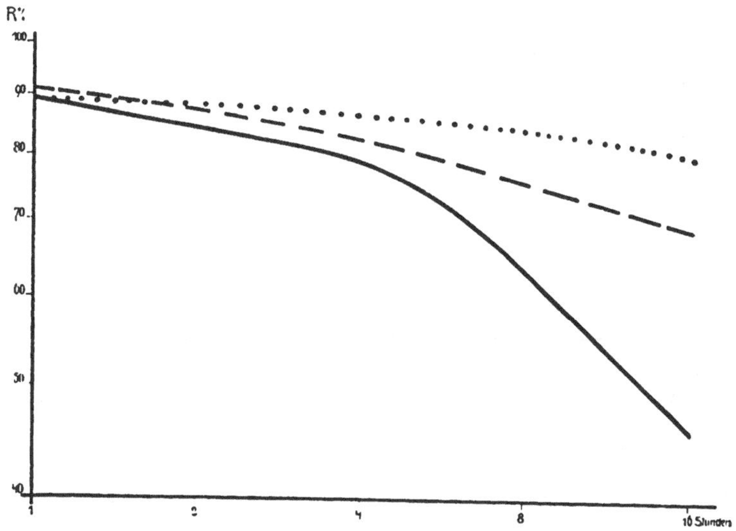

Abb. 101. Diagramm II. Reißfestigkeit der Wolle bei verschieden langer Kochdauer, mit 1 (gepunktet), 3 (gestrichelt), 5 (ausgezogen) Prozent Schwefelsäure.

als auch gewisse Farbstoffe wie Indigo; andere Farbstoffe, wie Methylenblau, scheinen die Bakterien zu töten.

β. S ä u r e n. Verdünnte S ä u r e n greifen Wolle nicht an, über 7%ige zersetzen sie beim Kochen, konz. lösen sie in der Kälte langsam, in der Hitze schnell auf. Verdünnte Säuren bilden einen Schutz bei gewissen Behandlungen der Wolle, z. B. beim Kochen und Dämpfen. Auf der Widerstandsfähigkeit der Wolle gegenüber Säuren beruht die K a r b o n i s a t i o n (S. 173).

Die zugleich schützende und schädigende Wirkung der Schwefelsäure je nach ihrer Stärke b e i d e r A n w e n d u n g ergibt sich aus folgendem Versuch (L. M. f. T. **1926**, 242):

Je 3 g Wollgarn 2/47 mit der Reißfestigkeit 162,7 g und der Dehnbarkeit 10,3 wurde je 1 Stunde mit verschieden starker Schwefelsäure in

20facher Flotte am Rückflußkühler gelinde gekocht. Danach wurden die Wollsträhnchen abgequetscht, getrocknet und wieder gewogen. Die im Bade zurückgebliebene Schwefelsäure wurde titriert und so der Betrag ermittelt, der auf die Wolle gegangen war. Der Verlust an Wollsubstanz V durch das Kochen ergab sich aus dem ursprünglichen Wollgewicht vermehrt um die aufgenommene Schwefelsäure und vermindert um das Wollgewicht nach der Behandlung.

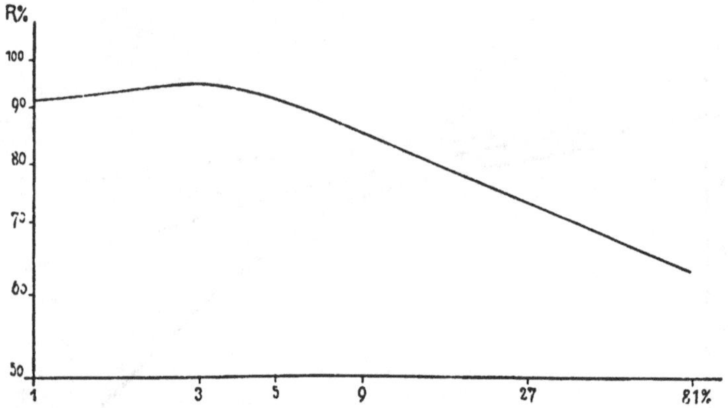

Abb. 102. Diagramm III. Reißfestigkeit der Wolle bei 1stündigem Kochen mit verschieden starker Schwefelsäure.

Die erhaltenen Werte sind in der nachstehenden Übersicht zusammengestellt:

% Schwefelsäure vom Wollgewicht	Reißfestigkeit in g	Reißfestigkeit in %	Dehnbarkeit in %	% Schwefelsäure auf der Wolle	V in %	Auf 120° erhitzt Reißfestigkeit in g	Auf 120° erhitzt Reißfestigkeit in %	Auf 120° erhitzt Dehnbarkeit
0	141	86,5	10,5	0	0,3	139	85,6	9,8
1	147	90,6	10,8	0,99	0,0	158	97,2	10,7
3	154	94,6	10,7	2,5	0,5	163	99,9	10,3
5	148	90,9	10,8	3,9	1,4	161	99,1	10,2
9	140	86,2	10,9	4,3	1,6	146	89,8	10,3
27	117	72,2	8,9	6,3	4,0	119	73,0	7,8
81	102	62,5	7,4	11,5	8,8	95	58,1	7,1

Abb. 102 = Diagramm III.

K e r t e s z (Färb.-Ztg. **1919**, 140) schreibt der vom Färben zurückbleibenden Schwefelsäure eine nachteilige Wirkung auf die Wolle b e i m T r a g e n zu und empfiehlt ihren Ersatz durch organische Säuren; ebenso B e c k e , T. (**1921**, 194 und D. R. P. 317 725).

Der schädigende Einfluß der Schwefelsäure beim Kochen der Wolle beginnt erst bei ungewöhnlich hohen Stärken, wie folgender Versuch zeigt (L. M. f. T **1926, 283**):

Je 3 g Kammgarn 2/17 (R = 854 g, D = 13%) wurden 1 Stunde mit verschieden starker Schwefel-, Essig- und Ameisensäure in 20facher Flotte am Rückflußkühler gelinde gekocht. Die folgende Übersicht enthält die von der Wolle beim Kochen aufgenommenen Schwefelsäuremengen S, Essigsäuremengen E und Ameisensäuremengen A in % des Wollgewichts,

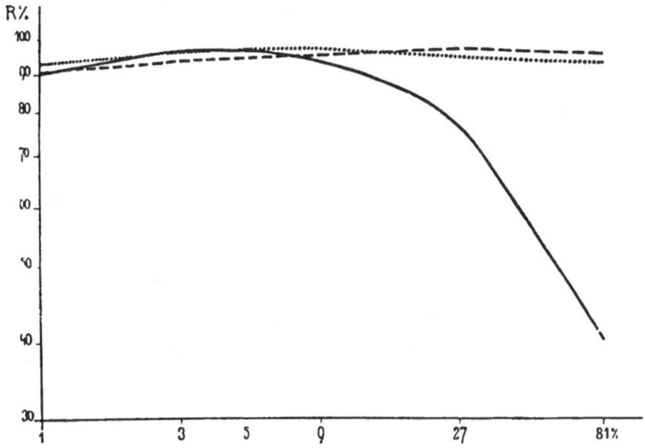

Abb. 103. Diagramm IV. Reißfestigkeit der Wolle beim Kochen mit verschieden starker Schwefelsäure (ausgezogen), Essigsäure (gestrichelt) und Ameisensäure (gepunktet).

die Reißfestigkeiten Rs, Re und Ra in % der ursprunglichen Reißfestigkeit, die zugehörigen Dehnbarkeiten Ds, De und Da in % und schließlich die Verluste an Wollgewicht Vs, Ve und Va in % des ursprünglichen Wollgewichts.

% Säure vom Wollgewicht	S	E	A	Rs	Re	Ra	Ds	De	Da	Vs	Ve	Va
0				86,0	86,0	86,0	11	11	11	2,33	2.33	2,33
1	0.92	0,36	0,65	90,3	90,5	91,9	11	12	13	1,06	1,76	1,65
3	2.80	0,82	0,98	96,1	93,7	95.9	12	12	13	2,15	1,66	1.55
5	3.55	1.08	1.37	95,9	94,8	97.3	12	12	13	2,85	1.68	1,50
9	4,68	1,46	2.46	94.1	95,5	97.5	11	12	12	3,41	1,45	1,60
27	6,25	3,46	3,61	78.0	96,9	94,4	10	13	13	6,14	1,09	1,74
81	11,52	8,42	7.16	39,8	95,1	92.8	9	13	12	11,96	0.46	1,98

Abb. 103 = Diagramm IV.

Über die Aufnahmefähigkeit der Wolle für Säuren hat zuerst Knecht gearbeitet.

Knecht hat bereits gezeigt, daß die Wolle beim Kochen mit verdünnter Schwefelsäure je nach der Konzentration verschiedene Mengen aufnimmt, die auch bei wiederholtem Auskochen mit immer frischem destilliertem Wasser bis zu völliger Neutralität nicht mehr ganz abgegeben werden.

Fürstenhagen und Appleyard (J. Soc. Dyers and Col. **1888**, 104) haben je 5 g Wolle mit 500 ccm verdünnter Schwefelsäure von verschiedenem Gehalt gekocht und die in der Lösung zurückbleibende Schwefelsäuremenge mit Methylorange als Indikator titriert. Sie erhielten so für die angewandten Schwefelsäuremengen S die entsprechenden auf der Wolle befestigten Schwefelsäuremengen Sw, beides in % des Wollgewichtes nach folgender Übersicht:

S	2,5	5	10	20	40
Sw	2,12	2,83	3,63	4,13	4,82

Gelmo und Suida (L. Färb.-Ztg. **1905**, 295) haben Wolle mit wäßriger und alkoholischer Schwefel- und Salzsäure behandelt und gefunden, daß basische Farbstoffe schwächer, saure stärker aufgenommen werden. Essigsäure veränderte dagegen die färberischen Eigenschaften der Wolle gar nicht; Weinsäure nahm eine Mittelstellung ein. Guelmo und Suida nehmen mit Gillet (Rev. gen. mat. col. **1899**, 157) die Bildung eines Wollsulfates an; die Menge der aufgenommenen Säure sei nicht genau bestimmbar, weil die Wolle beim Kochen mit verdünnter Säure bereits eine Hydratation erleide, die ihre sauren Eigenschaften steigere.

K. Meyer (Z. f. d. ges. T. **1926**, 289) hat gefunden, daß 100 g Wolle höchstens mit 0,0833 Grammäquivalent Säure, also z. B. mit 4,12 g Schwefelsäure, 4,8 g Essigsäure und 4,6 g Ameisensäure reagieren.

Die in dem Versuch S. 197 von der Wolle aufgenommene Schwefel-, Essig- und Ameisensäuremenge S, E und A wurde durch Rücktitration der in der Lösung verbliebenen Säure mit Methylorange als Indikator ermittelt. Sie besteht aus einem nur mechanisch aufgenommenen Teil S_1, E_1 und A_1 und einem chemisch gebundenen S_2, E_2 und A_2. Der mechanische Teil wird von dem Rest Lösung geliefert, der beim Abquetschen der Wolle zurückbleibt. Sein Betrag ergibt sich einerseits aus der Gewichtszunahme der feuchten gegenüber der trockenen Wolle (letztere vermehrt um S_2, E_2, A_2), andererseits aus dem durch die erwähnte Rücktitration ermittelten Gehalt der Lösung an Säure.

Die feuchte Wolle wurde im verschlossenen, vorher gewogenen Erlenmeyer unmittelbar gewogen.

% Säure vom Wollgew.	S	S_1	S_2	E	E_1	E_2	A	A_1	A_2
1	0.92	0,00	0,92	0,36	0,04	0,32	0,65	0,25	0,40
3	2,80	0,02	2,78	0,82	0,13	0,69	0,98	0,16	0,82
5	3,55	0,08	3,47	1,08	0,20	0,88	1,37	0,19	1,18
9	4,68	0,41	4,27	1,46	0,36	1,10	2,46	0,74	1,72
27	6,20	0,81	5,39	3,46	1,13	2,33	3,61	1,10	2,51
81	11.52	2,95	8,57	8,42	2,97	5,45	7,16	3,28	3,88

Die Versuche ergeben die Gesetzmäßigkeit des Anstiegs der chemisch gebundenen Schwefelsäure mit der Stärke

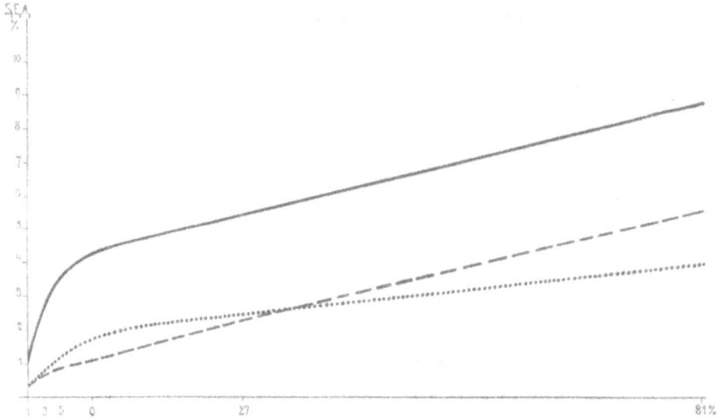

Abb 104 — V. Aufgenommene Säuremenge beim Kochen der Wolle mit verschieden . starker Schwefelsäure (ausgezogen), Essigsäure (gestrichelt) und Ameisensäure (gepunktet).

der zum Kochen angewandten Schwefelsäure. Der Anstieg erfolgt aber keineswegs im geraden Verhältnis zur angewandten Schwefelsäuremenge, sondern zunächst schneller bis etwa 5% und dann allmählicher. Das zeigen deutlich die Schaulinien im Diagramm Abb. 104 mit der angewandten Schwefelsäuremenge als Abszisse und der chemisch gebundenen Schwefelsäure als Ordinate, beides in % des Wollgewichtes (L. M. f. T. **1926**, 321):

Von größerer Bedeutung ist, daß die Reißfestigkeit gleichzeitig mit der aufgenommenen Schwefelsäure bis zu etwa 5% ansteigt; nur die chemisch gebundene Schwefelsäure ist es, die die Wolle beim Färben schützt und festigt. Bei stärkerer Schwefelsäure macht sich in zunehmendem Maße der hydratisierende Einfluß der Säure geltend; die Wolle wird abgebaut und zersetzt, wie die Werte für den Substanzverlust Vs in der Tabelle zu Abb. 103 deutlich zeigen.

Die Spalten E_2 und A_2 lehren, daß Essigsäure und Ameisensäure gleichfalls von der Wolle chemisch gebunden werden, und zwar 1. zunehmend mit der Menge der angewandten Säure, 2. schwächer als Schwefelsäure entsprechend ihrem schwächeren Säurecharakter und der dadurch bedingten leichteren Hydrolyse ihrer Wollsalze, 3. im Verhältnis ihrer Molekulargewichte. Das größere Molekulargewicht der Essigsäure vermag sich aber erst bei stärkerer Konzentration durchzusetzen — bei 81 % —, vorher überwiegt der stärkere Säurecharakter der Ameisensäure.

Die Kurven des Diagramms V — ausgezogen für Schwefelsäure, gestrichelt für Essigsäure und gepunktet für Ameisensäure — verlaufen asymptotisch zu einem Höchstwert, der sich bei Kochtemperatur nicht genau ermitteln läßt, weil in seiner Nähe die Wolle sich zu zersetzen beginnt.

Die Beständigkeit der schwefelsauren Wolle gegen Waschen ist so groß, daß die Auffassung irrtümlich ist, Wolle könnte durch bloßes Waschen mit Wasser vollständig von Schwefelsäure befreit werden.

Um den beim Waschen schwefelsaurer Wolle sich abspielenden Vorgang näher zu beleuchten, wurden mit 5 und 27 % Schwefel-, Essig- und Ameisensäure gekochte Wollsträhnchen gewaschen, und zwar 1. kalt, 2. kochend und 3. wiederholt kalt. Die Säuremengen S_2, E_2 und A_2 wurden vor und nach dem Waschen ermittelt. Die erhaltenen Werte, in % des ursprünglichen Wollgewichtes für die kalte und heiße Waschung, sind in die nachstehende Übersicht, die Werte für das 54mal wiederholte Waschen in das untenstehende Diagramm VI eingetragen (L. M. f. T. **1926**, 356):

1. Kalte Waschung.

Die abgequetschte Wolle wurde zur Bestimmung der mechanisch aufgenommenen Säure im verschlossenen, gewogenen Erlenmeyer gewogen. Danach wurde mit kaltem Wasser wieder auf die 20fache Flotte aufgefüllt, 7 Stunden geschüttelt und noch 17 Stunden stehen gelassen. Darauf wurde wieder abgequetscht, gewogen und die mechanisch festgehaltene Säuremenge ermittelt; andererseits wurde die durch das Waschwasser fortgenommene Säure titriert; diese sowie die mechanisch festgehaltene Säure von der ursprünglich vorhandenen abgezogen, ergab die nach dem Waschen noch festgehaltene Säuremenge S_2, E_2 und A_2.

% Säure vom	S_2		E_2		A_2	
Wollgewicht	vorher	nachher	vorher	nachher	vorher	nachher
5	3,41	2,98 = 87,5 %	0,90	0,60 = 67,3 %	1,22	0,92 = 75,3 %
27	5,30	4,25 = 80,3 %	2,38	1,36 = 55,9 %	2,59	1,69 = 65,3 %

Die Übersicht lehrt, daß beim kalten Waschen sich verhältnismäßig um so mehr Säure herunterwäscht, je mehr Säure auf der Wolle sitzt. Weiter zeigt sich die Gesetzmäßigkeit, daß die Säuren sich so leichter auswaschen lassen, je geringer ihre Säurenatur ist, also Essigsäure am leichtesten, Schwefelsäure am schwersten.

2. Heiße Waschung.

Die abgequetschte Wolle wurde nach dem Wiegen mit kaltem Wasser wieder auf die 20fache Flotte aufgefüllt und 10 Minuten am Rückflußkühler gekocht. Darauf wurde wieder abgequetscht und wie unter 1 weiter behandelt.

% Säure vom	S_2		E_2		A_2	
Wollgewicht	vorher	nachher	vorher	nachher	vorher	nachher
5	3,41	3.09 = 88,0 %	0.87	0,44 = 50,3 %	1,19	0,55 = 45,8 %
27	5.47	4,35 = 79,7 %	2,28	1,14 = 50,0 %	2.51	1.06 = 42,3 %

Die Übersicht lehrt: 1. Auch hier wird bei der starken Schwefelsäure verhältnismäßig um so mehr Säure ausgewaschen, je mehr Säure auf der Wolle sitzt; bei der schwachen Essigsäure gleicht sich der Unterschied aus; die mittelstarke Ameisensäure steht in der Mitte. 2. Auch hier wäscht sich die starke Schwefelsäure schwerer aus als die beiden organischen Säuren, die Ameisensäure auffallenderweise noch etwas leichter als die Essigsäure. 3. Die heiße Waschung entfernt die Schwefelsäure nicht mehr als die kalte Waschung; die beiden organischen Säuren lassen sich dagegen heiß leichter auswaschen.

3. Wiederholte Waschung.

Die abgequetschte Wolle wurde zur Bestimmung der mechanisch aufgenommenen Säure gewogen. Danach wurde mit kaltem Wasser wieder auf die 20fache Flotte aufgefüllt, 3 Tage lang stehen gelassen und wieder abgequetscht. Dies wurde 54 mal wiederholt, nach dem 15. Male aber nur 1 Tag stehen gelassen. Die durch das Waschwasser fortgenommene Säure wurde jedesmal titriert und zusammen mit der mechanisch festgehaltenen Säure von der ursprünglich vorhandenen abgezogen. So ergab sich die nach jedem Waschen noch festgehaltene Säuremenge S_2 für 5 und 27%. Die erhaltenen Werte sind in dem Diagramm VI Abb. 105 eingetragen.

Die beiden Kurven haben einen logarithmischen Verlauf, anfangs stärker, dann schwächer abfallend. Das steht in folgerichtigem Zusammenhang mit der Aufnahme der Säure in Abhängigkeit von der Konzentration (Diagramm V). Die jetzige Kurve ist gewisssermaßen die Umkehrung der damaligen. Sie verläuft ebenso wie jene asymptotisch, und zwar zur Abszisse 0. Das hat dazu berechtigt, den Versuch mit der 54. Waschung abzubrechen.

Für den praktischen Färber ergibt sich der wichtige Schluß, daß er bei der üblichen Waschung (höchstens 5 mal) noch nicht ein Viertel der auf der Wolle vorhandenen Säuremenge auszuwaschen imstande ist. Nach den früheren Ausführungen braucht dies aber kein Gegenstand der Sorge für ihn zu sein.

Durch eine kurze Behandlung mit konz. Schwefelsäure wird das Anfärbevermögen der Wolle gegenüber basischen Farbstoffen gesteigert, gegenüber sauren vermindert (B A S F, F. P. 318 741: Becke und Beil,

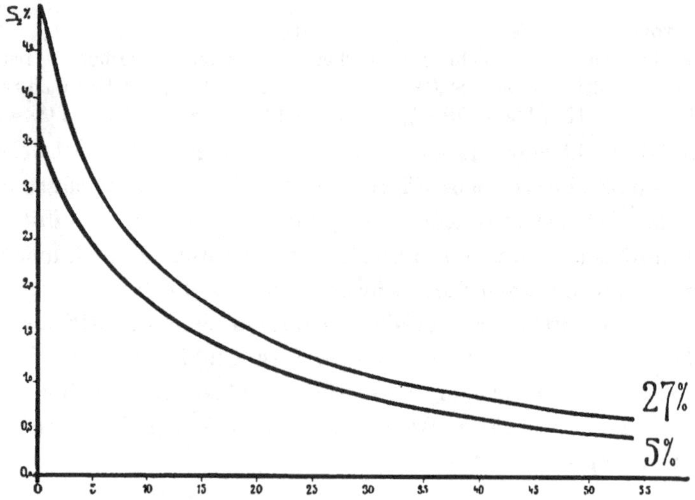

Abb. 105. Diagramm VI. Schwefelsäuregehalt der mit 5 und 27% Schwefelsäure gekochten Wolle nach wiederholten Waschungen.

D. R. P. 168 026, 168 113). Verdünnte Schwefelsäure hat gerade die entgegengesetzte Wirkung (s. oben). Das durch Abbindung der basischen Bestandteile der Wolle entstandene Wollsulfat vermag sich nicht mehr mit der Säure der basischen Farbstoffe, sondern nur noch mit der Farbsäure der sauren Farbstoffe umzusetzen (s. auch Georgievics, Monatshefte **1913**, 733 und Kolloid-Zeitschr. **1912**, 31; **1914**, 69).

Schweflige Säure bleicht die Wolle. Konz. Salpetersäure färbt gelb unter Bildung von Xanthoproteinsäure.

Salpetrige Säure färbt ebenfalls gelb, und zwar nach Richard (Ch. Ztg. **1888**, 1378) unter Diazotierung, nach Prud'homme (Färb.-Ztg. **1898**, 346) unter Bildung von Nitrosamin. Die Einwirkung von Diazolösungen auf Wolle haben Brandt (Färb.-Ztg. **1901**, 238) sowie Kayser (Z. Farben **1903**, 80) und Justin Müller (Z. Farben **1906**, 272) untersucht.

Wolle mit 10% Gerbsäure 1 Stunde gekocht und mit 3% Zinnsalz ½ Stunde bei 80° nachbehandelt wird, verhält sich wie die mit konz. Schwefelsäure behandelte (Becke und Beil, D. R. P. 137 947 und 237 338). Durch Einweben so reservierter Garne in Gewebe aus gewöhnlicher Wolle lassen sich Weiß- und Bunteffekte beim nachherigen Ausfärben erzielen.

γ. Ätzalkalien entziehen der Wolle zunächst den Schwefel, wodurch sie nach Bethmann (D. R. P. 170 228 und 171 351) ihre reduzierende Eigenschaft verliert; im weiteren Verlauf, namentlich bei höherer Temperatur, wird die Wolle unter Ammoniakentwicklung zersetzt und schließlich aufgelöst. Die schädliche Wirkung wird durch Verminderung der OH′-Ionenkonzentration geschwächt, z. B. durch Zusatz von Glycerin oder Glukose zur Lauge (BASF, D. R. P. 110 633, 117 249 und 129 451 und Bayer, D. R. P. 113 205: Z. Farben **1902**, *372* [S. 203]) oder durch Anwendung konz. Lauge. Nach Buntrock (Färb.-Ztg. **1898**, 69) tritt sogar eine Festigkeitszunahme bei kalter Lauge ein.

Buntrock hat die Abhängigkeit der Reißbelastung von der Konzentration der Natronlauge gemessen, indem er Wollgarn (mit der Reißbelastung 610 g) mit Natronlauge verschiedener Stärke 10 Minuten behandelte, mit 1%iger Salzsäure spülte, wusch und trocknete.

Stärke der Natronlauge in ° Bé:	4	14	20	24	34	44
Reißbelastung in g:	510	210	95	200	440	740

Die Abhängigkeit der Reißbelastung von der Temperatur der Lauge und davon, ob in der Lauge gestreckt wurde oder nicht, veranschaulicht folgender Versuch: die Lauge war 28° Bé stark:

	Länge in cm	Reißfestigkeit in g	Dehnbarkeit in %
Unbehandelter Wollstrahn	24	327	28.5
Gelaugt bei 5—10° C	23,2	474	25
Gelaugt bei 11° C	24	386	20.5
Gestreckt gelaugt bei 11° C	25,3	270	14

Für gewisse Zwecke scheint die Entfernung des Schwefels aus der Wollsubstanz günstig zu wirken. So empfahl J. Schneider, (Z. f. angew. Ch. **1910**, 1098), die Wolle 15 Min. mit Natronlauge 0,8° Bé (0,5 g NaOH im Liter) zu kochen, abzusäuern und nunmehr mit Bichromat anzusieden. Das Beizen ist dann ohne Reduktionsmittel in kürzerer Zeit beendet, und die Wolle ist weicher, als wenn sie mit Bichromat und Schwefelsäure angesotten wird.

Durch die Behandlung mit 30—40° Bé starker Natronlauge wird nach Kertesz (Färb.-Ztg. **1898**, 35) die Wolle aufnahmefähiger für Farbstoffe (s. auch Washburn, Färb.-Ztg. **1902**, 17 und Hesse, Färb.-Ztg. **1903**, 305).

Nach einer Vorschrift von Cassella (Musterkarte 1925) zieht man genetztes Wollgarn ½ Stunde bei gewöhnlicher Temperatur in einer Mischung von

10 Tl. Natronlauge 38—40° Bé, 9 Tl. Traubenzucker und 181 Tl. Wasser um und spült. Die Wolle wird gelber, bleibt aber fest. Verwebt man solche Wolle mit gewöhnlicher und färbt mit sauren oder substantiven Farbstoffen aus, so erhält man Zweifarbeneffekte.

In Halbwolle kann man durch Behandlung mit Natronlauge 30° Bé bei 0° K r e p p muster erhalten. Die Baumwolle zieht sich zusammen, die Wolle nicht. Letztere muß sich daher in Falten legen.

Auch durch F o r m a l d e h y d behandlung wird die Wolle unempfindlicher gegen Ätzalkalien (D. R. P. 144 485 und 146 845 von K a n n ; Färb.-Ztg. **1903**, 440; **1904**, 98).

K o h l e n s a u r e A l k a l i e n wirken milder; am mildesten A m m o n i a k und A m m o n c a r b o n a t. Das sollte beim Waschen der Wolle mehr berücksichtigt werden (M a t t h e w s , Leipz. Monatsschr. f. Textilind. **1905**, 294).

K u p f e r o x y d a m m o n i a k bringt Wolle in der Kälte nur zur Quellung, in der Wärme allmählich zur Lösung.

δ. R e d u k t i o n s m i t t e l verändern die Wolle gar nicht; ebensowenig O x y d a t i o n s m i t t e l; nur C h l o r wirkt sehr heftig ein, aber nur auf die feuchte Wolle (G r a n d m o u g i n, Z. Farben **1906**, 396; V i g n o n und M o l l a r d, Z. angew. Ch. **1907**, 313; Leipz. Monatsschr. f. Textilind. **1907**, 90). In erster Linie werden die Schuppen angegriffen und aufgelöst; danach wird das Keratin selbst abgebaut (s. Reaktion von A l l w ö r d e n, S. 112). Im allgemeinen ergibt sich erhöhter Glanz („Seidenwolle“), Verlust der Filzfähigkeit und der reduzierenden Eigenschaft, leichte Netzbarkeit, Einbuße an Gewicht, Festigkeit und Dehnbarkeit (K e r t e s z, Färber-Ztg. **1909**, 138) und Zunahme des Anfärbevermögens; letzteres kann aber auch umgekehrt verringert werden durch Anwendung a l k a l i s c h e n Hypochlorits (B A S F, D. R. P. 318 741). Diese Veränderungen der Wolle infolge des Chlorens sucht man technisch zu verwerten. Z. B. erhält man Kreppeffekte durch Verweben gechlorter und gewöhnlicher Wolle und nachheriges Walken, oder Zweifarbenmuster durch nachträgliches Färben derartiger Gewebe. Unentbehrlich ist ein schwaches Chloren wollener Gewebe, die bedruckt werden sollen. Ferner chlort man Wolle für Unterkleider, die sich waschen lassen sollen ohne zu schrumpfen oder zu filzen. Nach R a t g e b e r, M. L. Br. **1921**, 8, wird Wollgarnen nach folgenden Verfahren S e i d e n g r i f f erteilt:

Die gereinigte Wolle wird 20 Minuten auf 10 g Salzsäure 21° Bé auf den 1 Bad umgezogen, ablaufen gelassen und ½ Stunde auf Chlorkalk ½° Bé gestellt. Darauf wird gespült und entweder auf das erste Säurebad oder auf ein frisches mit 10—15 g Schwefelsäure 66° Bé auf den 1 Bad gegangen. Nach 20 Minuten wird gut gespült und mit 5 g Seife auf den 1 bei 30° geseift. Schließlich wird ohne zu spülen mit 7,5 g Salzsäure 21° Bé auf den 1 abgesäuert, gespült und getrocknet.

ε. Farbstoffen gegenüber besitzt Wolle eine außerordentlich große Verwandtschaft, die durch die angegebenen Verfahren mit Natronlauge und Chlor noch gesteigert werden kann.

Ein drittes derartiges Verfahren beschreibt M. L. B. im D. R. P. 231 885. Danach wird mit 5% Rhodankali 1 Stunde gekochte Wolle viel aufnahmefähiger für Säure- und Beizen-, weniger für Küpen- und basische Farbstoffe.

7. Verspinnen der Wolle.

Die Wolle wird je nach ihrer Herkunft entweder zu Streich- oder zu Kammgarn in besonderen Spinnereien versponnen.

a) Streichgarnspinnerei.

1. Das Wolfen.

Die durch das Waschen und Karbonisieren zusammengeballte Wolle muß zunächst wieder aufgelockert werden. Dazu dient der Schlag-, der Reiß- und der Krempelwolf.

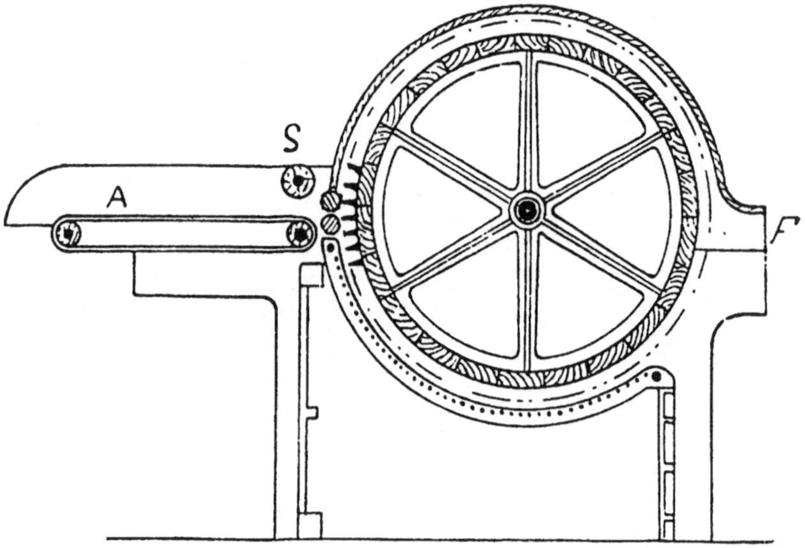

Abb. 106. Reißwolf.

Der Schlag- oder Klopfwolf ähnelt dem Schläger der Baumwollspinnerei.

Der Reißwolf (Abb. 106) ist eine mit 5 cm langen Zähnen besetzte Trommel

Die durch den Speisetisch A und Schutzwalze S zugeführte Wolle wird auseinandergerissen und bei F herausgeworfen.

Häufig wird der Reißwolf mit einem Klopfwolf verbunden (Abb. 107). Der Krempelwolf (Abb. 108) hat eine auf dem ganzen Umfange gezähnte Trommel f.

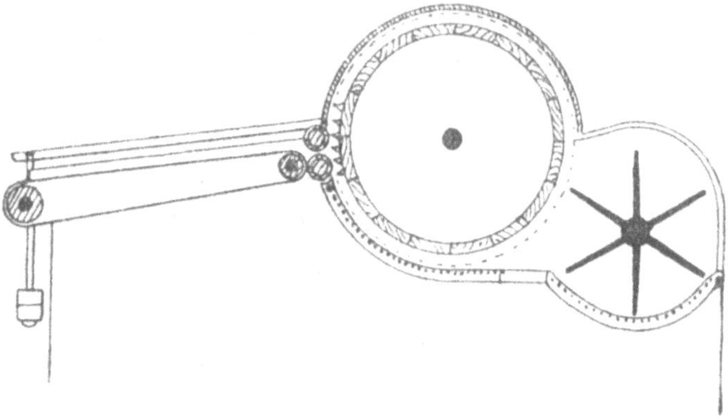

Abb. 107. Reißwolf in Verbindung mit Klopfwolf.

Die Wolle wird durch den Speisetisch e mit Schutzwalze b und durch die gezahnten Walzen c zugeführt. Walze w reinigt die obere Zufuhrwalze. Die folgenden drei Walzenpaare mit Arbeiter a und Wender w arbeiten ähnlich wie

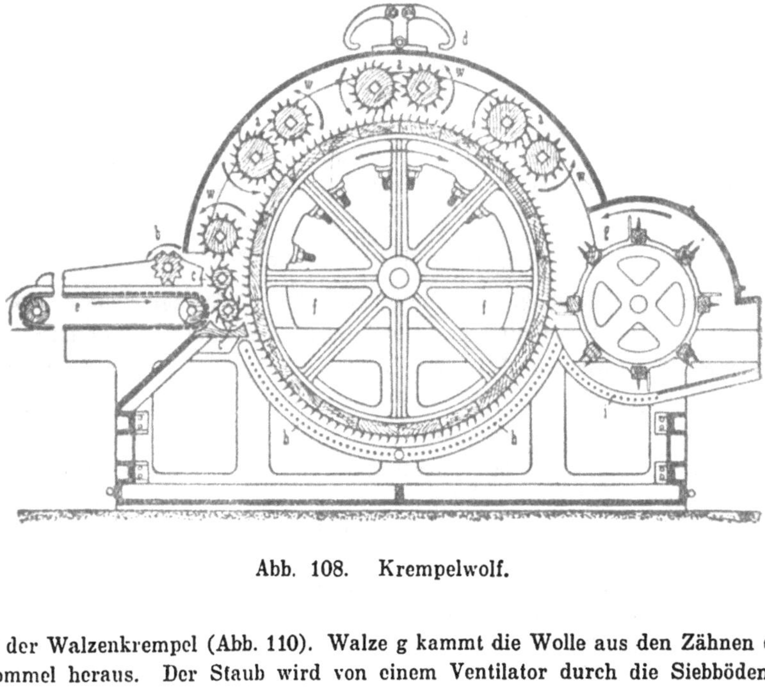

Abb. 108. Krempelwolf.

bei der Walzenkrempel (Abb. 110). Walze g kammt die Wolle aus den Zähnen der Trommel heraus. Der Staub wird von einem Ventilator durch die Siebböden h und i gesogen.

2. Das Schmälzen.

Während des Wolfens wird die Streichwolle bereits geölt (gefettet, geschmiert, geschmälzt), damit sie geschmeidig und schlüpfrig für das Krempeln wird.

z. B. mit 30% Schmälze, die auf 1 kg enthält:
330 g Neutralfett und Olein
670 g Wasser mit etwas Seife

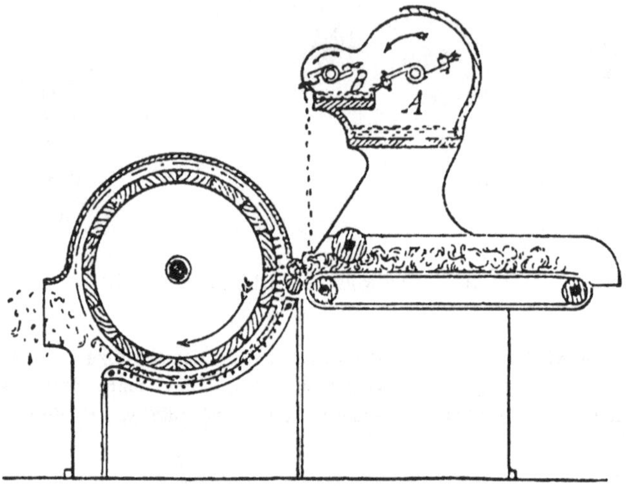

Abb. 109. Ölwolf.

Bei dem Ölwolf (Abb. 109) streichen zwei umlaufende Bursten das aus A entnommene Fett an der Kante von B ab. Zwei ebensolche Bürsten streichen die Schmelze an der Kante von A ab. Von dort träufelt sie auf darunter hinstreichende Wolle.

3. Das Krempeln.

Die geölte Wolle gelangt zum Krempeln (Kardätschen, Kratzen, Streichen). Zur Erzeugung eines möglichst gleichmäßigen Fadens wird auf einem Normalkrempelsatz aus gewöhnlich 3 Krempeln: Vor- oder Reißkrempel (Abb. 110), Pelz- oder Vließkrempel und Vorspinnkrempel oder Kontinu gearbeitet.

Die Wolle gelangt aus dem Kasten A auf das endlose Lattentuch b mit den Führungswalzen c (Abb. 110). Der schwingende Kamm d streift die überschüssige Wolle ab. Kammwalze e und Walze f befördern die Wolle in den Behälter g. Hat sich hier eine bestimmte Menge angesammelt, so öffnet sich g unten und läßt die Wolle auf den endlosen Speisetisch h der Reißkrempel fallen. Der Drücker i schwingt hin und her und drückt die Wolle gleichmäßig nieder. Die Speisewalzen k liefern sie zur nochmaligen Auflockerung an die Kratzwalzen l, n, o, p. Die zwei Stahlschneiden bei m, nahe am Kratzenbeschlag von l, sollen etwaige Kletten abstreifen.

Die auf dem Beschlage des Tambours t sich ausbreitende Wolle wird von den fünf Arbeitern a gerade gelegt. Die fünf Wender w nehmen die in den Zähnen der Arbeiter angesammelte Wolle heraus und geben sie wieder an den Tambour t ab. Die Kratzwalze r (Volant) greift mit den Zähnen in den Beschlag des Tambours und holt die Wolle an die Oberfläche. Messer s streift die am Volant hängenbleibende Wolle ab; eine kleine Putzwalze gibt sie dem Tambour zurück. Die Kämmwalze u (Peigneur) nimmt die gelockerte Wolle vom Tambour ab; der Hacker v hackt sie in Form eines feinen Flors auf der anderen Seite heraus. Die Pelztrommel x wickelt den Flor bis zu einer bestimmten Stärke auf.

Bezeichnet man die Umdrehungsgeschwindigkeit der Trommel mit vt, der Arbeiter mit va, der Wender mit vw und der Kämmwalze mit vk, so gilt vt > vw > va > vk.

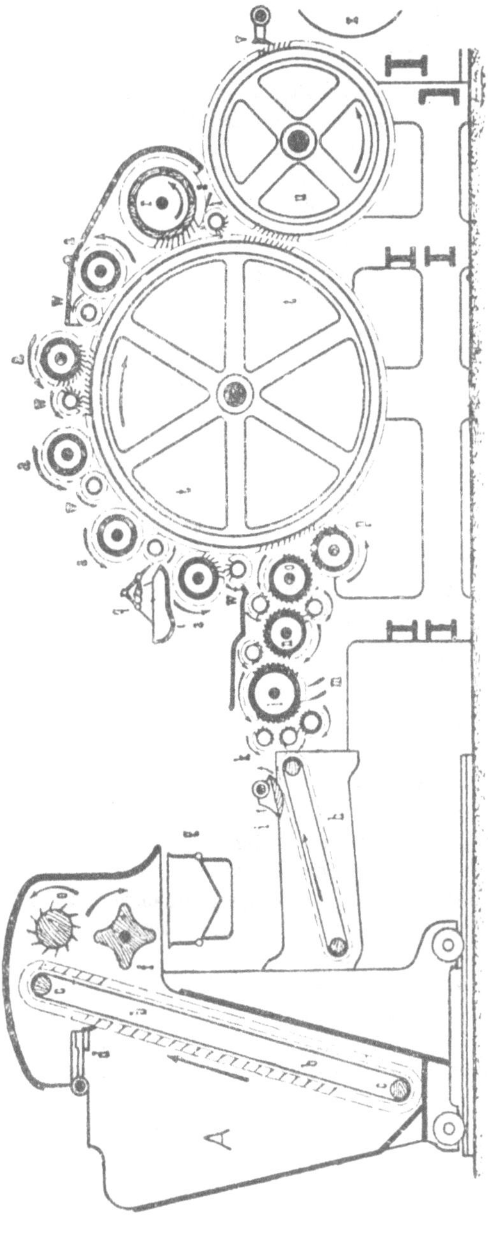

Abb. 110. Reißkrempel.

4. Die Florteilung.

Die letzte Krempel ist mit dem Florteiler verbunden. Der Florteiler (Abb. 20) teilt das von der Krempel abgenommene Vließ in eine größere Anzahl schmaler Bänder und führt sie in einem Würgelzeug sofort in Vorgarn über.

5. Das Feinspinnen.

Das Vorgarn wird auf Mulemaschinen (Selfaktor), neuerdings auch auf Flügel- und Ringspindelbänken versponnen.

β) Kammgarnspinnerei.

Der eigentlichen Kammgarnspinnerei gehen die Arbeiten 1—6 der Wollkämmerei voraus:

1. Einfetten.

z. B. mit 2% einer Schmälze, die in 1 kg enthält:
130 g technisches Erdnußöl,
80 g Duron (Band I, 191).
5 g Salmiakgeist,
785 g Wasser (L. M. f. Textilind. **1927**, 216).

2. Krempeln (auf einer Doppelkrempel).
3. Strecken und zu zylindrischen Kreuzwickeln aufwinden.
4. Kämmen.

Das Kämmen soll die kurzen Haare (Kämmlinge) ausscheiden und aus den längeren ein Band (Kammzug) bilden. Im Kleinen benutzt man dazu ein paar heißgemachte Handkämme. Man schlägt ein wenig Wolle in den einen Kamm ein, kämmt mit dem andern, zieht mit der Hand ein kurzes Band aus und vereinigt es mit anderen.

Die Kämmaschinen werden in der Regel nach Lister als Rund- oder nach Heilmann als Flachkämmer gebaut. Bei ersterem werden die von oben eingeschlagenen Fasern durch aufrecht stehende Kammspitzen eines sich drehenden wagrechten Rings (Ringkamm) hindurchgezogen. Bei letzterem befinden sich die Kammzähne auf der Oberfläche einer sich drehenden Walze (Walzenkamm) (Abb. 111).

Gewöhnlich 16 Kratzenbänder gelangen durch die Öffnungen in der Wand a zwischen den Rost b, der in Schlitten verschiebb r ist, unter die Speiseplatte c, deren Unterseite mit Nadeln besetzt ist. In der in der Abbildung gezeigten Stellung werden die Bänder von dem Zangenpaar d, d_1 festgehalten, während die Speisevorrichtung b c in der Pfeilrichtung an den Bändern entlangstreicht. Oben angekommen geht die Platte c nieder und durchsticht die Bänder, die so festgehalten werden. Die Zange d, d_1 öffnet sich, und durch die Öffnung wird eine bestimmte Länge Band hindurchgeschoben. Darauf schließt sich die Zange d, d_1 wieder und hält den Faserbart zum Auskämmen durch die Kammtrommel e hin. Die zwischen den Nadelstabreihen liegenden Teile f des Trommelumfangs sind mit Leder beschlagen. Auf dieses Ledersegment f klemmt die aus den Abziehwalzen i, dem Ledertuch h und dem Trichter l bestehende Abziehvorrichtung das ausgekämmte Bandstück. Die Abziehvorrichtung ruht auf der Stelze v und kann vom Exzenter o aus durch die Querstange q um u gedreht werden. Die Querstange q sitzt an den von der Stelze n getragenen Rahmen, von o. n ist um m drehbar.

Während der ausgekämmte Faserbart abgezogen wird, greifen die Kämme g und g_1 in das neu aus der Zange heraustretende Band ein und kämmen es vor. Der Vorstechkamm g wird durch den Exzenter r bewegt.

Das Walzenpaar k führt das gekämmte Band ab.

Die Kämmlinge werden von den Nadelstäben der Kämmtrommel durch die Bürstwalze x abgenommen, an die Kratzenwalze y weitergegeben und von dieser durch den Hacker Z in Bandform abgekämmt.

5. Igelstrecken.

Das aus einzelnen kurzen Zügen gebildete Band erhält Gleichförmigkeit durch Strecken und Duplieren auf Igelstrecken. Zwischen zwei Streckwalzenpaaren befindet sich eine Nadelwalze (Igelwalze) zum Tragen, Auskämmen und Verstrecken des Faserbandes.

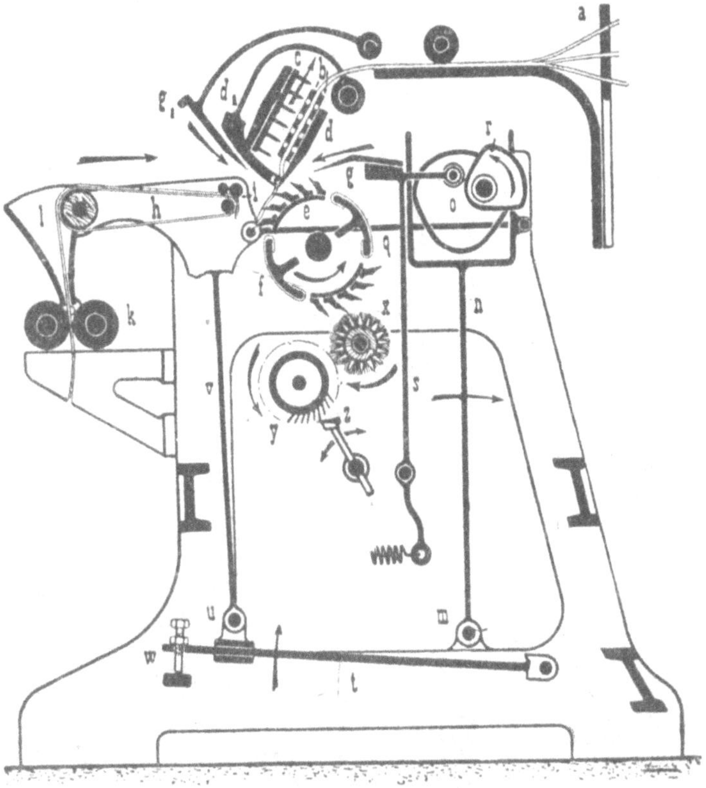

Abb. 111. Heilmannsche Kämm-Maschine.

6. Entkräuselung und Entölung (Abb. 112).

Die von den Wickeln a und Zuführwalzen b kommenden Bänder durchlaufen auf der Plättmaschine (Lisseuse) unter den Walzen d eine warme Seifenlösung c, die Quetschwalzen e, über die Fuhrungsrolle f unter den Kupferwalzen h, den Spülbottich g, und anschließend die Quetschwalzen i und k und über die Führungsrolle l eine Reihe heißer Walzen m. Die Kupferwalzen m werden von Innen durch das Dampfrohr n auf 150° erhitzt. Jede folgende dreht sich schneller als die vorhergehende; die 8 Bänder werden also gestreckt. Sie werden weiter durch zwei schräg verlaufende Schlitze des Tisches o geteilt. Je vier Bänder laufen über die beiden schrägen Walzen p, dann zu je zweien doubliert zwischen die Walzenpaare q und r, über die Stachelwalze s, durch das Streckwalzenpaar t, das Nitschelwerk u und den Trichter v auf den Wickel w.

7. Vorspinnen (Präparation).

Die Streckbänder werden auf dem Flyer (deutsches Verfahren) oder auf der Flügelspinnmaschine (englisches Verfahren) oder auf einer Strecke mit Würgelzeug (französisches Verfahren) in Vorgarn verwandelt.

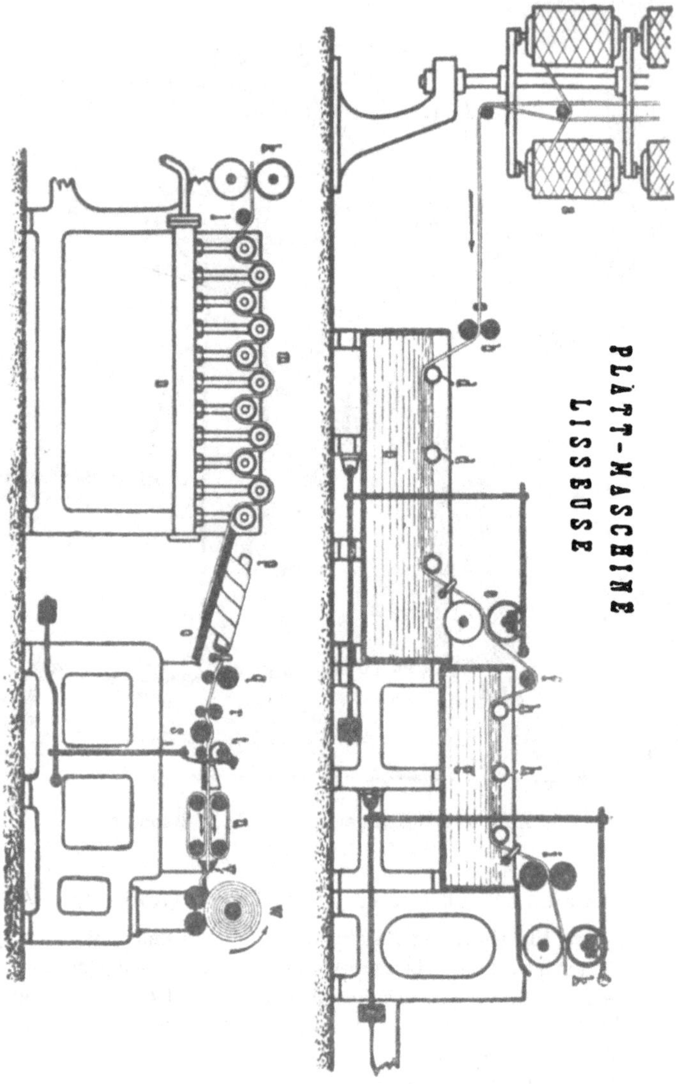

Abb. 112 Plättmaschine.

8. Feinspinnen.

Das Feingarn stellt man auf dem Selfaktor, der Flügel- oder der Ringspinnmaschine her.

Kammgarn wird als solches zu Zwecken der Strickerei und Stickerei verwendet (Zephirgarn, mehrfach gezwirnt, aber schwach gedreht und weich, Kastorgarn, etwas gröber, Smyrnagarn, sehr dick, für die Knüpfteppiche). Halbkammgarn, aus kürzeren und nichtgekämmten Wollen, rauher wie Kammgarn, aber glatter wie Streichgarn dient ebenfalls für Strick- und Strumpfwaren.

Die Streichgarne werden zu Streichgarnstoffen verwebt. Wird das Gewebe durch starkes Walken fest geschlossen, so erhält man die Tuche für Uniformen der Armee, Marine, Eisenbahn, Post, Zoll, Steuer usw., für Möbelstoffe und Billards. Weniger eingewalkte Streichgarnstoffe sind die Buckskinstoffe, die Moltons, die Flanelle und die aus feinem Garn locker gewebten Kaschmirstoffe.

Die Kammgarne können nicht gewalkt werden; sie erhalten je nach Bindungsart verschiedene Musterung; Tuchbindung gibt Kamelot und Musselin, Köperbindung Merino und Atlasbindung, Zanella. Serge hat eine atlasartige Köperbindung. Diese Stoffe werden für Bekleidungszwecke, aber auch für Möbelstoffe, Vorhänge und Decken verwendet.

Vigognegarn ist Streichgarn mit bis zu 45% Baumwolle.

Merinogarn ist ein halbwollenes Strickgarn.

Imitatgarn ist Streichgarn aus reiner Baumwolle.

Eine eigenartige Verwendung ist die Herstellung von Filz aus dem auf den Krempeln erzeugten Vließ auf den Filz- und Walkmaschinen, auf ersteren mittels Dampf, auf letzteren mittels Seife oder Säure. Der Filz ist ein tuchartiges Gebilde und wird wie Tuch gerauht, geschoren und gepreßt. Aus derartigem Filz werden auch die Hüte und die Fez gemacht, indem zum sog. „Stumpen“ gewalkt und auf geeigneten Formen Kopf und Rand des Hutes gebildet wird.

Die beim Scheren der Tuche abfallenden Scherhaare dienen zur Herstellung von „Velour“-Tapeten, indem sie auf die mit Leim bestrichene Tapete aufgestreut werden. Neuerdings wird auch gefärbte Wolle eigens für diesen Zweck gepulvert.

II. Sonstige Haare.

Die Haare sind länger, schlichter, gerader, glatter und glänzender als die Wollen.

1. Die Haare der europäischen Ziege werden mit Schafwolle versponnen und zu groben Stoffen, Loden und Havelocks, verwebt.

2. Mohair ist das Haar der in der Gegend von Angora in Kleinasien heimischen Ziege, Capra hircus angorensis (Abb. 113). Es ist

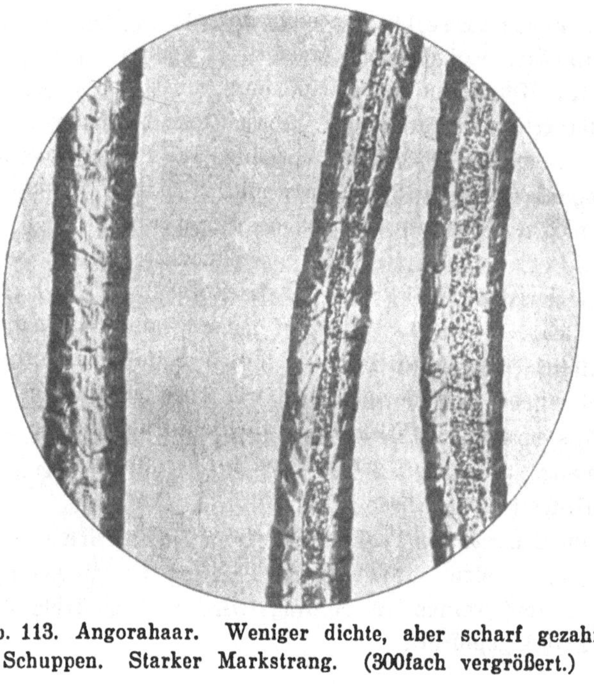

Abb. 113. Angorahaar. Weniger dichte, aber scharf gezahnte Schuppen. Starker Markstrang. (300fach vergrößert.)

15—20 cm lang, 15—40 μ breit, weiß, weich und glänzend, ein echtes Wollhaar, fein gewellt und mit Schuppenepithel. Gröbere Sorten können bis 100 μ breit werden und sind dann gelblich bis braun, mehr grannenartig und von einem Markzylinder durchzogen. Die Angoraziege hat sich außer nach der Kapkolonie und gewissen Gegenden der Vereinigten Staaten nicht verpflanzen lassen. Fast die ganze Erzeugung geht nach England, wird in Bradford zu Garn versponnen und so ausgeführt. Man fertigt daraus, besonders auch in Deutschland, Plüsche und andere Glanzwollgewebe.

3. Das Haar der Kaschmirziege (Abb. 114) aus dem Kaschmirgebirge in Asien ist grauweiß.

4. Kamelhaare sind die vom Kamel von Zeit zu Zeit abgeworfenen Flaumhaare. Sie sind über 10 cm lang, sehr fein und weich, nur 10—25 μ breit, markfrei und regelmäßig gekräuselt mit derben Schuppen. Sie sind häufig mit den dunkelbraunen bis schwarzen, 5—6 cm langen und 70—80 μ breiten, stark markhaltigen Grannen- oder Stichelhaaren

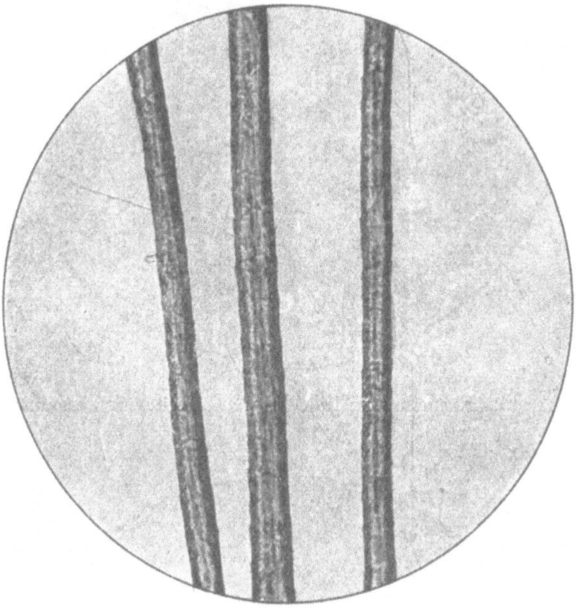

Abb. 114. Kaschmirhaar. Feine, schwache Schuppenbildung. (300fach vergrößert.)

durchsetzt (Abb. 115). Kamelhaare werden meist am Ursprungsort, Afrika, Kleinasien, Kaukasus, zu Teppichen und Decken verarbeitet. In Europa mischt man sie gern mit Wolle zu Kamelhaargarnen und fertigt daraus schmiegsame Tuche (echte Loden), denen man die naturbraune Farbe beläßt.

5. Alpako ist das Haar des in den Hochebenen Südamerikas gezüchteten Schafkamels Auchenia Pako.

6. Vicogne ist das Haar des in Südamerika wild lebenden Schafkamels, Auchenia Vicuña (Abb. 116).

7. Kuh- und Kälberhaare

werden durch Äscherung der Häute geschlachteter Tiere in den Gerbereien gewonnen. Sie dienen zur Herstellung grober Decken und Filze (Abb. 117).

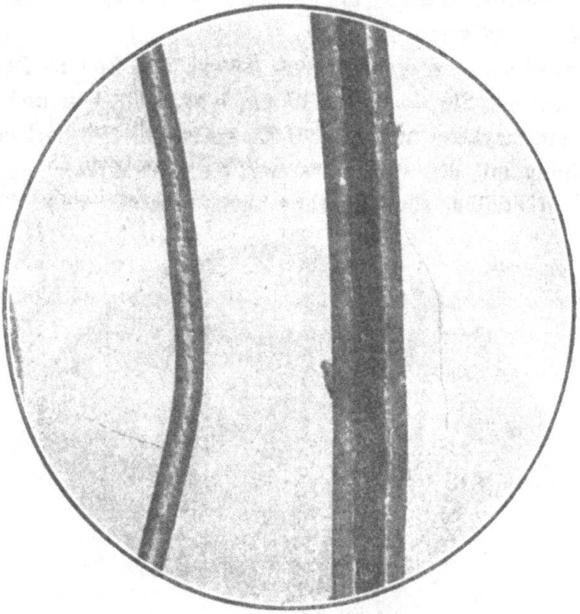

Abb. 115. Kamelhaare; links Flaum-, rechts Grannenhaar.

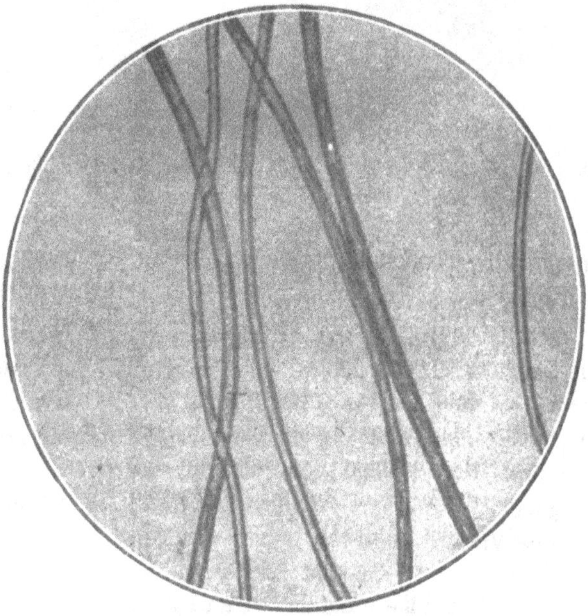

Abb. 116. Vicuñahaar.

8. Roßhaare

werden direkt verwebt, indem ein Greifer das einzelne Haar aus einem Bündel herausfaßt und als Schuß einzieht. Sie stammen aus Mähne und Schweif des Pferdes, sind 100—250 μ dick und 40—80 cm lang. Die weißen und schwarzen sind am wertvollsten. Wegen ihrer Steifheit und Elastizität benutzt man sie als Futter-Einlage in Kleidern, als Polster, für Litzen und Bänder, für Haarsiebe und Flechtwerk.

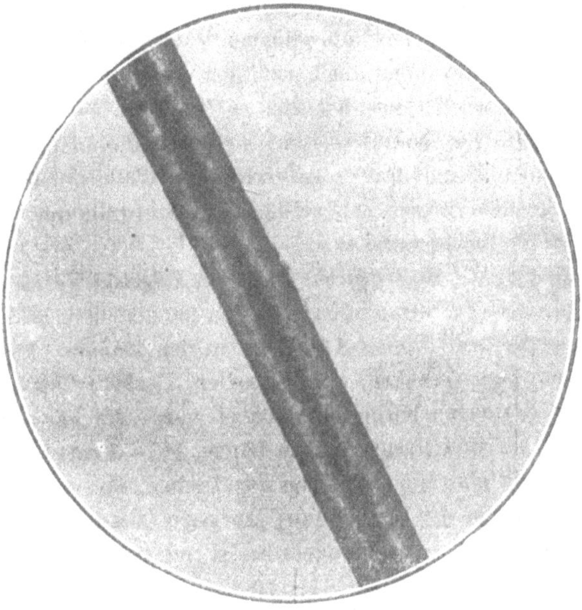

Abb 117. Kuhhaar.

9. Hunde-, Katzen-, Hasen- und Kaninchenhaare

werden zuweilen mit Baumwolle und Wolle versponnen, zumeist aber in der Hutfabrikation verfilzt.

Das Haar des Seiden- oder Angorakaninchens (Z. f. d. ges. Text **1919**, **176**) hat während des Krieges Bedeutung erlangt. Es ist 8 cm lang und wird durch Scheren oder Rupfen gewonnen. Die Ernte erstreckt sich auf 12 Jahre und beträgt jährlich 250—450 g. In Neusorg im Fichtelgebirge besteht eine Zuchtanstalt.

10. Menschenhaar.

Auch das Menschenhaar ist besonders während des Krieges verwertet worden. Man unterscheidet Schnitthaar für die Filzerzeugung und ausgekämmtes Haar zum Verspinnen und Verweben zu Filtertüchern für Öle. Das Haar ist 50—100 μ dick und zeigt zarte Schuppenbildung.

III. Kunstwolle.

Die Kunstwolle wird keineswegs künstlich erzeugt, sondern nur künstlich aus fertigen rein- oder halbwollenen Waren zurückgewonnen. Die Franzosen nennen sie daher auch richtiger „renaissance“. Diese Rückgewinnung ist volkswirtschaftlich um so höher zu bewerten, weil man Wollabfälle nicht wie Baumwoll- und Leinenabfälle in der Papierfabrikation verwenden kann. Außerdem wird die Wolle auch für die Bekleidung des armen Mannes zugänglich; die Kunstwolle macht heute 50% des gesamten Wollverbrauchs aus.

Geschichte. 1813 wurden zuerst in England Versuche gemacht, aus Wollumpen wieder verspinnbare Fasern herzustellen. 1845 kam solche Kunstwolle unter dem Namen Shoddy in den Handel. Sie wurde aus reinen ungewalkten Geweben, wie Flanellen, Decken, Teppichen, ferner Wirk- und Strickwaren hergestellt. Dabei wurde die Faser so schonend behandelt, daß sie ihre ursprüngliche Länge, 1½—3 cm, behielt.

Später zerriß man auch Lumpen aus Tuchen, also gewalkten Stoffen, und brachte sie unter der Bezeichnung Mungo (aus it must go = es muß gehen) in den Handel. Die Mungofaser ist nur noch ½—2 cm lang und weniger wert.

1852 schuf Gustav Köber in Cannstatt die Karbonisation (S. 173) und dadurch die Möglichkeit, auch aus ungewalkten Halbwollumpen die Wolle wiederzugewinnen, indem sie unter Zerstörung der Baumwolle durch Säuren „extrahiert“ wird. Derartige Erzeugnisse kommen als Extrakt oder Alpaka in den Handel und stellen die geringwertigste Kunstwolle dar.

Die Erzeugung der Kunstwolle ist einfach. Die Hauptsache ist, daß die Lumpen zunächst nach den erwähnten drei Klassen gesondert werden, ferner nach Farbe, Reinheit und Abgetragenheit. Hierauf wird in einem Wolf entstäubt, wobei die herausgeschlagenen Staubteile (40—70%) durch einen Ventilator abgesaugt werden.

Shoddy wird nun häufig noch auf der üblichen Wollwaschmaschine gewaschen.

Alpaka wird karbonisiert.

Mungo wird unmittelbar nach dem Entstäuben gerissen. Das Reißen geschieht auf dem Lumpenwolf, der die Lumpen zwischen einen mit Sägezähnen besetzten Tambour und ebensolche Arbeitswalzen hindurchführt und in einzelne Wollhaare auflöst. Da der Extrakt hierbei den wenigsten, der Mungo den meisten Widerstand entgegensetzt, wählt man den Zahnbeschlag des Wolfes dementsprechend aus. Die gebildeten Wollhaare werden durch Bürsten aus den Zähnen des Tambours herausgeschlagen oder durch Abnehmerwalzen als zusammenhängender Flor abgestreift. Shoddy- und Mungolumpen werden vor dem Zerreißen mit einer Oleinemulsion eingesprengt, die etwa 8% später wieder leicht auswaschbares Olein enthält. Dadurch werden die Haare geschmeidiger und zerreißen auf dem Wolf nicht so leicht.

In der Kammgarnspinnerei läßt sich Kunstwolle zwar wegen ihres kurzen Stapels nicht verwenden, wohl aber in der Streichgarnspinnerei, und die meisten billigen Tuche enthalten 70% und noch mehr davon. Gute Tuche, z. B. für die Heeresverwaltungen, sollen keine Kunstwolle enthalten. Ihr Nachweis ist äußerst schwierig und kann nur auf Grund reicher Erfahrung geführt werden. Das wichtigste Merkmal ist die Vielfarbigkeit der einzelnen Kunstwollfasern, unter dem Mikroskop betrachtet. Auch läßt die Anwesenheit von Baumwollfasern die Verwendung von Alpaka vermuten.

b) Die Seiden.

Seide ist der erhärtete, spinnfähige Faden, der sich durch tierische Ausscheidung bildet.

Die meiste Seide wird von den Raupen verschiedener Nachtschmetterlinge erzeugt, bevor sie sich verpuppen, d. h. die Übergangsform zum Schmetterling annehmen. Die Raupe umgibt sich mit einer Hülle von Seidenfäden, dem sogenannten Kokon, zum Schutz gegen Witterungseinflüsse und Feinde. Besonders wertvoll sind die Kokons des deshalb auch künstlich gezüchteten Maulbeerspinners, Bombyx mori, weil sie aus einem zusammenhängenden Faden bestehen, der sich fortlaufend wieder abhaspeln läßt. Solche Seide heißt echte oder edle oder Maulbeerseide. Im Gegensatz dazu setzen viele wild lebende Raupen bei der Fadenerzeugung öfters ab, so daß man den Kokon nicht einfach wieder abwickeln kann. Derartige Seide, die nur durch mechanische Zerfaserung des ganzen Kokons und Verspinnung nach Art loser Baumwolle gewonnen werden kann, heißt wilde Seide.

Als Seide bezeichnet man weiter die Ausscheidungen gewisser großer Spinnen und einer Art Muschel. Doch spielt diese Spinnenseide und Muschelseide gegenüber der eigentlichen Seide eine ganz untergeordnete Bedeutung.

Wir haben mithin zu unterscheiden:

1. Die edle Seide.
2. Die wilde Seide.
3. Die Spinnenseide.
4. Die Muschelseide.

I. Edle Seide.

1. Geschichte.

Der Name Seide stammt von dem chinesischen Si. In der Tat ist China die Heimat des Maulbeerspinners. Schon vor 3000 v. Chr. bereiteten die Chinesen Angelschnüre und Saiten für Musikinstrumente, indem sie aus den Spinndrüsen der Raupe Fäden ausdrückten und auszogen. 2698 v. Chr. soll die Kaiserin Si-Lung-Shi das Abwinden und Verweben des Fadens erfunden haben. Dafür versetzte sie das dankbare Volk unter die chinesischen Gottheiten. 552 n. Chr. sollen zwei persische Mönche Seidenraupeneier in hohlen Stöcken dem Kaiser Justinian nach Byzanz gebracht haben. Justinian führte die Seidenraupenzucht in Europa ein; sie breitete sich namentlich in den Mittelmeerländern aus. Seitdem hat die Seide auf Grund ihrer vorzüglichen Eigenschaften auch unter den Gespinstfasern des Abendlandes sich die erste Stelle erobert und bis heute unbestritten behauptet.

2. Seidenzucht.

Die Zucht des Maulbeerspinners (Abb. 118) kann nur in den Ländern mit Erfolg betrieben werden, in denen auch der seine Nahrung liefernde Maulbeerbaum gedeiht. Versuche, den an Maulbeerblätter gewöhnten Spinner anders, z. B. mit Schwarzwurzel, zu ernähren, sind nach anfänglichen Erfolgen immer wieder gescheitert (D. F. Ztg. **1918**, 91; H. Walter, Z. f. d. g. Textilind. **1926**, 689)*). Darum wird auch heute noch außer in China, Japan und Ostindien Seide fast ausschließlich in den Mittelmeerländern: Kleinasien, Griechenland, Italien und Südfrankreich erzeugt. Die Maulbeerbäume werden aus Schößlingen gezogen, die in Reihen gepflanzt sind. Vom 10. bis zum 20. Jahr ihres Wachstums liefern sie die meisten Blätter.

Abb. 118. Seidenschmetterling (Bombyx mori).

*) In Leipzig besteht die deutsche Lehranstalt für Seidenraupenzucht der Deutschen Seidenbau-Gesellschaft (L. Wochenschr. f. Textilind. **1922**, 760).

Nach W i t t liefert ein elfjähriger Maulbeerbaum 458 g Blätter zur Fütterung von 14 Raupen, die 1½—2 g Seide erzeugen.

Die E i e r zur Aufzucht werden von den europäischen Züchtern meist aus Japan bezogen, wo die Raupen weniger Krankheiten ausgesetzt sind. Frisch gelegt sehen die Eier gelb, nach der Überwinterung blaugrau aus. Ein Ei wiegt durchschnittlich 0,7 mg. Das Ausbrüten geschieht auf Hürden in den sogenannten B r u t r ä u m e n, deren Temperatur täglich um 2° bis auf 25° gesteigert wird. Nach 12—14 Tagen kriechen die 2,5 mm langen schwärzlich beharrten Räupchen aus.

Die R a u p e n werden nun mit den Maulbeerzweigen, auf denen sie sitzen, auf Hürdengestelle in den sogenannten F ü t t e r u n g s r ä u m e n der Raupereien oder Magnanerien gebracht (Abb. 119). Hier wird auf gleichmäßige Temperatur — nicht über 37° — und Feuchtigkeit, gute Durchlüftung und

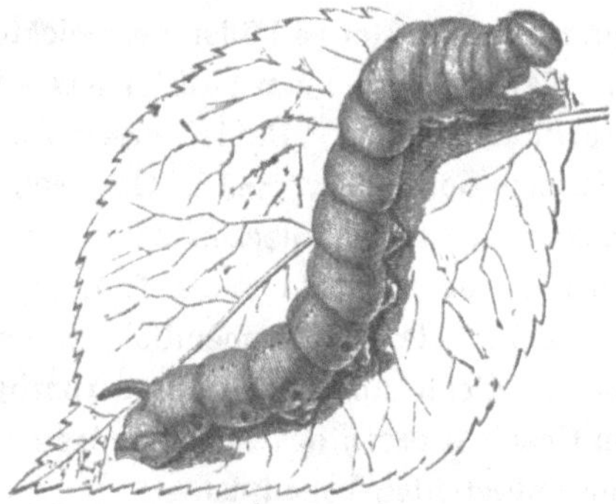

Abb. 119. Seidenraupe auf Maulbeerblatt.

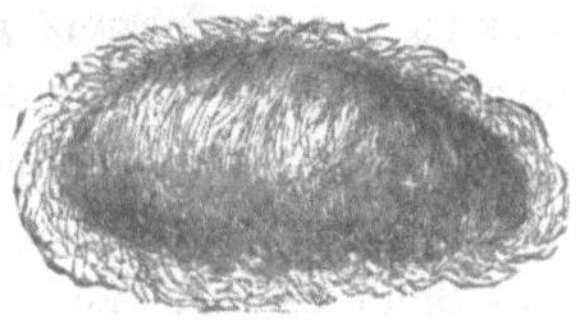

Abb. 120. Kokon

peinlichste Sauberkeit gehalten. Nur so erzielt man gesunde Raupen und gute Seide. Der Chinese wäscht sich und kleidet sich um, bevor er die Rauperei betritt. Die Raupen wachsen rasch, werden bis zu 8 cm lang und 5 g schwer und sind dann weiß und unbehaart. Am 5., 10., 16. und 22. Tage häuten sie sich und werden dann jedesmal auf frische Hürden gebracht. Während des Wachstums erzeugen sie in zwei an der Unterseite ihres Körpers liegenden Drüsen die später zu Seide erhärtende Spinnflüssigkeit. Zwischen dem 30. und 35. Tage vor der fünften Häutung schreiten sie zur Verpuppung.

Die V e r p u p p u n g kündigt sich durch Unruhe, Farbenwechsel und Aufhören der Nahrungsaufnahme bei der Raupe an. Sie sucht nach einem geeigneten Platz zum Einspinnen. Zunächst verbindet sie einige Zweige durch wirre Fäden und bildet eine Art Hängematte als Unterlage für den Kokon. Dann spinnt sie in ununterbrochenen 8förmigen Windungen den eigentlichen Kokon. Dabei tritt die Spinnflüssigkeit aus zwei feinen Öffnungen der Unterlippe und erhärtet sofort zu einem Doppelfaden. Nach 3½—4 Tagen ist die Raupe fertig, häutet sich zum letzten Male und wird zur Puppe.

Die Kokons (Abb. 120) sind eiförmig, 33—36 mm lang und 20—25 mm dick, 1,3—1,8 g schwer. Die männlichen Kokons sind in der Mittet etwas eingeschnürt. Die besten Kokons werden nach 8—10 Tagen für die Fortzucht ausgelesen, die übrigen an die Seidenhaspelei abgeliefert.

Zur Fortzucht läßt man die Kokons auf Hürden in einem etwa 20° warmem Raum liegen. Nach etwa 20 Tagen streift der inzwischen ausgebildete Schmetterling die Puppenhülle ab, speichelt den Kokon so weit auf, daß er mit den Vorderfüßen die Fäden auseinander schieben kann und kriecht aus. Nach wenigen Stunden vermag er zu fliegen und sich zu paaren. Nach der Paarung bringt man die Weibchen nach dem Pasteurschen Verfahren in einzelne Zellen aus Karton, wo sie nach etwa 10 Stunden etwa 400 Eier legen und bald darauf sterben. Nun werden die Weibchen mikroskopisch untersucht und die von kranken Weibchen stammenden Eier vernichtet, um so der Verbreitung der mannigfachen Krankheiten des Seidenspinners (Fleckkrankheit, Schlaf-, Kalk-, Fettsucht u. a.) vorzubeugen.

3. Seidengewinnung.

Zur Gewinnung der Seide in den Seidenhaspeleien (Filatorien) werden zunächst die Puppen im Innern der Kokons getötet, um das Auskriechen des Schmetterlings zu verhindern. Dies geschieht entweder durch trockene Hitze im Backofen bei 75° während 2—3 Stunden oder vermittels Wasserdampf innerhalb 10—12 Minuten. Danach muß das von den Puppen verursachte Geräusch verstummt sein. Gedämpfte Kokons müssen gleich weiter verarbeitet werden, damit sie nicht schimmeln. Auch durch genügend lange Einwirkung von Kälte lassen sich die Larven töten, nach J. de Loverdo (Färb.-Ztg. **1905**, 13), genügen 0° während 25 Tagen und —8° während 22 Tagen.

Die getöteten Kokons werden sorgfältig nach Farbe und Gestalt ausgelesen, um eine gleichmäßige Seide zu erzielen. Nicht abhaspelbare (z. B. durchlöcherte, fleckige oder durch Zusammenspinnen zweier Raupen entstandene „Doppelkokons") werden in den Abfall gegeben, der später zur Schappe versponnen wird. Die schönsten benutzt man zur Herstellung von Kettseide oder Organzin, die geringeren für Schußseide oder Tram.

Das eigentliche Abhaspeln der Kokons beginnt mit dem Einlegen in heißes Wasser bei b (Abb. 121), um den die Fäden verklebenden Seidenleim etwas aufzuweichen. Dampfrohr d in dem äußeren Behälter a erhitzt das Wasser. Durch c fließt das überschüssige Wasser ab. Die Räder f vermitteln die Drehung der Bürste e. Nach einiger Zeit hebt man die Bürste mit den Anfängen der Kokonfäden aus dem Behälter heraus. Von hier gelangen die Kokons zu je 4—18 alsbald in ein Becken g mit Wasser von 28°. Die Zahl hängt von der gewünschten

Dicke des Rohseidenfadens ab. Durch Quirlen mit einem kleinen Reisigbesen findet die Arbeiterin leicht den Anfang des Fadens.

Die Anfänge der nicht gleich ablaufenden Fäden befestigt sie an dem Dorn l. Unter dem siebartigen Zwischenboden h sammelt sich der Schmutz und kann bei i abgelassen werden. Durch m fließt frisches Wasser zu.

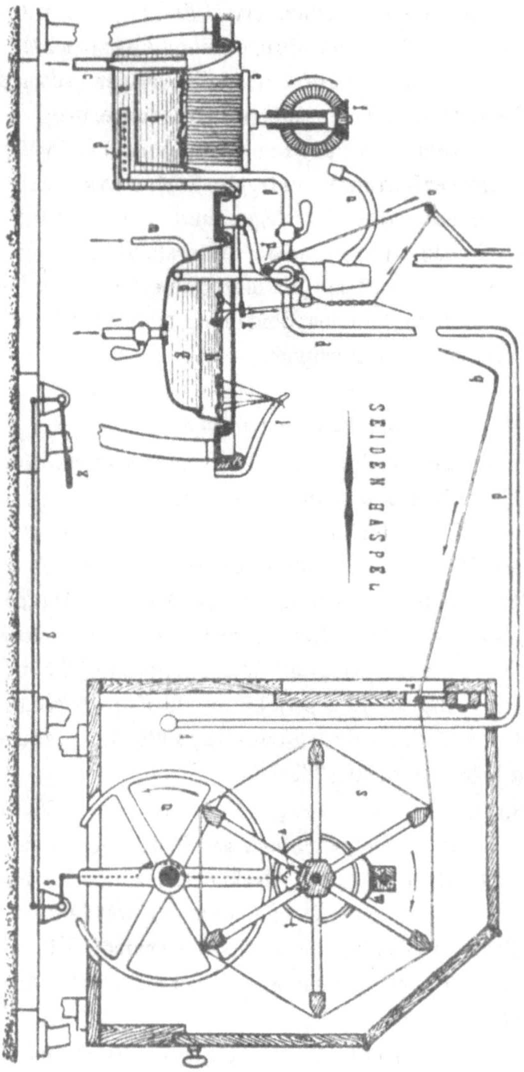

Abb. 121.

Die Fäden laufen zu mehreren nebeneinander durch Glasaugen k, o und p und erfahren durch Rückführung auf einer kleinen Strecke eine mehrfache Umschlingung. Dies trägt zur Rundung und Gleichmäßigkeit des Fadens bei, indem die einzelnen Kokonfäden von Schlingen befreit und fester miteinander verbunden werden. Der Faden läuft weiter über q und den hin und her bewegten Fadenführer r auf den Haspel s auf. Durch den Fadenführer r wird bewirkt, daß wohl die einzelnen Kokonfäden beim gemeinsamen Auflaufen durch den erweichten Seidenleim miteinander verklebt werden, nicht aber die aus ihrer Vereinigung entstandenen Rohseidenfäden. Der Haspel wird durch Reibungsräder t und u angetrieben und kann durch einen Tritt auf x, vermittels Hebel y und z und Gabel v außer Antrieb gesetzt werden; dabei wirkt die Feder w bremsend. Der Haspel macht 800—900 Umdrehungen in der Minute und befindet sich in dem geheizten Raum, damit die Seide gleich trocknet. Ist ein Kokonfaden abgelaufen, so muß sofort ein neuer zugefügt werden, damit der entstehende Rohseidenfaden immer die gleiche Stärke zeigt. Die Bedienung des Haspels stellt daher große Anforderungen an die Aufmerksamkeit und Geschicklichkeit der Arbeiterin.

Die Länge eines Kokonfadens kann von 350—3000 m wechseln, doch sind zur Verarbeitung selten mehr als 350—900 m zu verwerten. Bei Beginn des Einspinnens scheidet die Raupe zunächst einen dickeren Faden ab, der erst allmählich gleichmäßig wird. Man kann am Kokon unterscheiden:

1. eine lose Umhüllung, die sogenannte Watt- oder Flockseide, die nicht abgehaspelt werden kann und daher gewöhnlich gleich bei der Ernte in den Abfall gegeben wird;

2. die abhaspelbare Schicht von der Dicke eines Kartenblattes;

3. ein pergamentähnliches Innenhäutchen, das wegen des festen Zusammenklebens der Fäden wiederum nicht abgehaspelt werden kann.

Der Kokon besteht ungefähr aus 14,3% Seide, 0,7% Seidenabfall, 16,8% Puppe und 68,2% Feuchtigkeit.

Die gehaspelte Seide heißt Rohseide (seda cruda oder Grège). Aus 100 g Kokon erhält man nur etwa 9 g Rohseide.

4. Wirtschaftliches.

Nach Kertész (Textilindustrie **1917, 74**) betrug die Welterzeugung an Rohseide 1912—1913 33778 t; davon entfallen auf:

Japan	14500 t
China	11672 „
Italien	4105 „
Asiatische Türkei	898 „
Rußland	735 „
Frankreich	505 „
Österreich-Ungarn	294 „
Europäische Türkei	260 „
Persien	250 „
Indien	168 „
Bulgarien	109 „

Die Haupthandelsplätze für Seide sind in China: Shanghai und Kanton, in Japan: Yokohama, Yedde und Kobe und in Europa: Mailand, Lyon, Marseille, Zürich und London.

5. Physikalische Eigenschaften.

Die physikalischen Eigenschaften der edlen Seide sind zum Teil so ausgezeichnet, daß die Seide ihnen den ersten Platz unter den Gespinstfasern verdankt. Sie besitzt hohen Glanz, hervorragende Festigkeit und unvergleichliche Dehnbarkeit und Elastizität.

Die Farbe der Rohseide ist weiß — besonders bei der chinesischen und japanischen —, grünlichweiß bis grünlichgelb — bei der kleinasiatischen — und hochgelb — bei der italienischen. Der Farbstoff befindet sich in der äußeren Schicht, dem Seidenleim oder Bast.

Polarisiertes Licht dreht die Seide als Eiweißkörper nach links.

Unter dem Mikroskop erkennt man doch den von den beiden Spinndrüsen der Raupe gebildeten Doppelfaden, ferner die die Fäden umgebende körnigrauhe Hülle, den Bast (Abb. 122).

Nach Entfernung des Bastes, z. B. durch heiße Seifenlösung oder kalte Normalnatronlauge, tritt der glatte, durchscheinende Seidenfaden zutage (Abb. 123). Er besteht aber wahrscheinlich aus einem ganzen Bündel von Einzelfädchen, sogenannten Fibrillen. Denn bei unvorsichtigem Behandeln der Seide in heißen, namentlich alkalischen Bädern wird der Kokonfaden rauh, indem sich einige dieser Fibrillen loslösen, eine Erscheinung, die man als das Auftreten von „Seidenläusen" bezeichnet Bd. IV, S. 278, und Bd. III, S. 478).

Wegen ihres geringen Durchmessers von 17—40 μ ist Seide unter dem Mikroskop nicht mit mercerisierter Baumwolle zu verwechseln. Nach v. Höhnel beträgt der Durchmesser des einzelnen Kokonfadens durchschnittlich nur 13 μ. Für die äußere Lage ist er größer.

Die Festigkeit steht im Verhältnis zum Titer. Für 1 den. rechnet man etwa 3 g Reißbelastung.

Die Dehnbarkeit beträgt 8—20%, d. h. ein Seidenfaden kann ein Achtel bis ein Fünftel seiner Länge gedehnt werden, ohne zu zerreißen. Diese hohe Dehnbarkeit ermöglicht verschiedene Veredlungsarbeiten, z. B. das „Chevillieren" oder Pflöcken, um einem Seidenstrahn ein gleichmäßiges Aussehen zu geben, und das „Lüstrieren" oder Glänzen durch Ausstrecken.

Feuchte Seide ist weniger fest, aber dehnbarer als trockene. Durch das Entbasten verliert die Seide etwa ein Drittel ihrer Festigkeit und Dehnbarkeit. Noch mehr wird die Dehnbarkeit durch die Beschwerung verringert.

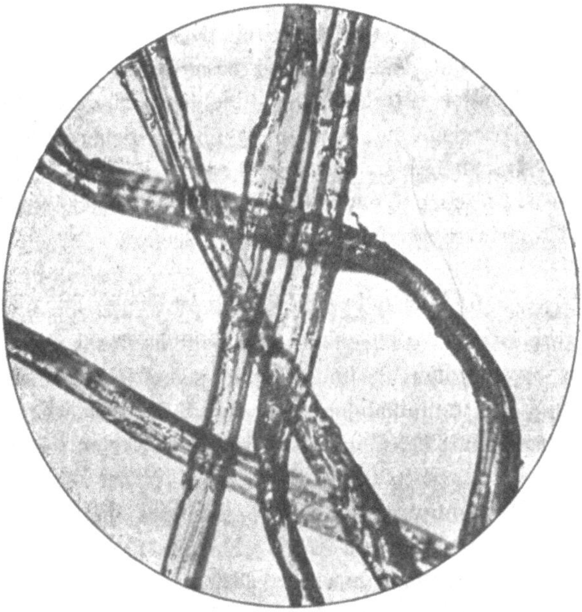

Abb. 122. Italienische Rohseide mit in Serizin eingebetteten Doppelfäden. (300fach vergrößert.)

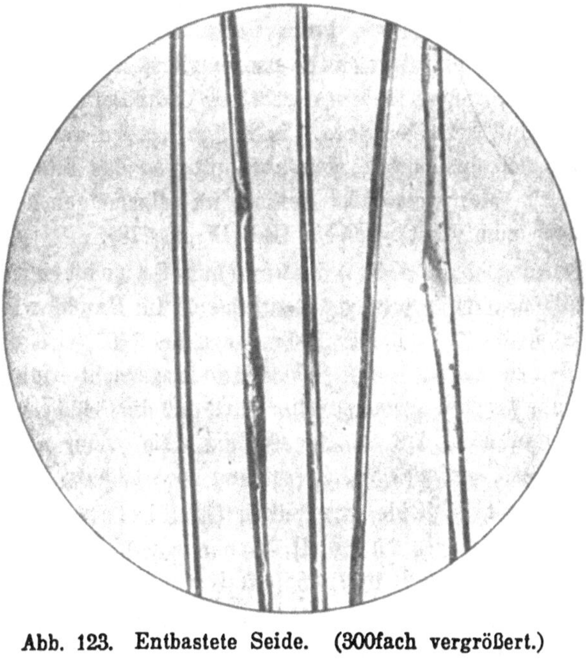

Abb. 123. Entbastete Seide. (300fach vergrößert.)

Seide ist ein vorzüglicher Isolator für Wärme und Elektrizität. Damit sie nicht durch Reibung elektrisch wird, muß man die Spinnsäle genügend feucht halten. Gefärbte und beschwerte Seide ist leitfähiger.

Ganz eigentümlich für Seide ist das Krachen, Knistern und Rauschen beim Winden und Pressen, wenn die Seide vorher entbastet, gesäuert und getrocknet war.

Das spezifische Gewicht der entbasteten Seide ist nur 1,35 bis 1,37; es ist geringer als dasjenige der Rohseide.

6. Chemisches Verhalten.

Das chemische Verhalten der Seide ist durch ihre Zusammensetzung aus zwei Stoffen bestimmt: der eigentlichen Seidenfaser aus Fibroin und dem umhüllenden Baste aus Sericin. Ersteres ist mit etwa 63%, letzteres mit 22,5% im Durchschnitt vertreten. Daneben finden sich noch etwa 0,1% Fett, 0,5% Harz, 1,1% Mineralstoffe und 12,5% Wasser. Die Elementaranalyse ergibt für das Fibroin die Formel $(C_{15}H_{23}N_5O_6)x$, für das Sericin $(C_{15}H_{25}N_5O_8)x$. Vielleicht entsteht also das Sericin aus dem Fibroin durch Oxydation.

Das Sericin ist im Gegensatz zum Fibroin in verschiedenen Mitteln löslich. In kaltem Wasser löst es sich zwar nur wenig, in kochendem aber nach mehreren Stunden fast vollkommen und beim Kochen unter Druck ziemlich schnell. Aus der wässerigen Lösung kann es durch Bleiacetat und andere Metallsalze sowie durch Gerbstoffe gefällt werden. Durch kochende verdünnte und durch kalte konzentrierte Säure wird das Sericin zersetzt. Von der größten Bedeutung ist das Verhalten des Sericins gegenüber Alkalien und Seifenlösungen. In kalten Laugen und heißen Seifenlösungen löst sich das Sericin glatt auf, während das Fibroin kaum angegriffen wird. Man verwendet deshalb im allgemeinen kochend heiße Seifenlösungen zum Entbasten (Bd. IV, S. 278).

Seide vermag bis zu 30% ihres Gewichtes Feuchtigkeit aus der Luft anzuziehen, ohne sich feucht anzufühlen. Im Handel wird sie daher „konditioniert", d. h. durch Trocknen bei 140° wird das Trocken- und durch Hinzurechnen von 11 % das Handelsgewicht ermittelt (S. 188).

Diese hohe Trocknungstemperatur lehrt, daß die Seide gegen Wärme ziemlich unempfindlich ist. In der Tat kann sie, wenn sie rein ist, auf 160—170° erhitzt werden, ohne Zersetzung zu erleiden.

Gegen Licht ist Seide empfindlich (E. Ristenpart, Z. angew. Ch. **1909**, 18; P. Heermann u. H. Sommer, L. M. f. Textilind. **1925**, 161, Z. f. d. ges. Textilind. **1927**, 465; K. Homolka, T. **1925**, 584).

Ganz eigentümlich ist der Verbrennungsvorgang bei Seide. Sie gibt eine flackernde, leuchtende Flamme und hinterläßt, ähnlich wie

Wolle, eine kokartige Masse. Der Geruch nach verbrannten Haaren verrät auch hier den Stickstoffgehalt. Ist die Seide aber mineralisch beschwert, so bildet sich keine Flamme, sondern der Faden verglüht zu einem anfänglich schwarzen, schließlich weißen Skelett.

Wasser vermag die Seide nicht zu verändern. Nur bei längerem Kochen leidet Glanz und Stärke; es kann zur Erscheinung der oben erwähnten „Seidenläuse“ kommen.

Verdünnte Säuren sind gleichfalls ohne Einfluß; konzentrierte aber lösen das Fibroin auf.

Konzentrierte Salz- und Schwefelsäure lösen schon in der Kälte unter schwacher Veilfärbung. Die mit Wasser verdünnten Lösungen geben beim Neutralisieren mit Alkalien Niederschläge. Das Sericin quillt mit konzentrierter Salzsäure nur auf und bleibt als hohler, gekräuselter Schlauch zurück.

Konzentrierte Salpetersäure löst die Seide ebenfalls auf, verdünnte färbt sie gelb unter Bildung von „Xanthoproteinsäure“.

Salpetrige Säure färbt die Seide ebenfalls gelb, und zwar ist diese Erscheinung so empfindlich, daß sie zum Nachweis von salpetriger Säure im Wasser dienen kann. Das Gelb geht durch nachfolgende alkalische oder Seifenbehandlung in Braun über.

Schweflige Säure ist ohne Einfluß auf das Fibroin; sie bleicht nur den natürlichen Farbstoff der Seide.

Unterchlorige Säure zerstört die Faser unter Gelbfärbung. Sehr verdünnt und kalt angewandt, erhöht sie die Farbstoffverwandtschaft der Seide ähnlich wie bei Wolle.

Organische Säuren, wie Essig-, Oxal-, Wein- und Zitronensäure lösen, in genügender Stärke angewandt, die Seide ähnlich wie die Mineralsäuren.

Gegen Alkalien ist die Seide nicht so empfindlich wie die Wolle. Eine kurze Einwirkung von Normalnatronlauge vermag das Fibroin gut auszuhalten, während das Sericin davon glatt gelöst wird. Stärkere und insbesondere wärmere Laugen greifen aber auch das Fibroin an, machen die Seide rauh und lösen sie schließlich auf. Milder wirken die Alkalicarbonate; von den Alkalisilicaten und -boraten wird fast nur der Bast angegriffen. Ammoniak ist so gut wie unschädlich.

Gegen Reduktionsmittel und schwache Oxydationsmittel ist die Seide vollständig unempfindlich und kann mit ihrer Hilfe gebleicht werden. Starke Oxydationsmittel, z. B. starke Lösungen von Hypochlorit, Kaliumpermanganat und Chromsäure, zerstören.

Metallsalzen gegenüber zeigt die Seide eine noch stärkere Aufnahmefähigkeit wie Wolle. Sie läßt sich leicht mit Aluminium-, Chrom-

und Eisen-, aber auch mit Blei-, Kupfer- und ganz besonders Zinnsalzen beizen. Je basischer die Lösungen sind, um so mehr nimmt die Seide basisches Salz auf. Im Falle des Zinnchlorides ist die dabei stattfindende Gewichtszunahme so groß, daß sie die Grundlage der üblichen Seidenbeschwerung bildet.

Die Beschwerung der Seide erfolgt im allgemeinen durch Einlegen in Zinnchlorid 20—30° Bé (Pinken), Schleudern, Waschen auf der Waschmaschine, Befestigen des in der Seide niedergeschlagenen Zinnhydroxydes durch ein Natriumphosphatbad, 5—10° Bé stark und 60° warm, und Waschen. Die Behandlung bis hierher heißt ein Zug. Je nach Höhe der gewünschten Beschwerung gibt man 1—4 Züge und schließt mit einem Wasserglasbad (4° Bé 40° warm) und Seifenbad für Farbig und einem Katechubad (7° Bé von heiß bis etwa 70° warm) für Schwarz ab. Neuerdings wird auch die Katechubeschwerung durch Blauholzextraktbeschwerung ersetzt. Man beschwert Farbig bis zu 80 und Schwarz bis zu 180% über Pari je nach der Zahl der Pinkzüge. Unter Pari versteht man das ursprüngliche Gewicht der Rohseide und drückt die Beschwerung immer in Hundertsteln dieses Rohgewichtes aus.

Lösungsmittel für Seide sind außer den oben erwähnten:

Kupferoxydammoniak, das bekanntlich auch Baumwollcellulose löst, Wolle dagegen erst beim Erwärmen.

Zinkchloridlösung 45° Bé; druckt man letzteres auf seidene Gewebe auf, so kann man an diesen Stellen die Seide entfernen und Stickeffekte hervorrufen (St. Gallen).

Eine Lösung von basischem Zinkchlorid aus 100 g Zinkchlorid, 4 g Zinkoxyd und 85 g Wasser; eine derartige Lösung löst Baumwolle nur zu 0,5%, Wolle gar nicht und wird deshalb zur Bestimmung von Seide neben Baumwolle und Wolle benutzt.

Nickeloxydammoniak aus 25 g kristallisiertem Nickelsulfat, mit Natronlauge gefällt, gut gewaschen, mit 125 ccm Wasser in einen 250 ccm-Meßkolben gespült und mit Ammoniak vom spezifischen Gewicht 0,88 auf 250 ccm aufgefüllt; diese Lösung löst Wolle nur zu 0,45% und Baumwolle nur zu 0,33%.

Farbstoffen gegenüber verhält sich Seide ähnlich wie Wolle; denn auch sie zeigt sowohl basischen wie sauren Charakter, letzteren allerdings viel ausgeprägter. So kommt es, daß sehr saure Farbstoffe, wie Naphtholgelb S, fast nur die Wolle, basische Farbstoffe, wie Rhodamin B, fast nur die Seide und schwach saure Farbstoffe, wie Patentblau, beide Fasern gleichzeitig anfärben. Beim Färben der Seide mit basischen Farbstoffen spielen gewisse quantitative Verhältnisse insofern eine Rolle, als die Seide nur eine bestimmte Menge Farbbase aus den Salzen der basischen

Farbstoffe frei zu machen und zu binden vermag. Wird durch längeres Färben der Faser noch mehr Farbstoff aufgezwungen, so geht dieser als unzersetztes Salz auf die Faser, und zwar mit dem eigentümlichen Metallglanz. Die Seide wird dann „kupfrig“, sie „bronziert“ und der oberflächlich anhaftende Farbstoff schmiert ab. Auch substantive Farbstoffe verwendet man zum Färben der Seide, doch sind die Färbungen stumpfer und werden gern durch Übersetzen mit basischen Farbstoffen geschönt. Die Beizenfarbstoffe wählt man ihrer umständlichen Färbeweise wegen nur da, wo besondere Echtheit verlangt wird, z. B. für Effektfäden in Stücken, die noch überfärbt werden, oder für Fahnen, Schirm- und Möbelstoffe.

Für Schirmstoffe und andere Gewebearten, wo es auf Fülle und dichten Fadenschluß ankommt, verwendet man gern Seide, der man durch ein bestimmtes Verfahren nur 6—8% ihres Bastes genommen hat, sogenannten Souple — souple = geschmeidig (Bd. IV, S. 281).

7. Verspinnen.

Zu den meisten Verwendungen muß die Seide noch gezwirnt (filiert, mouliniert) werden. 2, 3 oder mehrere Rohseidenfäden werden zusammengedreht. Dabei erhält oft im voraus jeder Einzelfaden Drehung für sich (Filato); diese muß der Drehung beim Zwirnen (Torto) entgegengesetzt sein.

In Abb. 124 läuft der doublierte Faden von der auf der angetriebenen Spindel e sitzenden Spule a durch den mitgenommenen Drahtflügel c und den hin und her gehenden Führer d auf die mittels Kammrad f angetriebene Spule b.

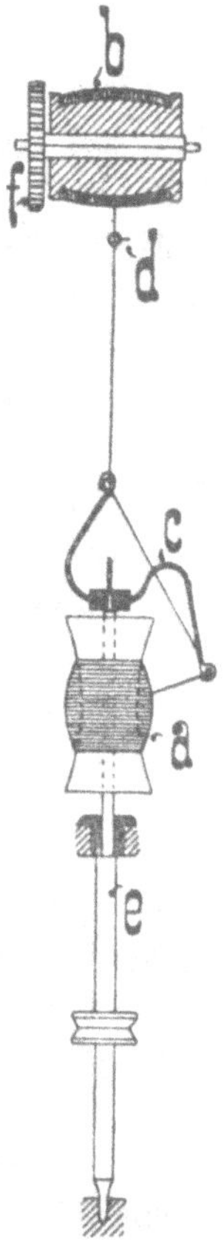

Abb. 124. Zwirnvorrichtung für Rohseide.

Für Organzin werden 2 oder 3 Fäden nach rechts gezwirnt, von denen jeder einzelne Faden aus 3—8 Kokonfäden besteht und nach links gedreht ist.

Für Tram werden 2—4 Fäden nach rechts gezwirnt, die ihrerseits aus 3—12 Kokonfäden bestehen und nicht gedreht sind. Dadurch und durch den geringeren Draht beim Zwirnen wird die Tram weicher und offener.

2—3 nicht oder wenig vorgedrehte Rohseidefäden, scharf gezwirnt, ergeben die peitschenschnurartige „Marabu“-Seide.

„Pêle“-Seide nennt man den einfachen, schwach gedrehten Rohseidefaden aus geringwertigen Kokons, der für das Innere von Gold- und

Silberflachdraht, sogenannten „Lahn“, zur Herstellung von prunkvollen Stickereien und Brokatgeweben bestimmt ist.

Als „Crêpe de Chine“ bezeichnet man 6—8 links gedrehte Rohseidefäden, die scharf rechts gezwirnt sind.

„Platt“-Seide (Trama vaga) aus 2—25 wenig gedrehten Rohseidefäden wird als Stickseide benutzt.

„Floche“ ist eine geringere Seide, nach links gezwirnt, aus zwei dicken, rechtsgedrehten Rohseidefäden.

„Filet“ ist Floche aus dünnerer Rohseide.

„Cusir“ oder Nähseide wird aus 3—24 Kokonfäden enthaltenden Rohseidefäden hergestellt, indem diese zunächst links oder rechts gedreht und zweifach entgegengesetzt gezwirnt werden. Je nach Feinheit des Fadens wird abermals zweifach entgegengesetzt gezwirnt.

„Strick“-Seide wird aus 2—6 derartig leichtgezwirnten Rohseidefäden hergestellt, die zu zwei oder drei abermals leicht gezwirnt werden.

„Kordonnet“ enthält 4—6 aus 12—24 Kokonfäden gedrehte Rohseidefäden, die zunächst rechts und dann zu drei abermals links gezwirnt werden.

„Grenadin“ ist eine sehr hart gedrehte Organzin; der Draht (Filierung) auf 10 cm beträgt 100—250, der Zwirn (Moulinierung) ebensoviel.

Die Feinheit von Seidengarnen wird entgegengesetzt dem bei anderen Gespinsten üblichen Verfahren ermittelt. Sie wird durch das Gewicht einer bestimmten Länge gemessen und als Titer bezeichnet. Der Titer der Seide in „deniers“ gibt an, wieviel Gramm 9000 (neuerdings 10 000) m wiegen. Fadendicke und Titer stehen also zueinander im Verhältnis.

Die handelsübliche Bezeichnung trägt der unvermeidlichen Ungleichmäßigkeit des Rohseidefadens Rechnung, indem sie den Titer in zwei Grenzwerte einschließt. So bedeutet 20/22 den., daß 9000 m der betreffenden Rohseide nicht weniger als 20 und nicht mehr als 22 g wiegen. Da ein Kokonfaden durchschnittlich den Titer 1,2 den. hat, braucht man nur die Anzahl der Kokonfäden mit 1,2 zu vervielfältigen, um den Titer des Rohseidenfadens zu erhalten. Die genaue Bestimmung geschieht auf Titriermaschinen, indem man mittels genau abgezählten Haspelumdrehungen eine bestimmte Fadenlänge auflaufen läßt und diese wiegt. Aus vielen Bestimmungen (L. Färb.-Ztg. **1907**, 298) ergeben sich im Durchschnitt für

Mailänder Organzin 1,44, Japan Org. 1,40, Kanton Org. 0,92,
Mailänder Tram 1,40, Japan Tram 1,33, Kanton Tram 0, 79 und
China Organzin 1,00 den.

Die reichlichen Abfälle beim Auslesen, Haspeln und Zwirnen der Rohseide werden nach der Erfindung von John Lister in Bradford durch wirkliches Verspinnen in Fäden übergeführt, die als Schappe — (chaper = Faulen) — oder Florettseide bezeichnet werden. (S. a. Zeising, Schappespinnerei, Dissertation Braunschweig, 1910.)

Man unterscheidet die Ausgangsstoffe für die Schappespinnerei in „Strusi" und „Galetta".

Zu den Strusi (Frisons) rechnet man die Flockseide, d. h. die beim Schlagen der Kokons an den Besen hängen bleibende äußere Hülle, ferner die „Ricotti" (Telette), d. h. das nach dem Abhaspeln zurückbleibende Innenhäutchen, und schließlich die „Strazza", d. h. die Abfälle beim Haspeln und Moulinieren. Sie machen zusammen etwa ein Drittel des Kokons aus.

Unter Galetta versteht man die ganzen, aus irgendeinem Grunde nicht abhaspelbaren Kokons.

Die Strusi läßt man faulen, um den verklebenden Seidenleim zu entfernen, wäscht mit kaltem oder heißem Wasser, trocknet und sprengt mit Seifenwasser ein, um wieder geschmeidig zu machen.

Die Galetta läßt man entweder ebenfalls faulen oder besser in 45° warmem Seifenwasser stampfen und waschen; darauf folgt Waschen in kaltem Wasser, Trocknen, Einsprengen, Dreschen auf der Klopfmaschine und Zerfasern auf dem Kokonöffner.

Von hier ab ist die Verarbeitung für Strusi und Galetta die gleiche. Auf der mit abgesetzten Nadelreihen versehenen Fillingmaschine werden Faserbärte geformt, diese auf der Rundkämmaschine ausgekämmt und durch ein Streckwerk verzogen. Auf der Wattenmaschine wird das Vlies zu einem Band umgeformt, das dann auf Spindelbänken wie Baumwolle vor- und auf Ringspinnmaschinen oder Selfaktoren fertiggesponnen wird.

Der Abfall von der Florettspinnerei heißt Stumba oder Bourette — la bourre = die Hängematte. Er wird in ähnlicher Weise zu Bourettegarn versponnen.

Die Schappe und noch mehr die Bourettegarne enthalten leicht Knötchen und Noppen. Diese werden auf der Putzmaschine entfernt, indem die Fäden unter Reibung aneinander vorübergeführt werden. Auch werden abstehende Fäserchen mit einer Gasflamme abgesengt. Trotzdem erlangen derartige Garne nie Glanz und Festigkeit der eigentlichen Seide.

Die Benummerung geschieht metrisch wie bei Wolle: Die Nummer gibt an, wieviel Meter auf 1 g gehen.

II. Wilde Seide.

Die wichtigste ist die Tussah, von der aber 1912/13 doch nur 1000 t im Wert von 17 Millionen Mark erzeugt wurden. Sie tritt also an Bedeutung weit gegen die edle Seide zurück.

Der Name Tussah stammt von dem hindostanischen Tusuru = Weberschiffchen. Der in Indien und Südchina verbreitete Schmetterling Antheraea mylitta ist wie die übrigen wilden Seidenspinner lebhaft gefärbt und gezeichnet (Abb. 125). Er lebt 11 Tage. Nur das braunrote

Abb. 125. Tussahspinner.

Männchen fliegt umher; es mißt in Flugweite 18—20 cm; das braungelbe Weibchen bleibt meist sitzen und legt 3 Tage nach dem Ausschlüpfen aus der Puppe seine Eier ab. 12 Tage darauf kriechen die Räupchen aus. Sie nähren sich von verschiedenen einheimischen Pflanzen, sind also nicht wie Bombyx mori an nur eine Pflanze gebunden und gedeihen auch, wie die europäische Zucht gelehrt hat, von Eichenblättern. Alle 5—8 Tage häuten sie sich. Am 40.—45. Tage, nachdem sie 13—14 cm lang und 2,5—3 cm dick geworden sind, spinnen sie ihren braunen, eiförmigen Kokon; der Kokon hängt mit einem Stiel an einem Zweig. Während des Spinnens scheidet die Raupe aus ihrem After eine dickliche Masse von saurem harnsauren Natrium ab, die sie als Kitt in die Fugen des Kokons hineinstreicht. Dadurch wird der Kokon härter als der von Bombyx mori. In wildem Zustande ist Antheraea mylitta einerntig; erst durch Aufzucht, Anpflanzen von Nahrungspflanzen und Schutz vor Feinden hat man bis zu drei Ernten jährlich erzielt. Nach Witt soll sich auch die braune Färbung der Kokons dadurch beseitigen lassen, daß man den Raupen vor dem Verspinnen keine gerbstoffhaltige Nahrung gibt, die den Saft an der Luft braun färbt. Nach 4—6 Wochen schlüpft der Schmetterling aus dem Kokon.

Die Gewinnung der Tussah ließe sich vielleicht ganz gut durch Abhaspeln bewirken, wenn man sich die Mühe nähme, die verkittende Substanz vorher durch alkalische Mittel genügend aufzuweichen. In der Tat werden die Kokons nach der Tötung mittels Wasserdampf von den Eingeborenen vielfach mit Soda- oder Aschenlauge behandelt und ge-

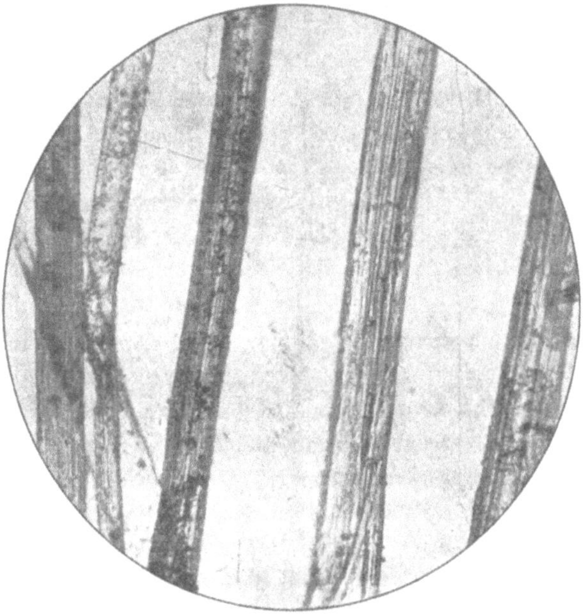

Abb. 126. Tussahseide. (300fach vergrößert.)

haspelt. Die meiste Tussah wird aber nach dem Listerschen Verfahren ähnlich wie Schappe versponnen.

Die physikalischen Eigenschaften der Tussah weichen von denen der edlen Seide erheblich ab.

Die braune Farbe läßt sich nur durch kräftiges Bleichen aufhellen.

Unter dem Mikroskop erkennt man (Abb. 126), daß die Fäden nicht von einer Bastschicht umhüllt, sondern von ihr ganz und gar und außerdem unregelmäßig durchdrungen sind. Bei genügend starker Vergrößerung erkennt man in der Längsrichtung eine durch das Zutagetreten von Fibrillen hervorgerufene parallele Streifung (Abb. 127).

Weiterhin ist die große Dicke der Fäden eigentümlich. Der Durchmesser beträgt 40—70 μ, je nachdem, ob der länglich viereckige Faden die schmale oder breite Seite zeigt.

In ihrem chemischen Verhalten erweist sich die Tussah noch viel widerstandsfähiger als die edle Seide. Dies erklärt sich aus ihrer andersgearteten Zusammensetzung. Sie enthält weniger Kohlen- und Stickstoff und dafür mehr Sauerstoff.

Konzentrierte Salzsäure vermag Tussah erst bei längerem Kochen zu lösen. Ähnliches gilt von den übrigen Lösungsmitteln für edle Seide:

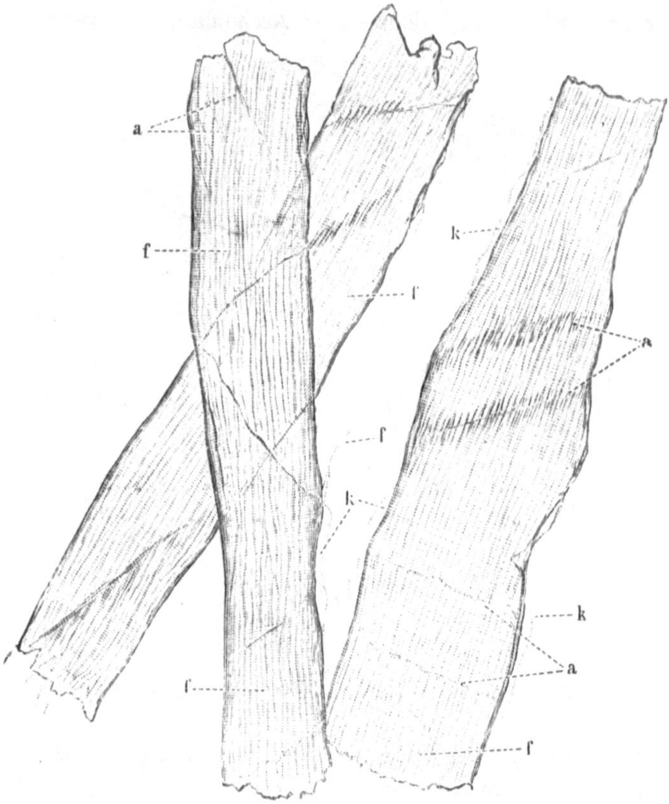

Abb. 127. Tussahseide. a) Abgeplattete Stellen, f) Fibrillen, k) Anhängsel verkittenden Leimes.

10%ige Natronlauge, Kupferoxydammoniak und Zinkchlorid. Sie alle können als Trennungsmittel beider Seiden benutzt werden.

Farbstoffen gegenüber zeigt die Tussah wenig Verwandtschaft.

Die rohe Tussah hat 5—6% Asche.

Verwendung. Den Vorzügen der wilden Seide: größere Dauerhaftigkeit und Wohlfeilheit stehen als Nachteile für die Verwendung geringerer Glanz und vor allem die braune Naturfarbe gegenüber. Tussah muß daher für viele Zwecke gebleicht werden (Bd. IV, S. 280). Die

Tussah lenkte die Aufmerksamkeit der Seidenfabrikanten um 1860 herum auf sich, als die Gewinnung der edlen Seide durch Krankheiten des Spinners erheblich beeinträchtigt wurde. Seit 1880 stellt man in England Tussahplüsche, sogenannte Seal cloths, her. Außer für langhaarige Plüsche hat sich die Tussah auch für den kurzhaarigen Samt und Fellnachahmungen bewährt.

Von anderen wilden Spinnern seien noch erwähnt:

Antheraea Pernyi, der chinesische Eichenspinner, dessen Seide der Tussah sehr nahe steht, nur etwas feiner, brauner und glanzloser ist und auch als Tussah bezeichnet wird.

Antheraea assama, der indische Spinner der Mugaseide.

Antheraea Yamamai, der japanische Eichenspinner, dessen Seide der edlen Seide am ähnlichsten ist. Der Kokon ist regelmäßig gesponnen, abhaspelbar und blaßgrün gefärbt.

Attacus ricini, der indische Ricinusspinner der Eriaseide.

Attacus atlas, der chinesische Spinner der Fagaraseide, der größte aller Schmetterlinge.

Die ganze Erzeugung dieser wilden Spinner wird fast ausschließlich im Ursprungslande verbraucht.

Anaphe infracta und Anaphe venata sind Familienspinner; ihre Raupen leben zu Hunderten in Nestern. Sie sind in Deutsch-ostafrika heimisch. Die Seide heißt darum afrikanische oder Nesterseide. Die Nester sind 15—40 cm lang und 8—15 cm dick. Innerhalb einer noch von einem Fadengewirr umgebenen, 1 mm starken, braunen, pergamentartigen Haut liegen die etwa 4 cm langen und etwa 8 mm dicken Einzelkokons. Ein Nest wiegt etwa 50 g. Die Kokonfäden sind bandförmig, 22—26 μ breit und 9—10 μ dick, also sehr fein. Infolgedessen läßt sich Anapheschappe bis zu 200er, ja 400er Garn ausspinnen, dagegen Tussah nur bis 160er (metrisch). Vorteilhaft ist ferner das geringe spezifische Gewicht, nur 1,282. Leider rufen die feinen Raupenhärchen, mit denen die Nester durchsetzt sind, leicht Entzündungen der Schleimhäute hervor, ein Übelstand, der der Gewinnung in deutschen Fabriken noch Schwierigkeiten entgegensetzt, während die Schwarzen dagegen unempfindlicher sind (Elsässisches Textilblatt 1914, 42).

III. Spinnenseide.

Die Ähnlichkeit des Spinngewebes mit dem Kokon fordert zu Vergleichen heraus. Für die Gewinnung im großen kommen aber nur die großen ausländischen Spinnen in Frage. Vor einigen Jahren hat der Missionär Camboué in Tananarivo auf Madagaskar die 5 cm langen Weibchen der Galabe, wissenschaftlich Nephila madagaskariensis benannt, verwendet; er sperrte sie in ein Zellengefängnis ein, so daß der Hinterleib mit den Spinndrüsen hervortrat. Den abgesonderten Faden leitete er über eine Garnwinde und erhielt so von einem Tier in 27 Stunden 4000 m. Die Reißfestigkeit betrug 3,26 g, die Dehnbarkeit 12,5%. Die Reißfestigkeit war also größer als wie diejenige der Maulbeerseide. Chemisch steht die Spinnenseide dem Fibroin nahe, wie E. Fischer festgestellt hat. (Färb.-Ztg. **1901**, 80; Prometheus **1917**, 554; Zeitschr. f. d. ges. Textilind. **1918**, 189.)

IV. Muschelseide.

Bekanntlich befestigt sich unsere eßbare Miesmuschel mittels des „Byssus", des sogenannten Bartes auf ihrer Unterlage. Der Byssus scheidet sich aus einer Drüse am Fuße des Tieres ab und besteht aus dem fibroinähnlichen Konchyolin. Das Byssusbündel enthält etwa 150 Fäden. Besonders lange Fäden erzeugt Pinna nobilis, eine in einer Tiefe von 7—9 m auf dem Grunde des Mittelmeeres festhaftende Steckmuschel. Sie wird losgeharkt, der Bart abgetrennt, die Fäden in Seifenwasser gewaschen, an der Sonne getrocknet und ausgekämmt.

Seeseide wird in Reggio, Taranto und Cagliari in Unteritalien gewonnen und in Palermo und Lucca auf Sicilien in den Waisenhäusern zu Shawls, Strümpfen, Trikots, Handschuhen und Geldtäschchen versponnen, verstrickt und verwirkt. Die Fäden sind braun von elliptischem Querschnitt, 3—6 cm lang und 10—100 μ dick. Infolge des seltenen Vorkommens sind die daraus gefertigten Gegenstände sehr kostbar.

Literatur: H. Silbermann, Die Seide, ihre Geschichte, Gewinnung und Verarbeitung, 2 Bände. Dresden 1897. — Dumont, Die Seide und ihre Veredlung. Wittenberg 1905. — H. Ley, Die neuzeitliche Seidenfärberei. Berlin 1921.

C. Mineralische Fasern.

a) Der Asbest.

Der Asbest ist ein Doppelsilikat von Magnesium und Kalzium. Er läßt sich leicht auf einem Kollergang zerfasern und dann mit Bastfasernwerg verspinnen. Man verfertigt daraus Asbestplatten für die chemische Industrie, Asbestdichtungen für Dampfrohre, Theatervorhänge und Dekorationen, Feuerwehrbekleidung.

b) Metallfäden.

Echter Silberdraht wird aus vorgewalzten dünnen Stangen gezogen; vergoldet liefert er den echten Golddraht.

Kupferdraht mit Silber- oder Gold plattiert oder galvanisch überzogen liefert die unechten Metallfäden (leonische Gespinste).

Durch Stahlwalzen flach gedrückter Draht heißt Lahn.

Da man die Metallfäden bis 29 μ fein ausziehen kann, so lassen sie sich zu Gobelins, Brokaten, Gold- und Silbertressen verwenden.

Die unedlen Metallfäden werden zu Drahtnetzen für die chemische Industrie und zu Metallsieben für die Papierfabrikation, für letztere namentlich aus Phosphorbronze, verwandt.

c) Glas.

Durch Hitze erweichtes Glas läßt sich bis zur Feinheit des Kokonfadens, etwa 2 denier, ausziehen. Die Sprödigkeit erlaubt aber kaum eine andere Verwendung als zu Glaswolle für die chemische Industrie.

D. Kunstseiden.

Kunstseide ist der erhärtete Faden, der sich durch künstliche Ausscheidung bildet. Die meiste Kunstseide wird durch Ausscheidung aus Celluloselösungen erzeugt. Derartige Lösungen kann man auf verschiedenen Wegen erhalten. Dementsprechend ergeben sich verschiedene Arten Kunstseide. Bis heute sind hauptsächlich vier Kunstseidearten im Großbetrieb erzeugt worden:

1. Nitratseide (Nitratcellulose oder Cellulosenitratseide),
2. Kupferseide (Kupferoxydammoniakseide, „Glanzstoff"),
3. Viscose,
4. Acetatseide.

Kunstseiden aus anderen Stoffen (z. B. Vanduraseide u. a.) haben zur Zeit keine technische Bedeutung.

1. Geschichte.

Der hohe Wert der Seide regte schon immer zu künstlicher Nachahmung an. Zuerst hat Réaumur 1734 diesen Gedanken öffentlich erörtert (Mémoires pour servir a l'histoire des insectes I, S. 154). 1855 hat Audemars aus Lausanne das erste Patent auf Herstellung von Kunstseide, das E. P. 283, genommen. Danach wurde durch Auflösen des nitrierten Bastes von Maulbeerzweigen in Ätheralkohol Kollodium bereitet, in die viscose Flüssigkeit eine Stahlspitze eingetaucht, mit ihrer Hilfe ein Faden hochgezogen und nach dem Erstarren an der Luft aufgewickelt. Fabrikmäßig stellte J. W. Swan in Bromley Kunstseide zuerst 1883 nach dem E. P. 5978 und D. R. P. 30 291 her. Er preßte eine Lösung von Cellulosenitrat in Eisessig durch feine Öffnungen in ein Fällbad, z. B. Alkohol, denitrierte die erhaltenen Fäden mit Ammoniumsulfid, trocknete und verkohlte sie zur Verwendung in elektrischen Glühlampen. Auch zeigte Swan auf der Londoner Ausstellung 1885 bereits aus derartiger denitrierter Kunstseide gewebte Tücher. Die maschinelle Seite der Kunstseidenerzeugung im großen ließ sich vor allem der Graf Hilaire de Chardonnet angelegen sein. Nach seinen Angaben baute die Fabrik von M. E. Mertz in Basel die erste Kunstseidenspinnmaschine. 1889 führte Chardonnet auf der Pariser Ausstellung seine Kunstseide vor; 1891 gründete er in Besançon die Société anonyme pour la fabrication de la soie de Chardonnet mit einem Aktienkapital von 6 Millionen Franks. Der Erfolg blieb anfangs aus und übertraf dann alle Erwartungen. Es wurde die „Vereinigte Kunstseidenfabriken A. G. Frankfurt a. M." gegründet, mit Betrieben in Bobingen bei Augsburg und in Kelsterbach bei Frankfurt. Weitere Betriebe wurden in Sarvar in Ungarn, in Padua und in Tubize (Belgien) errichtet.

Das Kupferoxydammoniakverfahren wurde zuerst von L. H. Despaissis im F. P. 203 741 1890 beschrieben. Das D. R. P. 98 642 von Pauly aus dem Jahre 1897 deckt sich fast ganz dem Inhalt nach mit dem Patent des früh verstorbenen Despaissis. Verbesserungen brachten die D. R. P. 109 996, 111 313, 119 098, 119 099 und 115 989 von Bronnert, Fremery und Urban. 1899 wurde die Vereinigte Glanzstoff-Fabriken A. G. in Aachen gegründet und 1901 nach Elberfeld verlegt mit Betrieben in Oberbruch bei Aachen und Niedermorschweiler bei Mülhausen i. E. Tochtergesellschaften entstanden in Frankreich (La soie artificielle, Paris) mit Betrieben in Givet und Izieuz, in Österreich (Erste österreichische Glanzstoff-Fabrik A. G., Wien) mit dem Betrieb in St. Pölten und in England (British Glanzstoff Manufacturing Co. Ltd., Liverpool) mit dem Betrieb in Flint.

Das dritte Verfahren gründet sich auf die Entdeckung der „Viscose" durch die Engländer Cross, Bevan und Beadle im Jahre 1891. Viscose ist wasserlösliches Cellulosexanthogenat und wird durch Einwirkung von Schwefelkohlenstoff auf Natroncellulose erhalten (D. R. P. 70 999 und 92 590). Die Zusammensetzung des Fällbades für die Viscose bereitete anfangs große Schwierigkeiten. Diese wurden von Jahr zu Jahr überwunden. Charles Henry Stearn empfahl Ammonsalzlösungen (D. R. P. 108 511), M. Müller und P. Koppe Natriumbisulfat (D. R. P. 187 947). So entstanden Viscosefabriken in Coventry in England (Samuel Courtauld & Co.), in Pirna a. E. (H. Küttner), in Emmenbrügge in der Schweiz, bei Mailand, bei Barcelona, in Alost in Belgien und in Arques-la-Bataille in Frankreich (Société Française de la Viscose).

Auch die vierte Kunstseide, die Acetatseide, knüpft geschichtlich an die Namen Cross und Bevan an, die 1894 die Acetylierung der Cellulose bewerkstelligten (D. R. P. 85 329). Eine einfache Darstellung der Acetatseide beschrieb zuerst Dr. Lederer in Sulzbach in Bayern in dem D. R. P. 118 538, das in den Besitz der Fürst Guido Donnersmarckschen Kunstseiden- und Acetatwerke in Sydowsaue bei Stettin überging.

Die Erzeugung im großen wurde von den Farbstoffabriken F. Bayer & Co. 1901 nach dem D. R. P. 159 524 aufgenommen. (Behandlung von

Cellulose mit Essigsäureanhydrid und Schwefelsäure unter 50° C.) Sie stießen aber auf folgende zwei Schwierigkeiten:

1. Die Azetylierung verlief im großen nicht gleichmäßig und das erhaltene Azetat war nicht unveränderlich dasselbe.
2. Das erforderliche Essigsäureanhydrid war 6 mal so teuer wie die Nitriersäure für Nitratseide; auch die Lösungsmittel Chloroform und Tetrachloräthan waren teuer.

Die letzte Schwierigkeit beseitigten 1905 Miles und 1907 Eichengrün und Becker, indem sie das chloroformlösliche Cellulosetriacetat durch Hydrolysierung mit verdünnter Schwefelsäure in das acetonlösliche Cellulosehydroacetat verwandelten (D. R. P. 252706 von Bayer). Dieses wurde von Bayer als „Cellit“ erzeugt und gab mit Kampferersatzmitteln eine zähe, plastische Masse als Ersatz für Celluloid. Es eignete sich ferner für schnell trocknende Lacke sowie zum Tränken wasserdichter Papiere und Gewebe, zum Isolieren von Drähten, zum Überziehen von Garnen (Baykogarne) und zur Herstellung von Filmen mit der Filmgießmaschine (D. R. P. 216460 von Bayer).

1909 stellte Eichengrün das „Cellon“ her durch Auflösen des acetonlöslichen Hydroacetats in einer heißen Mischung von Alkohol und Kohlenwasserstoffen, die einzeln für sich nicht zu lösen vermögen.

Die von Bayer als Klebmittel für den Druck empfohlene Serikose L (Teil I, S. 223) ist ein in verdünnter Essigsäure lösliches Celluloseacetat.

Während des Krieges richteten C. und B. Dreyfus die Erzeugung von acetonlöslichem Celluloseacetat in England ein, um die Flügel der Flugmaschinen mit damit getränktem Stoff zu überziehen. Nach dem Kriege wurde die British Cellulose and Chemical Manufacturing Company zu London auf Kunstseide umgestellt, um das ungeheure darin angelegte Kapital nicht zu verlieren. Dreyfus gelang die Umstellung mit der Unterstützung von A. Clavel und J. F. Briggs. Die betreffende Kunstseide kam als „Celanese“ auf den Markt (T. 1925, 291).

Man erhält heute die Spinnlösung, indem man gereinigte Linters oder Zellstoff in emaillierten Gefäßen, die mit Kühlmantel umgeben sind, mit Essigsäureanhydrid, Eisessig und Schwefelsäure azetyliert und in Lösung bringt. Das Cellulosedi- bis triacetat wird mit Wasser gefällt, gefiltert, gewaschen und getrocknet. Die körnige Masse wird in Azeton gelöst und hält sich unbeschränkte Zeit.

Die Herstellung von Kunstseiden aus anderen Stoffen als Cellulose hat zuerst A. Millar 1895 versucht, indem er mit Kaliumbichromat versetzte Gelatinelösungen der Erhärtung am Lichte aussetzte (D. R. P. 88 225 und 93 725). Doch hat diese die natürliche Seide auch in ihrer chemischen Zusammensetzung nachahmende „Vandura"-Seide wegen ihrer Empfindlichkeit gegen Wasser mit den Cellulosekunstseiden nie ernstlich in Wettbewerb treten können.

Heute kommen für die Herstellung im großen nur in Frage: Nitrat-(Kollodium-, Chardonnet-) Seide, Glanzstoff (Kupferoxydammoniakseide), Viscose und Azetatseide. Die Nitratseide mußte in den letzten Jahren mehr und mehr das Feld räumen wegen der hohen Gestehungskosten der Lösungsmittel Alkohol und Äther. Die Kupferseide ist wertvoll für die Herstellung feiner Fäden (1—3 den. „Adlerseide"). Der Viscose dürfte die Zukunft gehören, zumal ihre Herstellung nicht von reiner Baumwollcellulose, sondern von dem wohlfeileren Holzzellstoff ausgeht und sich auch sonst billiger stellt.

Vgl. Süvern, Die Entwicklung der Kunstseidenindustrie 1915—19; Deutsche Faserstoffe **1920**, 153 und Löwy, Die Lage der Kunstseidenindustrie unter dem Einfluß des Krieges, Deutsche Faserstoffe **1922**, 121.

---

2. Herstellung der Kunstseide.

Die Herstellung der Kunstseide läßt sich in drei Abschnitte zerlegen: Die Bereitung der Spinnlösung, das eigentliche Spinnen und die Nachbehandlung.

I. Die Bereitung der Spinnlösung.

Die Spinnlösung muß zähflüssig und cellulosehaltig genug sein, um einen zusammenhängenden Faden zu liefern. Selbstverständlich muß sie frei von allen Verunreinigungen, auch Luftbläschen sein, die den Faden beim Austreten aus der Düse zum Abreißen bringen würden.

a) Für Nitratseide wird Baumwolle zunächst mit 2%iger Natronlauge unter Druck gekocht, gebleicht, gewaschen, scharf getrocknet und mit dem 25—30fachen Gemisch aus gleichen Teilen Salpetersäure (75% HNO_3) und Schwefelsäure (96% H_2SO_4) 1—1½ Stunden bei 40° behandelt. Darauf wird geschleudert, erst mit kaltem, dann mit heißem Wasser vorgewaschen, im Holländer gemahlen und erst heiß, dann kalt fertig gewaschen. Nach dem Abschleudern wird bei 40° oder im Vakuum getrocknet. Der Stickstoffgehalt betrage nunmehr 11,3—12,5%. Nun wird in der sechsfachen (Naß-) bzw. dreifachen (Trockenspinnverfahren) Menge eines Gemisches aus 4 Teilen Alkohol und 6 Teilen Äther gelöst.

Eine Mischung aus 94 Teilen Methylalkohol, 2—4 Teilen Äthylalkohol und 4—2 Teilen Äther wurde von Mitscherling (Kunstst. **1912**, 204) als Lösungsmittel empfohlen.

Die Chemische Fabrik Johannes Schleu in Beuel a. Rh. verwendet nach D. R. P. 259 421 die folgenden Löseflüssigkeiten:

24 kg	Äthylalkohol	zu 82 Pfg.	=	Mk.	19,68
24 „	Benzol	„ 28 „	=	„	6,72
					26,40
gegen früher					
18 kg	Äthylalkohol	zu 82 Pfg.	=	Mk.	14,76
12 „	Äther	„ 119 „	=	„	14,28
16 „	Methylalkohol	„ 90 „	=	„	14,40
					43,44

Die Kollodiumlösung wird gefiltert und entlüftet. Sie ist unbegrenzt haltbar und wird beim Stehen etwas dünnflüssiger.

b) Für Kupferseide wird die Baumwolle zweckmäßig als Linters (S. 7) angewandt; sie wird zunächst staubfrei gemacht. Dann wird in 3% Soda und 5% Ätznatron enthaltender Lauge 3—3½ Stunden gekocht, gebleicht, im Holländer gewaschen, im Mahlholländer zerkleinert und in Kupferoxydammoniak zu einer mindestens 5%, besser 8—10% Cellulose enthaltenden Lösung gelöst.

Das Kupferoxydammoniak bereitete man sich früher durch Einpressen von Luft unter 1—1,5 Atm. in 20%iges über metallischem Kupfer befindliches Ammoniak.

Damit das Ammoniak durch die katalytische Wirkung des Kupfers nicht zu Nitrit verbrannt und wertloses Kupferoxydammoniumnitrit gebildet wird, muß die Temperatur unter 4° gehalten werden. Das gleiche gilt während der nun folgenden Auflösung der Cellulose, die durch Zusatz von etwas Natronlauge beschleunigt wird und 7—8 Stunden erfordert.

Heute läßt man das Kupferoxydammoniak in unmittelbarer Berührung mit der Cellulose entstehen und gleich zur Wirkung kommen. Man löst das Gemisch von Cellulose und fein verteiltem Kupferhydroxyd in wasserfreiem Ammoniak auf. Die Masse wird dann geschlagen und geknetet, bis sie von richtiger und überall gleichmäßiger Viskosität geworden ist.

Nach W. Koske (T. **1926**, 38) werden die auf dem Holländer zermahlenen Linters mit Eis unter 15° gekühlt und mit Kupferhydroxyd unter 15° gemischt. Das Kupferhydroxyd erhält man durch Auflösen von 1,6—1,75 kg Kupfersulfat (auf 1 kg Cellulose), Abkühlen unter Rühren auf 15° und Einrühren der 0° kalten Natronlauge bis zur Neutralisation. Das grüne Kupferhydroxydcellulosegemisch wird mittels Druckfaß und Druckluft abwechselnd in zwei Filterpressen mit Wascheinrichtung getrieben und bis zur Sulfatfreiheit gewaschen. Danach wird der Kuchen in einem eisernen Auflösekessel mit 4¼ l 25%igem Ammoniak ½ Stunde stehen gelassen, 1 Stunde gerührt, 8 Stunden stehen gelassen, 16 Stunden gerührt und mit verdünntem Ammoniak auf die gewünschte Viskosität gebracht. Die Temperatur betrage 20°.

Dann wird durch Filterpressen geschickt, im Vakuumkessel der Ammoniakgehalt bis auf 5—6½% heruntergebracht, wieder durch die Filterpresse geschickt und vom Spinnkessel aus auf die einzelnen Spinnmaschinen verteilt.

Das beim Entlüften entweichende Ammoniak wird am besten durch einen Wäscher geschickt und so zurückgewonnen (T. **1926**, 41). Die Lösung hält sich nur beschränkte Zeit und muß sorgfältig gekühlt werden; sie unterliegt der „Reifung“, d. h. unter Zunahme der Zähflüssigkeit bilden sich immer größere molekulare Haufen, bis schließlich die ganze Lösung steif wird.

c) Für Viscose dient als Ausgangsstoff der größtenteils in Deutschland selbst hergestellte Sulfit-Zellstoff aus Fichtenholz. Er kostet nur etwa 25 Pfg. das kg. Er wird vorher auf Gehalt an Wasser, Asche, Holzgummi, Harz, Oxy- und Hydrocellulose, Anfärbbarkeit sowie mikroskopisch untersucht:

Auf den Gehalt an Holzgummi, indem 15 g mit 15 g Natronhydrat, in 300 ccm Wasser gelöst, während 24 Stunden geschüttelt und gefiltert werden. 100 ccm des Filtrates werden mit 200 ccm 92,5%igem Alkohol versetzt und mit 9,5 ccm konzentrierter und soviel Normalsalzsäure neutralisiert, bis die Rotfärbung mit Phenolphtalein verschwindet. Dann setzt man noch 5 ccm Normalsalzsäure zu und läßt 24 Stunden stehen. Der Niederschlag wird gefiltert, mit Wasser, Alkohol und Äther gewaschen und bei 100° getrocknet. Für den Gehalt an Holzgummi ist auch die Kupferzahl maßgebend.

Der vorgeschriebene Feuchtigkeitsgehalt von 10—11% wird dadurch erreicht, daß der Zellstoff längere Zeit in einem Raume von gleicher Feuchtigkeit und Temperatur lagert und vor der Benutzung durch einen 40° warmen Trockenkanal geschickt wird.

Man verwendet zu einer Partie 130 kg Zellstoffpappe, wovon nach Abzug von Hemicellulose, Feuchtigkeit und Asche 100 kg als reine Cellulose verbleiben.

α) Herstellung von Natroncellulose.

Das Laugen mit 19%iger Natronlauge geschieht in durchlochten Blechbehältern, die zwei Stunden eingetaucht werden. Man kann auch mit 10 Tl. der Natronlauge im Werner-Pfleiderer, z. B. von der Düsseldorf-Ratinger Maschinen- und Apparatebau A. G., 24 Stunden zerfasern. Weniger gut ist Kollern im Kollergang mit 3 Tl. der Lauge, da hierbei die Luftkohlensäure freien Zutritt hat.

Nach dem Laugen wird abgepreßt bis auf das dreifache des Cellulosegewichtes. An Stelle der sonst üblichen gewöhnlichen hydraulischen Presse empfiehlt sich die Mercerisierungspresse von M. Häusser, Neustadt a. d. Haardt, mit wagrechtem Preßstempel und durch einen Flaschenzug heraushebbaren Korb (T. 1926, 46).

Wenn nicht schon während des Laugens zerfasert wurde, so geschieht dieses nunmehr in 2—2½ Stunden bei 18—24°.

Darauf läßt man die „Krumen“ 48—92 Stunden in Blechtrommeln bei 20—25° „reifen“. Die Reifung bewirkt eine dispersoide Verfeinerung der Cellulose und braucht in der Kälte mehr, in der Wärme weniger Zeit.

β) Sulfidierung.

Die gebildete Alkalicellulose wird nun sulfidiert. Aus der Natroncellulose wird durch Einschiebung von Schwefelkohlenstoff in die Molekel Viskose, aus

$$C_8H_7O_2\begin{cases}.OH\\.ONa\\.ONa\end{cases} \text{ wird } C_8H_7O_2\begin{cases}.OH\\.ONa\\.OCS_2Na\end{cases}, \text{ Cellulosexanthogenat.}$$

Die so erhaltene Viskoselösung wird durch Natriumsalze ausgesalzen. Mit anderen Salzen setzt sie sich dabei gleichzeitig um, so entsteht mit Ammonsulfat das Ammonsalz der Viskose unter gleichzeitiger Abscheidung.

Durch verdünnte und organische Säuren wird sie ebenfalls abgeschieden unter Herausnahme eines Natriumatoms. Es entsteht $C_6H_7O_2 \begin{matrix} .OH \\ .OH \\ .OCS_2Na \end{matrix}$, ein Körper, der in reinem Wasser nicht mehr, sondern nur noch in Natronlauge unter Rückbildung zu Viskose löslich ist. Auf diese Weise kann die rohe Viskose gereinigt werden (D. R. P. 133 144).

Durch starke und mineralische Säuren wird die Viskose sofort wieder in Cellulose zurückverwandelt.

Auch die Sulfidierung nimmt man am besten im Werner-Pfleiderer vor. Da die Sulfidierung ein exothermischer Vorgang ist, ist die Trommel mit Kühlmantel oder Außenberieselung eingerichtet. Wegen der Feuersgefahr geschieht die Sulfidierung in einem besonderen Raum. Auf 100 Teile Trockencellulose, entsprechend 320 Teilen Natroncellulose, verwendet man 30—32 Teile Schwefelkohlenstoff und läßt drei Stunden bei 16° gehen (E. Wurtz, Faserstoffe **1922**, 100). Zum Schluß werden etwa zwei Teile unverbrauchter Schwefelkohlenstoff mit Luft abgeblasen und die dunkelgelbe Masse in den Reifekessel übergeführt.

γ) Das Reifen.

Hier wird sie bis auf einen Gehalt von etwa 7% Cellulose und 8% Ätznatron verdünnt und „reifen" gelassen. Temperaturerhöhung beschleunigt die Reifung.

Das Reifen besteht in der langsamen Zurückverwandlung des Xanthogenats in Cellulose. Dabei wird Schwefelkohlenstoff abgespalten, der mit dem überschüssigen Ätznatron reagiert. Diese nebenher entstehenden Schwefelverbindungen (Dithiokohlensäure) verursachen das Auftreten von Schwefelwasserstoff beim späteren Zusammentritt der Spinnlösung mit dem sauren Fällbad

$$O.C\begin{matrix} \diagup SH \\ \diagdown SNa \end{matrix} + H_2SO_4 + H_2O \longrightarrow CO_2 + 2H_2S + NaHSO_4.$$

Hottenroth (Chem.-Ztg., **1915**, 119) mißt den Reifegrad an der Zunahme der Koagulationsgeschwindigkeit.

Er titriert 20 g Viscose in 30 ccm Wasser mit 10%iger Ammonchloridlösung unter Umrühren bis zur Koagulation. Die Abhängigkeit der verbrauchten ccm Ammonchloridlösung vom Zustand der Reife veranschaulicht folgendes Beispiel:

Schwach reif	Fast reif	Reif	Überreif	Koaguliert
13,1 12,5	11,2 10,1 9,6 8,2	7,8 6,7	5,2 4,7 3,8	

Die gereifte Viscose gelangt dann in den Spinnkessel, wo sie noch entlüftet wird.

II. Das Spinnen.

Das eigentliche Spinnen ist grundsätzlich nicht von dem bei der Entstehung der natürlichen Seide sich abspielenden Vorgang verschieden. Der Saft wird aus feinen Öffnungen in ein koagulierendes Mittel gepreßt, ausgezogen und aufgewickelt. Während des Erstarrens gleitet der äußere bereits erhärtete Zylinder fernrohrartig über den noch weichen inneren Kern hinweg (O. N. Witt, Die künstlichen Seiden, Berlin, 1909, S. 6).

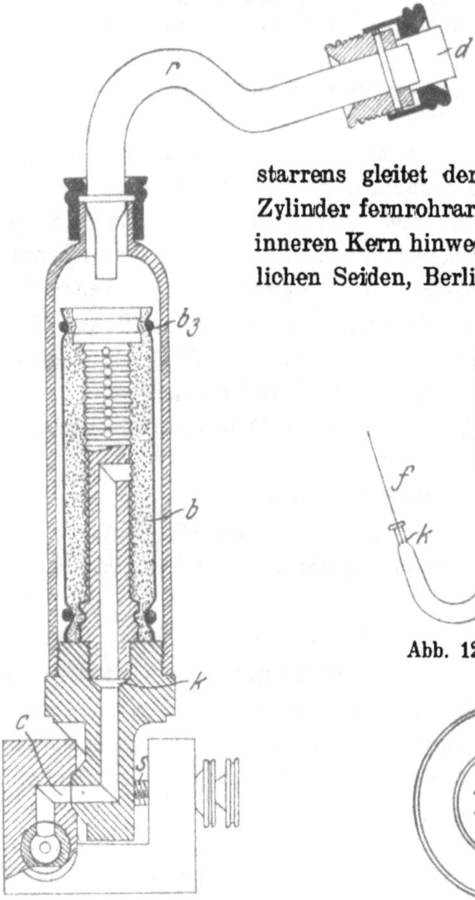

Abb. 128. Filterkerze.

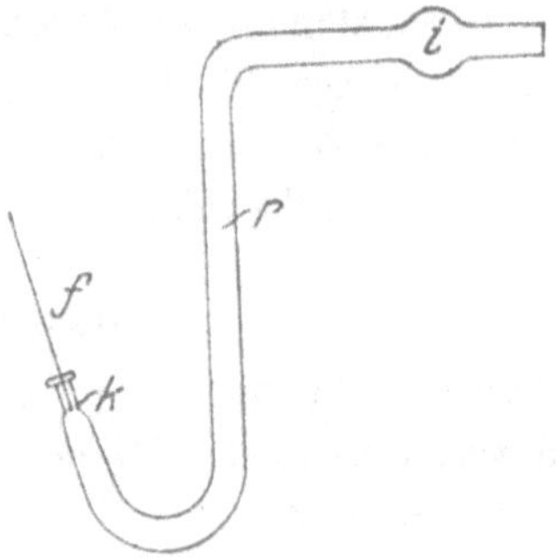

Abb. 129. Spinndüse.

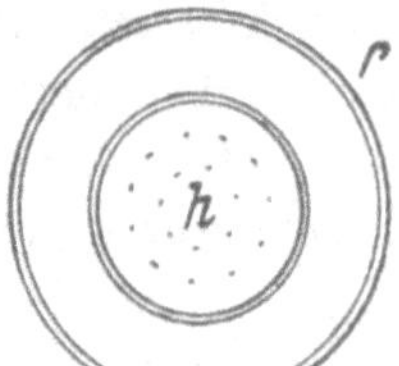

Abb. 130. Brausedüse.

Bevor die Spinnlösung zur Düse gelangt, hat sie noch die „Filterkerze“ von Topham (D. R. P. 125 947) (Abb. 128) zu durchlaufen.

Der Filterkörper wird durch die Schraube s bei c gegen den an die Zuführungsleitung angeschlossenen Teil angepreßt und ist um diesen Punkt ausschwingbar. Die Spinnlösung tritt durch Kanal c bei k in die Filterkerze und durch einen seitlichen Kanal an ihre Oberfläche. Die Kerze ist mit zahlreichen Quer- und einigen Längsrillen versehen und mit Batist b umwickelt, der bei b_3 fest verschnürt ist. Die in den vielen Rillen verteilte Spinnlösung tritt durch den Batist b und gelangt durch Rohr r zur Düse d.

Um gleichmäßige Fäden zu erhalten, muß man dafür sorgen, daß die Spinnflüssigkeit immer mit gleicher Geschwindigkeit aus der Düse heraustritt. Am besten hat sich die Zahnradpumpe von Karl Hamel in Schönau bei Chemnitz und die Mehrkolbenpumpe von E. Gerberich in Mannheim bewährt.

Die Düsen sind entweder einzeln an einem gemeinsamen Rohr mit seitlichen Ansätzen, einem sogenannten Spinnkamm, mittels Gummi-

Abb. 131. Topfspinnmaschine von C. G. Haubold A.-G. in Chemnitz.

schlauch befestigt oder zu Gruppen vereinigt, auch Brausedüsen genannt. Im ersteren Falle sind sie aus Glas (Abb. 129), im letzteren aus Metall (Platin) (Abb. 130). Eine Gruppendüse erzeugt in 24 Stunden 600 g Seide 120 den.

Das Düsenrohr r ist bei i verdickt zum Festhalten der Schlauchverbindung; bei k befindet sich die Kapillare, aus der der Faden f heraustritt. Die Gruppendüse besteht aus dem Düsenhütchen h mit 18 Löchern und dem Verschraubungsring r zur Befestigung des Hütchens.

Der Durchmesser der Düse beträgt 80—200 μ, ja sogar 500 μ, wenn stark gestreckt wird (D. R. P. 58 508 von Lehner und 154 507 von Thiele, D. R. P. 220 051 von J. P. Bemberg).

Je nach der Aufwicklung des Fadens unterscheidet man Spulen- und Spinntopfmaschinen (Abb. 131) (D. R. P. 125 947 von Ch. F. Topham).

Die Trockenspinnmaschinen sind durch den Fortfall des Spinnbadbehälters mit den zugehörigen Rohrleitungen vereinfacht; dafür müssen sie in ein Gehäuse eingeschlossen werden, damit die verdunstenden Lösungsmittel nicht in den Arbeitsraum entweichen können.

Bei der Spulenmaschine (Abb. 132) gelangt die Spinnlösung aus dem Zuleitungsrohr r in den Verteiler v und wird von der Räderpumpe rp in das Kerzenfilter k und in das ausschwenkbare Rohr ar mit Filter f und Düse d gedrückt. Die ausgepreßten 18—24 Fäden werden, zu einem einzigen vereinigt, durch das Fällbad b hochgeführt und durch den Fadenführer ff auf die ganze Länge der Spule s_1 verteilt. Ist s_1 gefüllt, so wird der Faden abgerissen und an s_2 angelegt. s_1 wird durch eine leere Spule ersetzt usw.

Die Spulen der Spulenmaschinen sind aus Aluminium, Glas, Celluloid, Pappe u. a. und durchlöchert, um den nachfolgenden Behandlungsbädern ungehinderten Zutritt zu gewähren. Denselben Zweck verfolgen die D. R. P. 188 910, 257 237, 338 930, 357 137 und 414 868. Nach dem D. R. P. 436 081 von Mez Vater & Söhne in Freiburg bestehen die zum Aufwickeln dienenden Stellen der Spulen aus Drähten.

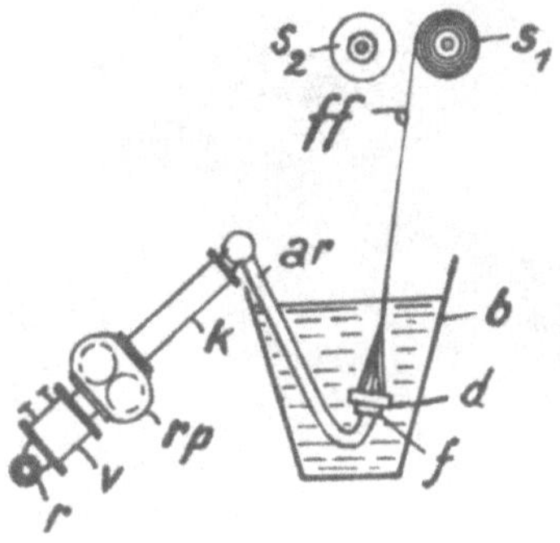

Abb. 132. Spulenmaschine.

Die Topfspinnmaschinen (Spinnzentrifugen) erteilen dem Faden neben der Aufwicklung zu einem runden „Kuchen" zugleich eine gewisse Vordrehung. Denn beim Einlaufen in die kleine Schleuder weicht der Faden von seiner Zuführungsvorrichtung um etwa 90° ab.

Die Topfspinnmaschinen nach C. Topham suchen Spinnen und Zwirnen in einen Arbeitsgang zu vereinigen (Abb. 133). Der von der Filterkerze f und Spinndüse s kommende Faden F wird über eine sich drehende und den Abzug regelnde Glasscheibe sch in eine kleine Schleuder Sp mit 80 Umdrehungen in der Sekunde (Spinntopf) geleitet. Ein Glasrohr g mit trichterförmiger Erweiterung oben hebt und senkt sich als Fadenführer und bildet so an der Wand der Schleuder den regelmäßig nach Art einer Kreuzspule geformten Fadenkuchen.

Die Topfspinnmaschine der C. G. Haubold, A.-G., Chemnitz, ist in der Regel als Doppelmaschine ausgebildet, besitzt also auf beiden Seiten Spinnstellen, deren Zahl von der Höhe der geforderten Leistung abhängt.

Sie wird vornehmlich für elektrischen Antrieb der Spinntöpfe, aber auch für mechanischen oder hydraulischen Antrieb geliefert. Die Spinntöpfe bestehen aus Aluminium mit säurefester Hartgummi- oder Bakelitauskleidung. Die Spinntöpfe sind innen leicht konisch geformt und seitlich durchlöchert, damit die dem

Faden noch anhaftende Fällbadflüssigkeit ausgeschleudert werden kann. Jeder einzelne Topf besitzt einen kleinen Antriebsmotor. Motor und Spinntopf haben eine gemeinsame elastische Lagerung, durch die etwaige Erschütterungen aufgehoben werden: Der Spinntopf läuft stoßfrei an, kommt schnell in Gleichgewichtslage und läuft vollkommen ruhig, auch bei höherer als der normalen Umlaufsgeschwindigkeit von 6000 Umdrehungen in der Minute. Der Faden

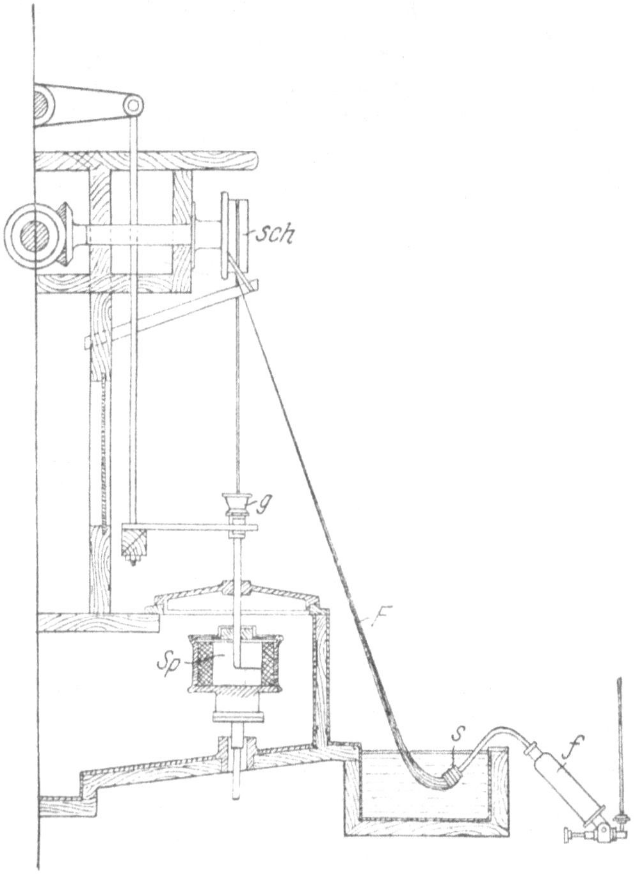

Abb. 133. Spinnzentrifuge.

ist daher während seiner Entstehung keiner unregelmäßigen Streckung unterworfen und fällt gleichmäßig stark aus.

Die gesamte Antriebsvorrichtung ist gegen Säureeinflüsse zuverlässig geschützt; u. a. sind die Spinnmotoren von einer Hartbleihaube überdeckt, um Säurespritzer abzufangen. Auch die die Spinntopfkammern bildenden Teile werden, soweit sie dem Angriff von Säuredämpfen ausgesetzt sind, aus säurebeständigem Stoff hergestellt. Jede Spinntopfkammer ist außerdem durch leicht abhebbare säurefeste Deckel abgedeckt. Die reichlich bemessenen Fällbadtröge, die Spinntopfkanäle usw. sind stark verbleit.

Alle in der Maschine sich bildenden Gase können abgezogen werden, um die Bedienungskräfte möglichst keinen gesundheitsschädlichen Einflüssen auszusetzen.

Die aus dem Spinntopf herausgestülpten Spinnkuchen werden auf Haspelmaschinen (Abb. 135) zu Strähnen umgeformt; hierbei werden Fadenzahl, Fadenlänge usw. genau bestimmt.

Abb. 134. Kunstseiden-Haspel von C. G. Haubold A.-G., Chemnitz.

Dieser Arbeitsvorgang fordert größte Aufmerksamkeit, da der Kunstseidenfaden noch feucht und somit überaus empfindlich ist. Es ist deshalb bei den in der Regel anzutreffenden Haspelmaschinen mit Windekronen für 6 und mehr Fäden nicht zu vermeiden, daß beim Abstreifen der Strähnen Reibung entsteht, viele Einzelfäden zerreißen und die Seide das mit „flusig" bezeichnete Ausschen erhält. Die Abnahme der Strähne von der Hauboldschen Winde (Abb. 135 und 136) geschieht höchst einfach und völlig reibungslos. Es genügt ein kleiner Druck mit dem Daumen, die Winde klappt schirmartig zusammen und der Strähn fällt leicht und ohne jede Nachhilfe von Hand über den Arm. Der Faden wird also in jeder Hinsicht geschont. Bei Fadenbrüchen wird die betreffende Winde selbsttätig stillgesetzt. Während bei Maschinen mit Weifen für 6 und mehr Strähne diese bei Bruch eines Fadens sämtlich stillgesetzt werden müssen. Auch nach vollendeter Fadenzahl rückt jede Winde selbsttätig aus. Ein Zählwerk zeigt jederzeit die Zahl der fertiggestellten Strähne an und ermöglicht dadurch eine genaue Akkordberechnung.

Abb. 135. Hauboldsche Winde mit Kunstseidesträhnen.

Die Zusammensetzung des Fällbades hängt natürlich von der Kunstseidenart ab.

a) Für Nitratseide benutzt man entweder das Trockenspinnverfahren nach Chardonnet, D. R. P. 81 599, oder das

Naßspinnverfahren nach Lehner, D. R. P. 58 508. Das erstere arbeitet mit 25%iger Kollodiumlösung, Düsenöffnungen von nur 100 μ, aber mit 50 Atm. Druck, das letztere mit 15%iger Lösung, Düsenöffnungen von 500 μ, entsprechend geringerem Druck und mit Wasser als Flüssigkeit. Damit sind Vor- und Nachteile beider Verfahren gegeben. Sie dürften sich ungefähr die Wage halten.

Abb. 136. Hauboldsche Winde. Abnahme der Strähne.

b) Für Kupferseide benutzt man entweder 43—50%ige Schwefelsäure nach D. R. P. 125 310 oder starke Natronlauge nach D. R. P. 186 387, 186 766 und 190 217. Im letzteren Falle entsteht nicht gleich Cellulosehydrat, sondern zunächst grüne Kupfernatroncellulose, die erst beim Waschen zu Kupfercellulose hydrolysiert und schließlich mit Säuren zu Cellulosehydrat zersetzt wird. Eine 2%ige Schwefelsäure genügt zur Entkupferung und gestattet die leichte Rückgewinnung des Kupfers elektrolytisch. Die langsame Bildungsweise, ferner gewisse Zusätze, wie Glycerin und Zucker, zur Natronlauge wirken günstig auf die Festigkeit und sonstige Beschaffenheit des Glanzstoffes. Die Vereinigten Glanzstoffabriken schreiben vor: 32 Teile Ätznatron, 8 Teile Rohrzucker und 100 Teile Wasser (Ztschr. angew. Chem. **1908**, 2426).

Einen wichtigen Fortschritt in der Erzeugung feinfaseriger Kupferseide brachten die D. R. P. 220 051, 303 047 und 421 426 von I. P. Bemberg in Barmen nach dem Streckspinnverfahren. Das erste und dritte beschreiben die Maschine zum Verspinnen viskoser Flüssigkeiten unter Anwendung bewegter Flüssigkeiten zur Förderung des Fadens. Das zweite das zugehörige Verfahren, nach dem der Spinnflüssigkeit die Gase vorher entzogen wurden, sei es durch Entlüften, sei es durch Erwärmen u. a. (s. Musterbeilage).

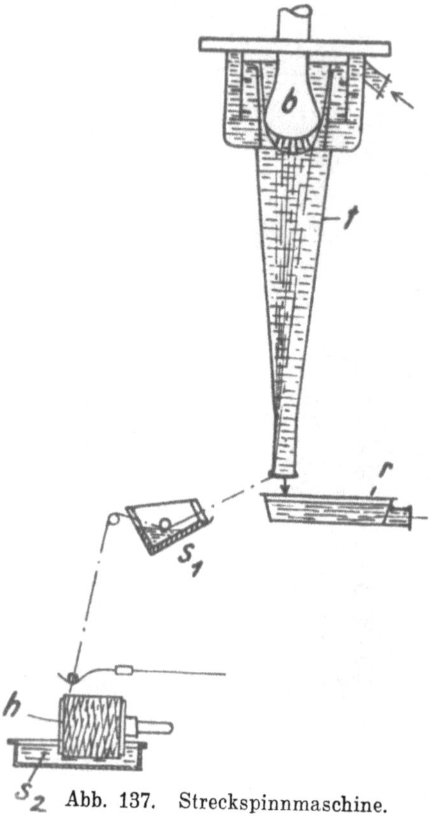

Abb. 137. Streckspinnmaschine.

Nach W. Koske (T. **1926**, 40) genügt ein gußeisernes Rahmengestell für 20 Spinnstellen mit Spinnröhrchen von 7 mm Durchmesser. An diese Röhrchen setzt sich eine Glasröhre von 4 mm Durchmesser mittels Hartgummiverbindung an. Am Ende sitzt der Brausenkopf aus Hartgummi. Auf ihn läßt sich ein Ring aufschrauben, der die Nickelbrause von 40 mm Durchmesser festhält. Die Öffnungen sind 0,5 mm breite und 1 mm lange Ellipsen; ihre Anzahl ist $^5/_6$ des verlangten Titers in den. Die Brause b (Abb. 137) taucht in einen oben offenen Glastrichter t, dessen Durchmesser oben 70 mm, in der Mitte 40 mm und an der Ausflußspitze 3 mm und dessen Länge 250 mm ist. Durch den Trichter fließt enthärtetes Wasser und streckt den Faden. Unter dem Trichter befindet sich eine 100 mm breite Rinne r für den Wasserablauf, davor mit 20 mm Abstand ein 300 mm breites und 100 mm tiefes Becken s_1 mit der Koagulierflüssigkeit (2%ige Schwefelsäure). Von hier wird der halbkoagulierte grüne Faden auf Hartgummiringe h von 45 cm Durchmesser geleitet mit einer Abzugsgeschwindigkeit von 32—36 m in der Minute. Die Ringe laufen in 12%iger Schwefelsäure s_2. (S. a. A. Anke, L. M. f. Textilind. **1927**, 58.)

Die kupferhaltigen Schwefelsäurebäder der Spinnerei und Wäscherei laufen fortgesetzt durch einen Elektrolyser und kehren entkupfert in den Betrieb zurück.

Bemberg-Seide

(s. S. 254)

1. Strumpf
(Kulierware)
Nadeln auf 38,1 mm 120 den.

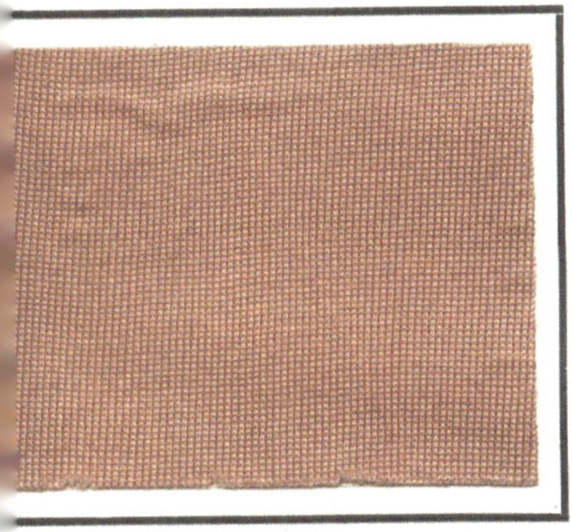

2. Trikot
Rundstuhlware, 2fach gearbeitet)
den. 100 Drehungen

3. Schal
(Cotton-Petinet)
) den. 100 Drehungen

4. Atlas
(Kettenware)
120 den. 100 Drehungen

5. Milanese
40 den. 200 Drehungen

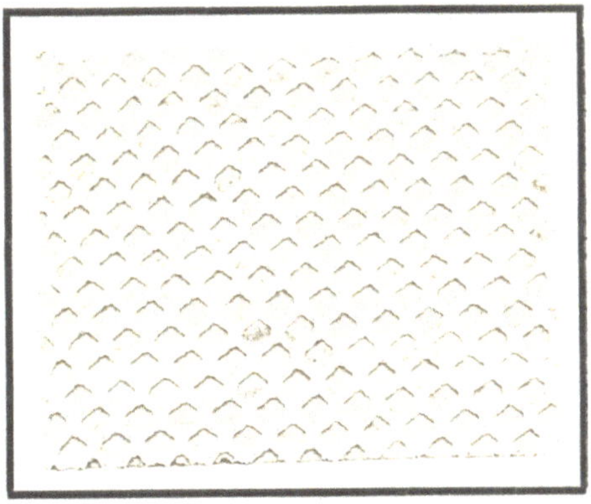

6. Filet
(Netzjackenstoff)
40/2 den. 300/400 Drehungen

c) Für Viscose verwendet man die S. 137 erwähnten Bäder aus Bisulfat. Gegenwart von Glucose wirkt auch hier vorteilhaft. Salz- und Säuregehalt des Fällbades müssen so hoch gewählt werden, daß zunächst noch unzersetztes Xanthogenat sich ausscheidet, das erst nach dem Aufwickeln auf die Spulen mit verdünnter Schwefelsäure zu Cellulosehydrat zersetzt wird. Also auch hier geht das Bestreben dahin, die Bildungsweise zu verlangsamen.

Stearn (D. R. P. 108 511) spann durch Platinbrausendüsen in gesättigte Ammoniumchloridlösung, die 10% Eisenvitriol enthält (D. R. P. 152 743 und 153 817 von Donnersmarck). Der Eisenvitriol reagiert mit dem gebildeten klebrigen Ammoniumsulfid unter Bildung von Eisensulfür. Dieses umgibt die Fäden mit einem Überzug und verhindert das Zusammenkleben. Nach einer anderen Vorschrift setzt man Tonerdenatron zu, wodurch sich Tonerdehydrat auf dem Faden abscheidet.

Nach dem D. R. P. 240 846 der Elberfelder Glanzstofffabriken werden dem Fällbade reduzierende organische Verbindungen wie Glukose, Glycerin u. a. zugesetzt, um die Ausscheidung von Schwefel durch die Oxydation des Schwefelwasserstoffs zu verhindern. Zusatzpatente sind D. R. P. 274 550 und 283 286.

Nach dem D. R. P. 260 479 der Glanzstoffabriken begünstigt die Gegenwart von Zinksulfat die Bildung eines guten Fadens.

E. Bronnert von den Vereinigten Glanzstoffabriken hat das Streckspinnverfahren auch auf Viscose angewendet, indem er bestimmte Bedingungen des Fällbades, z. B. höhere Säurekonzentration, anwandte.

Müller (D. R. P. 187 947) verwendet als Fällbad eine Lösung von 40 kg Natriumbisulfat und 7 kg Schwefelsäure 66° Bé in 60 kg Wasser. Das Fadenbündel wird direkt ohne Zwirnung aufgespult, auf der Spule gewaschen, auf Zwirnspulen getrocknet, vorgezwirnt und geweift.

Um die mit der Benutzung von freier Schwefelsäure im Spinnbad verbundenen Übelstände, insbesondere die Entwicklung von Schwefelwasserstoff zu vermeiden, verwendet die Société anonyme „La soie de Compiègne" neutrale, sogar schwach alkalische Kochsalzlösungen, nachdem sie durch systematische Versuche die Konzentration, Temperatur, Spinnstrecke und den erforderlichen Reifegrad festgelegt hat. Das Fällbad kann nach Ausfällung der Schwefelverbindungen mit Eisenchlorid, Filterung und Neutralisation mit Salzsäure wieder benutzt werden (T. **1926**, 253).

d) Acetatseide wird ähnlich der Nitratseide nach dem Trockenspinnverfahren hergestellt. Die aus der Düse austretenden Fäden werden abwärts einem aufsteigenden warmen Luftstrom entgegengeführt, wobei das Lösungsmittel Aceton verdunstet, um weiterhin zurückgewonnen zu werden. Am Boden der Röhre, durch welche die Fäden hinabfallen, befindet sich eine Spule zum Aufwickeln. Die Spulen werden entfernt und den Fäden ein Drall von etwa 1 auf 1 cm gegeben.

Verwendet man statt Aceton niedriger siedende Lösungsmittel, wie Form- oder Acetaldehyd, Methyl- oder Äthylformiat, so kann man auch bei gewöhnlicher Temperatur spinnen (T. **1926**, 253).

III. Die Nachbehandlung.

Die Nachbehandlung der aufgewickelten Kunstseide besteht zunächst im gründlichen Waschen. Nach dem D. R. P. 111 409 von

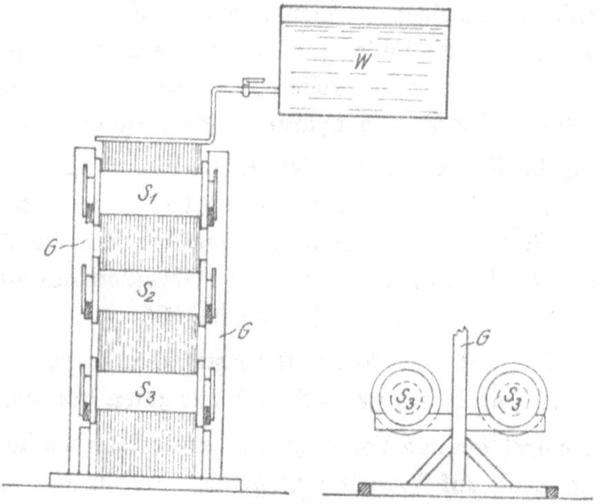

Abb. 138—139. Waschvorrichtung für Kunstseide.

Fremery und Urban werden die bewickelten Glasspulen S_1, S_2 und S_3 (Abb. 138—139) in das Gestell G gelegt und mit Wasser 4—6 Stunden berieselt.

Nach dem Waschen wird getrocknet durch Einstellen der Spulen in Trockenkammern. Darauf wird in einem feuchten Raum abgelegt.

Danach wird von den größeren Spinnspulen auf die kleineren Zwirnspulen umgespult.

Es folgt das Drallen, fälschlich „Zwirnen" genannt. Der in der Längsrichtung der schnell umlaufenden Zwirnspule abgezogene Faden läuft auf eine sich langsam drehende Spule mittels Fadenführer auf (Abb. 124). Er erhält 100 Drehungen auf den Meter Schußgarn, 200 auf den Meter Kettgarn.

Für die späteren Veredlungen durch das Bleichen und Färben wird die Seide gehaspelt, d. h. in Strahnform übergeführt.

Die weitere Nachbehandlung richtet sich nach der Art der Kunstseide.

a) Nitratseide wird entestert, „denitriert", um ihr die Entflammbarkeit zu nehmen. Zu diesem Zweck wird sie in Strähnform einige Stunden mit einer 5%igen Lösung von Natriumhydrosulfid bei 30—40° C behandelt, bis sie sich nicht mehr strohig, sondern weich anfühlt (D. R. P. 56655).

$$C_6H_7O_2(NO_3)_3 + 3\,NaSH \longrightarrow C_6H_7O_2(OH)_3 + 3\,NaNO_2 + 3\,S.$$

Der Schwefel bleibt im überschüssigen Sulfid als Polysulfid gelöst. Neben dem durch die Gleichung dargestellten scheinen sich aber noch andere Vorgänge abzuspielen.

Nebenher entstehen Ammoniak und Ammoniumsulfid. Da das Ammoniumsulfid den Faden schwächt, unterliegt das Denitrierbad einer ständigen analytischen Kontrolle. Im Anfang soll 1 ccm 10 ccm $^1/_{10}$ Normaljodlösung verbrauchen. Nach zwei Stunden wird wieder untersucht und nach einer Viertelstunde wieder. Beträgt der Unterschied der beiden letzten Titrationen nicht mehr als 0,1 ccm, so gilt die Denitrierung als beendet. Andernfalls wird nach einer Viertelstunde wieder untersucht.

Der Titerrückgang des Bades beträgt 5—6 ccm $^1/_{10}$ Normaljodlösung.

Nach der Denitrierung soll die Seide nur noch 0,3%, neuerdings 0,05%, Stickstoff enthalten. Sie wird gewaschen, mit verdünnter Salzsäure vom Eisensulfür befreit, gewaschen, gebleicht und getrocknet.

Ist die Seide zu hart, so kann der Griff durch Nachbehandeln mit einer ½—1%igen Lösung von Marseiller Seife verbessert werden.

b) Kupferseide wird nach dem schon S. 254 beschriebenen Verfahren entkupfert. Häufig wird zweimal gewaschen und getrocknet. Dadurch wird das Garn weicher.

Die Strähne werden auf Aluminiumstäben gewaschen und getrocknet. Beides geschieht auf Maschinen, um unnötiger Beschädigung beim Anfassen vorzubeugen.

Die feinfaserige Kupferseide wird nach Koske nach dem Schwefelsäurebade auf der Strähnwaschmaschine gewaschen, durch eine 2%ige Oxalsäure vom Eisen befreit, wieder gründlich gewaschen, geschleudert und geseift. Darauf wird, ohne zu schleudern, bei niederer Temperatur getrocknet. Die nunmehr strohige Seide wird auf einem warmen Seifenbad weich gemacht, getrocknet, schwach befeuchtet und in drei Arten geteilt. Die erste Sorte ist fehlerfrei und weich; sie betrage 60—65%. Die zweite ist etwas härter. Die dritte ist borstig und flusig.

c) Die Viscosesträhne kommen hart und stumpf heraus, weil sich aus dem Fällbad etwas Schwefel oberflächlich auf der Faser niedergeschlagen hat. Der Schwefel muß daher durch ein 40—50° C heißes 1%iges Natriumsulfidbad heruntergelöst werden. Nach etwa ½ Stunde wird gewaschen, gebleicht, geschleudert und getrocknet. Die vorher gelbe Seide sieht nach dem Entschwefeln graugrün aus.

Für Strick- und Wirkwaren wird nach dem letzten Waschen noch mit Öl — in Seife zur Milch verteilt — weich gemacht.

d) Im Gegensatz zur Nitratseide braucht die Acetatseide nicht entestert zu werden. Sie würde dabei nicht nur die wertvolle Gewichtszunahme von etwa 60%, sondern auch Glanz und Weichheit einbüßen (S. 264). Die Fäden werden zum Schluß nur noch leicht geölt.

Auch das Sortieren entfällt hier, da die Fäden infolge der einfachen Entstehungsweise alle von gleicher Güte sind.

Abfälle beim Winden werden einfach wieder in Aceton gelöst und von neuem gesponnen.

Das Sortieren der gehaspelten Seide macht den Schluß. Es geschieht einerseits nach der guten Beschaffenheit mit Bezug auf Glanz, Reinheit und Abwesenheit von Knoten (Prima, Sekunda usw.), andrerseits nach dem Titer, d. h. der Fadenstärke.

3. Wirtschaftliches.

Wie wenig die Kunstseide bis jetzt die Naturseidenerzeugung unterbindet, ergibt sich aus folgenden Zahlen (D. Färb.-Ztg. 1926, 118):

	1909	1923
Naturseide	24 500 t	34 000 t
Kunstseide	7 500 t	44 000 t

Erzeugte Tonnen Kunstseide:

	1923	1924
Amerika	14 000	16 245
England	7 000	10 885
Deutschland	6 000	10 700
Italien	4 600	8 400
Frankreich	3 500	5 606
Belgien	2 800	4 034
Schweiz	1 700	1 820
Holland	1 200	1 530
Zusammen:	40 800	59 220

Die Zahlen sind der Sondernummer Artificial Silk des Manchester Guardian Commercial vom 5. März 1925 entnommen.

Die gesamte Erzeugung verteilt sich auf 79 Firmen mit 95 Fabriken und auf die vier Kunstseidegattungen wie folgt:

Nitratseide 4900 t, Kupferseide 900 t, Viscose 55 100 t und Acetatseide 1800 t.

Inzwischen hat die Kunstseidenerzeugung einen weiteren bedeutenden Aufschwung genommen; sie belief sich 1925 auf 85 000 t.

Nitratseide (N), Kupferseide (K), Viskose (V) und Acetatseide (A) werden von folgenden deutschen Fabriken hergestellt:

A. G. für Anilinfabrikation, Berlin-Wulffen (A und V).
J. P. Bemberg, Barmen-Rittershausen (K).
Borvisk Kunstseiden A. G., Herzberg im Harz[1]) (V).
Deutsche Sprengstoff A. G., Hamburg (V).
Dynamit A. G. vorm. Nobel, Hamburg (V).
Glanzfäden A. G. (Giesches Erben), Berlin-Petersdorf-Breslau (K. und V).
Herminghaus & Co., G. m. b. H., Elberfeld-Vohwinkel (V).
Herzinger Spinnfaser G. m. b. H., Wittenberge (V).
Hölkenseide G. m. b. H., Barmen-Rittershausen (K).
Köln-Rottweil A.-G., Rottweil-Premnitz (Mark), Bobingen bei Augsburg (V).
Friedrich Küttner, Pirna (K und V).
Kunstseidefabrik Schwetzingen (N) (seit 1926 nicht mehr).
Kunstseidenspinnerei G. m. b. H., Münchenbernsdorf (V)
Neue Bayreuther Baumwollspinnerei, Bayreuth (V).
Spinnfaser A. G., Elsterberg (V).
Spinnstoffabrik, G. m. b. H., Zehlendorf (V).
Spinnstoffwerk A. G., Glauchau (V).
Vereinigte Glanzstoffabriken Elberfeld (Oberbruch, Stapelfaserfabrik Jordan & Co., Sydowsaue, Bayrische Glanzstoff-Fabrik A. G., Obernburg a. M.,
Vereinigte Kunstseidefabriken Kelsterbach a. M. (V).
Viscose A. G., Arnstadt (V).

4. Eigenschaften der Kunstseide.

Nach R. O. Herzog (Kolloid-Z. **1924**, 201) zeigen die Kunstseiden außer der Azetatseide das Röntgendiagramm einer kristallinen Substanz ähnlich wie merzerisierte Baumwolle.

Der Glanz ist der höchste unter allen Gespinstfasern (Bd. III, S. 21; T. **1921**, 413; **1923**, 161).

Die Farbe ist um so weißer, je reiner die Kunstseide und ihr Ausgangsstoff ist. Kupferseide ist auffallend bräunlich.

Der Griff ist bei reiner Kunstseide weich. Er hängt von der Feinheit des Einzelfadens und von dem Grade der Zwirnung ab.

Die Dicke des Einzelfadens beträgt 29—35 μ, also mehr als bei Naturseide, bei Kupferseide nach dem Streckspinnverfahren nur 13 μ, also ebensoviel.

Das spez. Gewicht ist 1,5—1,53, also ebenfalls mehr wie bei Naturseide; bei Acetatseide nur 1,25.

Unter dem Mikroskop fällt das gerade glasstabartige Aussehen auf (Abb. 140).

Die Benummerung (Titrierung) der Kunstseide geschieht wie bei Naturseide nach deniers, nämlich nach der Anzahl Gramme, die 10 000 m

---

1) Schwesterwerke in Steckborn (Schweiz) und Nevers (Frankreich).

(früher 9000) des Fadens wiegen. Heute spinnt man die feinste Kunstseide bis 60 den. Die gröbste ist über 300 den.

Die Festigkeit der Kunstseide hängt vom Titer ab und ist bis 30% größer, so daß eine Kunstseide von 100 den. bei 130 g Belastung reißt. Sie ist also nur etwa ⅓ so stark wie Naturseide, und dies Verhältnis verschlechtert sich noch im nassen Zustande.

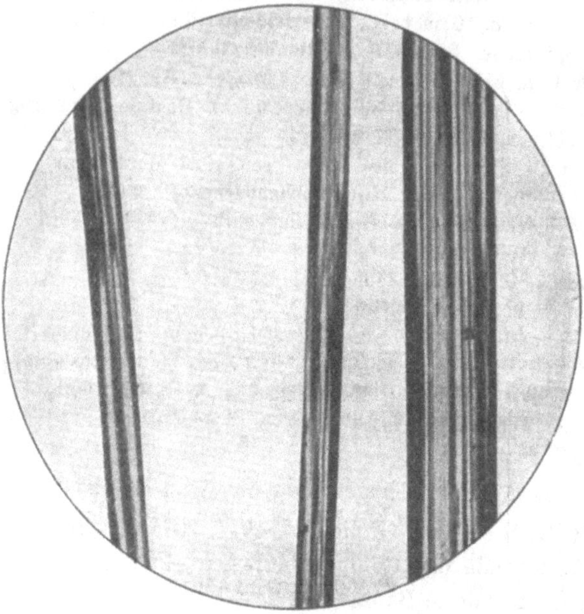

Abb. 140. Kunstseide (nach Chardonnets Verfahren). (300fach vergrößert.)

Die „relativen“ Naßfestigkeiten der einzelnen Gespinstfasern sind nach Obermiller, Z. a. Ch. **1926**, 46 für

Baumwolle	110—120%	Kupferseide (Waschseide)	50—60%
Wolle	80— 90 „	Viscoseseide	45—55 „
Seide	75— 85 „	Nitratseide	30—40 „
Acetatseide	65— 70 „		

Die Werte können aber z. B. bei schlechter Nitratseide noch niedriger sein, wo ich nur 20% und darunter beobachtet habe.

Die Dehnbarkeit beträgt 7—15% und etwa ebensoviel im nassen Zustande.

Den Kunstseiden auch in feuchtem Zustande Widerstandsfähigkeit zu verleihen, versuchte das Verfahren von Eschalier, die sogenannte Sthenosage. Nach dem D. R. P. 197 965 der Société La Sthenose wird die Viscose mit Formaldehyd behandelt in einem Bade, das 15 Teile Formaldehyd 40%ig,

5 Tl. Kalialaun, 5 Tl. Milchsäure 80%ig und 75 Tl. Wasser enthält, geschleudert und bei 30—40° über Schwefelsäure 66° Bé getrocknet. Nach dem Trocknen erhitzt man 5 Stunden auf 55°, wäscht und trocknet. Durch die polymerisierende Wirkung des Formaldehydes soll ein zu weit gegangener Abbau der Cellulose wieder rückgängig gemacht werden. Die Kosten der Sthenosage sollen nur 50 Pfg. das kg betragen, sind aber im Verhältnis zur Wirkung ohne Zweifel zu hoch.

Die Festigkeit der Viscose wird tatsächlich durch die Sthenosage erhöht, wie sich aus folgendem Beispiel ergibt:

	Stärke	Dehnbarkeit	Stärke	Dehnbarkeit
Viscose 130 d trocken	146 g	10,2%	feucht 38 g	12,6%
Sthenose 130 d trocken	208 g	7,8%	feucht 140 g	7,6%

Nachteile dürften sich aber durch die geringe Dehnbarkeit, ungleiche Färbung und schlechten Griff ergeben.

Die chemischen Eigenschaften ähneln sehr denen der Baumwolle, da ja der Grundstoff der Kunstseiden ebenfalls aus Cellulose besteht, allerdings in der etwas veränderten Form, die man als Cellulosehydrat bezeichnet.

Die Kunstseiden enthalten durchschnittlich 11% Feuchtigkeit. Ebensoviel beträgt der Zuschlag zu dem bei 110° ermittelten Trockengewicht, um das Handelsgewicht zu berechnen.

Acetatseide enthält nur 4—5% Feuchtigkeit, da bei ihr die Hydroxylgruppen verestert sind.

Im Gegensatz zur Acetatseide quellen die übrigen Kunstseiden in Wasser stark; sie werden 30—60% dicker (Naturseide nur 10—15%). Die starke Quellung ist die Ursache der geringen Feuchtfestigkeit der Kunstseiden.

Gegen Alkalien ist die Kunstseide nicht so unempfindlich. Sie quillt und löst sich schließlich auf.

Säuren gegenüber ist sie ebenso empfindlich wie Baumwolle.

Besondere Vorsicht ist bei der Verwendung von Nitratseide geboten, wenn die daraus gefertigten Waren hitze- oder lagerbeständig sein sollen.

Die Nitratseide enthält nicht nur immer noch Spuren von Salpetersäureestern, an denen sie vermöge der Diphenylaminreaktion leicht erkannt werden kann, sondern auch oft Schwefelsäureester, die sich beim Lagern, und besonders in der Hitze, zersetzen.

In Lehnes Färberzeitung **1913**, 6, berichtet Prof. Dr. P. Heermann über die von ihm angegebene Stabilitätsprobe, die den Kunstseidenfärber davor schützen soll, Schäden zu bezahlen, die in Wahrheit gar nicht auf sein Verschulden, sondern auf die Anwesenheit von Celluloseschwefelsäureestern zurückzuführen sind. Vor dieser wichtigen Entdeckung Heermanns haben die Kunstseidenfärber viele Tausende für an Säurefraß leidende Nitratseide gezahlt, belastet durch Fehlgutachten, die in der Kunstseide Säure feststellten und das Vorhandensein dieser Säure dem Färber zur Schuld gaben. Ist durch die Heermannsche Stabilitätsprobe solchen Fehlgutachten wirklich Tür und Tor verriegelt? Oder kann es nicht doch noch vorkommen, daß eine Nitratseide die Stabilitätsprobe besteht und dennoch unheilvolle Celluloseschwefelsäureester enthält?

Es ist sehr wohl denkbar, daß die Schwefelsäureester durch das bloße Erhitzen der frischen oder der zum Schluß geseiften Kunstseide auf 140° noch nicht gespalten werden, wohl aber dadurch, daß im späteren Verlauf der Veredlung ein Zersetzungskeim dazukommt, der die Spaltung einleitet. Diese wächst sich, sei es infolge von Temperaturerhöhung (Stabilitätsprobe!), sei es unter der Mithilfe der langen Dauer der Lagerung katastrophal zur Zermorschung der Kunstseide aus. Celluloseschwefelsäureester werden durch Säure gespalten.

Es ist nun ganz unvermeidlich, daß die Kunstseide mit Säure in Berührung kommt, wenn z. B. „Seidengriff" auf der fertigen Ware verlangt wird. Der Färber wird gezwungen, der Kunstseide Säure, sei es auch in Gestalt der harmlosesten aller Säuren, der Essigsäure, mit auf den Weg zu geben. Hier liegt also der Keim und die Einleitung des Zerstörungswerkes. Damit haben wir den Schlüssel in der Hand für die Erklärung der Tatsache, daß eine kunstseidene Ware auf dem Lager oder beim Erwärmen brüchig werden kann, deren Rohseide sich bei der Stabilitätsprobe nicht rührt. Die Stabilitätsprobe ist daher so abzuändern, daß sie erst vorgenommen wird, nachdem auch der Rohseide die Säure einverleibt wurde, um die der Färber nun einmal nicht herumkommt, soll er den gewünschten Seidengriff erzielen.

Diese „verschärfte" Stabilitätsprobe wird dann einen wirksamen Schutz für alle Fälle bilden, in denen der Färber zu Unrecht für schadhafte Nitratseide zur Verantwortung gezogen wird. Sie wird ganz genau wie von Heermann angegeben ausgeführt, also einstündiges Erhitzen auf 135—150° C, nur wird vorher mit einprozentiger Essigsäure getränkt und 24 Stunden bei gewöhnlicher Temperatur getrocknet. Das nachstehende Beispiel einer Tubize-Seide 150 den. möge das Gesagte veranschaulichen.

	Reaktion	Reißfestigkeit in g
Vor der Stabilitätsprobe nach Heermann	neutral	188
Nach der Stabilitätsprobe nach Heermann	neutral	192
Vor der verschärften Stabilitätsprobe	neutral	177
Nach der verschärften Stabilitätsprobe	sauer	105

Die etwas geringere Reißfestigkeit (177) der mit Essigsäure getränkten Kunstseide ist nicht etwa auf einen Angriff durch diese Säure zurückzuführen, sondern auf die mechanische Behandlung. Denn in Wirklichkeit wurden ja die Fäden an der Luft bei gewöhnlicher Temperatur getrocknet, wobei sich die Essigsäure bis zur neutralen Reaktion verflüchtigte. Die saure Reaktion nach der verschärften Stabilitätsprobe und die damit einhergehende Schwächung der Faser von 177 bis auf 105 g Reißbelastung ist daher lediglich der abgespaltenen Schwefelsäure zuzuschreiben.

Die „Stabilitätszahl" ist der Verlust an Reißfestigkeit nach der verschärften Stabilitätsprobe in Hundertsteln der ursprünglichen. Bei einer guten Nitratseide soll die Stabilitätszahl über 75 liegen (Z. f. d. g. Textilind. **1926**, 438).

S. a. „Die Gefahren bei der Veredlung der Nitratseide und ihre Verhütung (Z. f. d. g. Textilindu. **1926**, 702).

Eine besondere Betrachtung verdient die Acetatseide; ist sie doch im Gegensatz zu ihren drei Vorgängern nicht Cellulosehydrat, sondern Celluloseacetat. Ihre chemischen Eigenschaften sind besonders eingehend von R. Haller und A. Ruperti (L. M. f. T. **1925**, 353), untersucht worden und zwar an englischer Celanese, einem etwa 2½ fachen Ester.

Die beiden Forscher fanden einen Feuchtigkeitsgehalt von 4.8% (bei 17,5° und 57% Luftfeuchtigkeit).

Die Kupferzahl war 8,1.

30%iges Wasserstoffsuperoxyd vermag Azetatseide nicht anzugreifen.

Aceton, Essigester, Ameisensäure und Eisessig lösen glatt, Methyl-, Äthyl-, Amylalkohol und Chloroform nur teilweise, Kupferoxydammoniak gar nicht, solange noch keine Verseifung eingetreten ist.

Die Quellbarkeit in Wasser, mit dem Okularmikrometer gemessen, beträgt nur 9,4%.

Die Quellung geht beim Trocknen wieder verloren; ebenso vermögen gewisse Salzlösungen, wie z. B. n/1 und n/10 NaCl und $NaOOCCH_3$, beim Kochen die Quellung mit Alkohol wieder aufzuheben, andere, wie $Al_2(SO_4)_3$, nicht, wieder andere, wie Na_2SO_4 und $BaCl_2$, heben die Quellung nur in n/1-Lösung auf, in n/10 nicht. Z. B. war eine Faser in trockenem Zustande 31,7 μ breit, in Wasser gequollen 35,8, in 75%igem Alkohol 45,8 und nach dem Kochen mit Natriumchloridlösung 35,5 μ.

Jodkaliumjodid-Glyzerin-Schwefelsäure (Höhnels Papierreagens) färbt gelb, Jodzinkchlorid braungelb. Konz. Schwefelsäure löst allmählich.

Durch Natronlauge wird Acetatseide exotherm verseift. Der Vorgang wird beschleunigt

1. durch die Konzentration der Hydroxylionen;
2. durch die Steigerung der Temperatur;
3. durch die Gegenwart von Quellungsmitteln, z. B. Alkohol;

4. durch die Gegenwart von Salzen wie Natriumchlorid, -nitrat und -acetat in Konzentrationen unter n/2; in höherer Konzentration wirken sie hemmend.

Die Eigenschaften der vollständig verseiften Acetatseide hängen von der Art der Verseifung ab. Natronlauge, stärker als n/2, macht die Faser glanzlos, brüchig und teilweise gelatiniert, schwächer als n/10 beeinträchtigt sie in Glanz und Festigkeit kaum.

Der Feuchtigkeitsgehalt steigt durch die Verseifung auf 13%, die Quellbarkeit auf 60%. 30%iges Wasserstoffsuperoxyd zerstört. Jod-Kaliumjodid-Glycerin-Schwefelsäure färbt blau, Jod-Zinkchlorid rötlichveil. Im allgemeinen sind also die Eigenschaften der Cellulose zurückgekehrt.

Die Verseifung schreitet von außen nach innen fort, so, daß zu einem gewissen Zeitpunkt die Oberfläche der Fäden vollständig verseift, das Innere aber unveränderte Acetatseide ist. Nur, wenn gequollene Acetatseide verseift wird, dringt die Verseifungsflüssigkeit mehr oder weniger unregelmäßig in das Innere ein und bewirkt mehr oder weniger vollständige Verseifung.

Azetatseide unterscheidet sich von den übrigen Kunstseiden durch ihre Löslichkeit in Aceton.

Über die Erkennung der verschiedenen Kunstseidearten und das färberische Verhalten s. Bd. III, S. 491.

Nachzutragen ist, daß sich Viscose von Kupferseide durch ihren geringen Schwefelgehalt unterscheiden läßt.

Nach D. Färb.-Ztg. **1927**, 25, bringt man 5 g des Prüflings in einen Erlenmeyer mit 100 ccm Wasser und 3 ccm Eisessig und hängt einen Streifen Bleipapier ein, indem man ihn im Kolbenhals mit einem Korkstopfen befestigt. Nach 4 Stunden ist bei Viscose das Papier gebräunt.

Diese Angabe kann ich nicht bestätigen. Besser ist folgende Vorschrift: Man tränkt den Prüfling mit 1%iger Essigsäure und hängt ihn an die Luft. Der Schwefel geht in Schwefelsäure über, die durch Lackmus- oder Kongopapier nachgewiesen wird (Seide, **1927**, 104), nachdem sich die Essigsäure verflüchtigt hat, also nach etwa 24stündigem Trocknen. Man kann auch den Prüfling mit Zinnsalzsäure kochen und die Dämpfe gegen Bleipapier leiten; dieses wird bei Gegenwart von Viskose durch den entweichenden Schwefelwasserstoff gebräunt.

Ausgezeichnet läßt sich Viskose von Kupferseide im Licht der Quarzlampe der Quarzlampengesellschaft A.-G. Hanau unterscheiden. Kupferseide leuchtet mit bläulich-weißer Fluoreszenz auf, während Viskose fast unverändert bleibt. Acetatseide verhält sich ähnlich wie Kupferseide, Nitratseide ähnlich wie Viskose, nur zeigen beide einen etwas geringeren Grad von Fluoreszenz so, daß man diesen bei Nitratseide gleich 0 setzen kann.

5. Verwendung der Kunstseide.

Die Verwendung der Kunstseide weist ihr ein ganz anderes Gebiet zu als Naturseide. Ihr Glanz macht sie geeignet zu Effektfäden, zu Besatzlitzen, Borsten, Spitzen, Fransen u. dgl. Sehr viel Kunstseide wird zum Sticken gebraucht und zur Herstellung der sogenannten „Luftspitzen“. Ihre geringe Festigkeit verschlägt nichts beim Verflechten und Verwirken zu Trikotstoff, Schals, Krawatten, Kragenschonern, ebenso als Einschlag für Samt und Plüsch. Glühstrümpfe aus Kunstseide sind dauerhafter und leuchtkräftiger als solche aus Baumwolle oder Ramie, weil die Kunstseide sich besser mit der Salzlösung durchtränken läßt, einen gleichmäßigeren, endlosen Faden gibt und daher besser abbrennt. Sogar Strümpfe werden aus Kunstseide gewirkt, wenigstens die Längen, während Rand und Sohle aus Baumwolle hergestellt werden.

Dicke Kunstseidefäden werden als künstliches Roßhaar, z. B. für Damenhutlitzen, verwandt. Flache, bandförmige Kunstseide, die aus Düsen in Form eines breiten Schlitzes ausgepreßt wurde, dienen als „Kunststroh“ und „Bastband“. Erstere heißen in England „Monofil“, letztere „Viska“.

Für gewisse Zwecke, z. B. bei der Verwendung als Menschenhaarersatz, stört der Glasglanz der Kunstseide. Er läßt sich nach D. R. P. 137 461 durch Aufbringen von Öl und Pulver vermindern.

Die Herabminderung des Glanzes kann man auch erreichen durch Zerteilung des endlosen Fadens in baumwollähnliche Fasern von bestimmter Stapellänge. Solche „Stapelfaser“ läßt sich dann zusammen mit Baumwolle oder Wolle verspinnen. Während des Krieges hat sie dazu gedient, die natürlichen Fasern zu ersetzen und ihren Vorrat zu strecken. Sie wird auch heute noch von der Glanzfäden-A.-G. Berlin-Petersdorf im Verein mit den Sprengstoffabriken unter Ausnutzung ihrer sonst brach liegenden Anlagen erzeugt und unter den Namen „Vistrawolle“ als Ersatz für Baumwolle und unter der Bezeichnung „Lanofil“ als Ersatz für Wolle in den Handel gebracht. Stapelfaser wird hauptsächlich aus Viscose hergestellt.

Vorläufer der Stapelfaser waren die sogenannten Schappeimitate, die man in Anlehnung an das bei der Naturseide übliche Verfahren, S. 233, aus Kunstseideabfällen spann. Letztere reichten bald für die Nachfrage nicht mehr aus; man ging dazu über, künstlich solche abfallähnliche Kunstseidemassen zu erzeugen, die weniger Sorgfalt bei der Herstellung mit Bezug auf Gleichmäßigkeit des einzelnen Fadens erforderten. Nach A. Pellerin in Neuilly, F. P. 410 776, wird Viscoselösung durch ein Filtertuch in das Fällbad gepreßt. Nach Girard, F. P. 438 131 und Vindrier, F. P. 442 015, läuft der Einzelfaden vom Fällbad direkt auf einen Haspel; die so erhaltenen parallelen Fadenlagen werden dann durchgeschnitten.

Alle diese verschiedenen Verwendungsarten lehren aber doch, daß die Kunstseide noch nicht, wie man anfangs befürchtete, die etwa viermal so teure Naturseide zu ersetzen und zu verdrängen berufen ist. Das könnte höchstens einmal für die Qualitätskunstseiden: die Kupferseide nach dem Streckspinnverfahren und die Acetatseide gelten, weniger für den Massenartikel: Viscose.

Literatur: R. O. Herzog, Technologie der Gespinstfasern, Band Kunstseide, Berlin 1927; J. Becker, Die Kunstseide, Halle 1912; H. Süvern, Die künstliche Seide, Berlin 1921; B. M. Margosches, Die Viscose, 1909; v. Hottenroth, Die Kunstseide, Leipzig 1926; O. N. Witt, Die künstlichen Seiden, Berlin 1909; A. Herzog, Die Unterscheidung der natürlichen und künstlichen Seiden, Dresden 1910.

Verzeichnis der Namen.

Verzeichnis der Stichwörter.

Papier | Fördert gute Waldnutzung
FSC® C083411

Kolibri 360 GmbH
Ferdinand-Jühlke-Straße 7
99095 Erfurt, Deutschland
produktsicherheit@kolibri360.de